KB044582

함께 생각해보는

과학 수업의 딜레마 II

윤혜경 | 장병기 | 김미정 | 박지선 | 이은아

북스힐

이 저서는 2019년 대한민국 교육부와 한국연구재단의 인문사회분야
중견연구자지원사업의 지원을 받아 수행된 연구임(NRF-2019S1A5A2A01036864)

서문

이 책을 쓰게 된 이유

'구슬이 서 말이라도 꿰어야 보배'라는 속담은 아무리 훌륭하고 좋은 것이라도 다듬고 정리하여 쓸모 있게 만들어야 값어치가 있다는 것을 비유적으로 표현한 말이다. 또 이 속담은 '실천'의 중요성을 지적하고 있기도 하다. 교사가 아무리 많은 과학 지식과 교육학 지식을 가지고 있더라도 그것을 '수업'에 적용하거나 활용하지 못한다면 그 이론적 지식은 거의 쓸모가 없다. 그래서 교육을 '실천적 학문'이라고도 한다.

이 책은 과학 수업 실천을 진지하게 고민하는 예비교사와 현직교사, 그리고 교사교육자를 위한 책이다. 과학교육 이론이나 일반교육 이론에 관한 많은 책이 있지만 '실제' 수업 사례를 중심으로 '실제'의 문제를 깊이 있게 들여다 보고 협력적 성찰을 위해 생각할 거리를 제공하는 책은 많지 않다. 저자들은 과학 수업과 관련해서, 특히 초등 과학 수업과 관련해서 직접 혹은 간접적으로 경험한 사례를 중심으로 그동안 연구하고 공부하던 과학적 이론, 과학교육의 이론을 교육의 실제와 연결짓고 저자들의 생각을 이 책을 통해 공유하고자 하였다.

슐만(Shulman, 2004)[1]은 불확실성과 예측 불가능성이 가르치는 일의 본질적인 특성이라고 했다. 우리는 과학 수업이 항상 계획된 대로 진행되지 않으며 오늘 이 학생들에게 효과적이던 교수 방법이 내일 다른 학생들에게도 효과적이라고 단언할 수 없음을 알고 있다. 또 교육적 이론을 적용하는 것만으로 수업이 성공적으로 진행되지 않음을 알고 있다. 예를 들면 '탐구 수업 모형'을 이론적으로 잘 계획하였지만 실제 수업에서

1 Shulman, L. S. (2004). The wisdom of practice. San Francisco, CA: Jossey-Bass.

는 학생들의 '탐구'가 쉽게 일어나지 않는다는 것을 안다. 그래서 교사의 전문성은 단순히 이론적 지식을 갖추는 것에 그치지 않고 실제 지도 경험과 그것에 대한 성찰을 통해 점진적으로 발달하게 된다.

우리는 과학 수업의 딜레마 사례가 과학교사, 과학교육자에게 일종의 '탐구 상황'을 제시한다고 생각한다. 과학자가 자연 현상에서 탐구 문제를 발견하고 그 탐구 문제를 해결하기 위해 다양한 실험이나 조사, 모형 구성, 이론의 적용을 통해 문제를 해결하듯이 과학교육자는 실제 교육 현상에서 발견되는 문제점을 다양한 각도에서 해석하고 연구하고 성찰하여 더 나은 해결 방안을 찾는 것이 필요하다.

그런 면에서 이 책은 예비교사, 현직교사, 교사교육자에게 그러한 탐구 문제를 제기하는 것이며 함께 '과학 수업'을 탐구해 보기를 초대하는 것이다. 과학 수업은 '과학'을 다룬다. 과학 지식을 이해하고 과학 활동에 참여하여 문제해결력을 키우고 과학・기술・사회의 상호 관계를 이해하는 것을 목적으로 한다. 그래서 '과학 수업'에 관한 탐구는 이러한 '과학의 실행 과정과 산물'에 관한 이해와 탐구를 포함한다. 또 과학 수업은 특정 환경 안에서 학생과 교사의 상호작용으로 이루어진다. 특정 환경은 실험실이나 교실과 같은 물리적 환경, 수업 자료, 실험기구 등을 포함하며 과학 수업이 가진 규범이나 분위기 등과 같은 정서적, 심리적 환경도 포함된다. 그래서 '과학 수업'에 관한 탐구는 학생의 과학적 추론이나 사고 과정, 교사의 교수 방법, 학생과 학생, 학생과 교사의 상호작용 등 '여러 주체 간 상호과정과 결과에 관한 탐구'를 포함한다.

즉, 과학 수업 딜레마 사례에 관한 탐구는 예비교사, 현직교사, 교사교육자에게 개방적인 탐구 상황을 제공하는 것이고 각자는 서로 다른 방식으로 수업 사례를 연구하고 성찰할 수 있다. 실제 과학 수업 딜레마 사례를 예비교사 교사교육 과정에서 활용했던 한 사례 연구[2]에 의하면

- 과학 수업 딜레마 사례에 관한 탐구는 예비교사의 과학 내용 지식에 관한 탐구

2 윤혜경. (2022). 과학 수업 딜레마 사례에 관한 탐구를 통해 초등 예비교사는 무엇을 학습하는가?. 초등과학교육, 41(2), 338-355.

를 촉발할 수 있고 과학 내용 지식의 변화와 탐구 경험은 교육적 의사결정에 영향을 주었다.

- 과학 수업 딜레마 사례에 관한 탐구는 예비교사에게 학생의 사고 과정에 관한 탐구를 촉발할 수 있고 이 또한 교육적 의사결정에 영향을 주었다.
- 과학 수업 딜레마 사례에 관한 탐구는 예비교사가 다양한 수업 대안을 모색하고 장단점을 비교하며 교육적 의사결정을 하도록 이끌었다.

이러한 사례 연구는 과학 수업 딜레마 사례가 교사교육 과정, 전문성 계발 과정에서 효과적으로 사용될 수 있는 가능성을 보여주었다.

저자들은 과학 교사교육이 교육 이론과 지식을 제공하는 것에 중점을 두기보다 교사 자신의 경험을 비판적으로 성찰하는 능력, 문제해결 방안을 탐색하고 실천하는 능력, 다양한 상황에 유연하게 대처하는 능력을 키우는 데 중점을 두어야 한다고 생각한다. 그리고 이 책에서 제시되고 논의되는 다양한 과학 수업의 딜레마 사례가 그러한 방향의 교사교육을 가능하게 하는데 밑거름이 될 수 있을 것이라 기대한다.

이 책의 구성

2020년 '함께 생각해 보는 과학 수업의 딜레마'가 출간되었고 그 후 첫 번째 책에 담지 못했던 다른 주제들에 대해 고민하면서 곧바로 2권을 집필하게 되었다.

이 책에는 하나의 딜레마 수업 사례가 별개의 장으로 제시되어 있으며 1권과 2권의 각 장의 기본 구성 형식은 다음과 같다.

과학 수업 이야기	과학 수업의 딜레마 상황을 교사 자신의 이야기 형식으로 설명하고 교사 자신이 느끼는 의문점 2-3가지를 제기함
과학적인 생각은 무엇인가?	교사의 딜레마와 관련된 과학 개념이나 원리, 탐구 방법 등을 설명함
교수 학습과 관련된 문제는 무엇인가?	교사의 딜레마와 관련된 과학교육 이론이나 연구 결과 등을 설명함
실제로 어떻게 가르칠까?	교사의 딜레마를 완화하거나 해결하기 위한 대안적 교수 학습 방법을 제안함

각 딜레마 사례는 몇 개의 영역으로 구분하였는데 1권에서는 다음과 같이 5가지 영역에서 총 17개의 수업 사례를 다루었다.

- 과학 실험과 탐구
- 실험도구의 활용
- 과학 개념의 이해
- 과학적 추론
- 과학 학습 평가

2권에서는 다음과 같이 4개 영역에서 12개의 수업 사례를 다루었다.

- 과학적 모형과 비유 활용
- 과학 수업에서의 상호작용과 추론

· 과학교육에서의 가치, 융합, 창의성
· 과학 수업과 테크놀로지 활용

2권에서 제시하고 있는 4개 영역의 개관은 다음과 같다.

- **과학적 모형과 비유 활용:** 과학자들은 자연 현상을 설명하기 위해 직접 관찰하거나 지각할 수 없는 현상이나 과정을 모형으로 표현하고 설명한다. 과학 수업에서도 다양한 모형을 탐색하고 활용하거나 학생들이 직접 모형을 구성해 보는 활동이 중요하다. 추상적이고 비가시적인 과학 개념을 설명하기 위해 교사가 비유를 사용하는 것도 일종의 모형을 사용하는 것이라 할 수 있다. 지구와 달의 운동을 나타내는 모형, 달의 위상 변화를 설명하기 위한 모형, 그리고 전기회로에서 전구의 밝기를 설명하기 위해 비유를 활용하는 수업 사례를 다루었다.
- **과학 수업에서의 상호작용과 추론:** 수업은 교사와 학생의 상호작용이 중심을 이룬다. 대개 교사 중심의 수업에서는 교사가 주로 내용을 설명하고 활동 방법을 안내하고 정보를 제공한다. 그러나 바람직한 상호작용을 위해서는 학생이 질문하고 자신의 생각을 표현하도록 격려해야 하고 교사는 무조건 정보를 제공하는 것이 아니라 학생의 사고를 이끌기 위한 발문을 하거나 탐구로 이어질 수 있는 자료나 정보를 제공해야 한다. 어떻게 학생의 질문을 격려하고 교사가 탐구를 안내할 수 있는가? 미스터리 물체에 관한 탐구 수업, 빛의 굴절에 관한 시범 수업 사례를 통해 이 문제를 다루었다.
- **과학교육에서의 가치, 융합, 창의성:** 과학 수업은 '과학'을 다루는 것이지만 거기에는 과학 내용 지식이나 개념만 있는 것이나 아니라 과학-기술-사회의 관계가 포함되며 과학 수업에서도 다양한 '가치' 사이의 갈등이 있을 수 있다. 또 최근에는 융합인재교육이 강조되고 있고 학생의 문제해결력이나 창의성 계발도 강조되고 있다. 과학 수업에서 가치 문제는 어떻게 다루어야 하는가? 또 과학 수업에서 어떻게 융합 수업이나 창의성 증진 수업을 계획하고 실시할 수 있을까? 지구 온난화와 관련된 수업, 물 부족을 해결하기 위해 물 모으기 장치를 설계하는 수업, 창의적인 태양열 조리기 만들기 수업 등의 사례를 통해 이러한 문제를

다루었다.

- **과학 수업과 테크놀로지 활용:** 인공 지능(AI), 사물 인터넷(IoT), 빅데이터, 모바일 등 첨단 정보통신기술의 발달로 과학 수업에서 테크놀로지 활용은 점점 증가하고 있다. 다양한 교육용 시뮬레이션과 가상현실, 증강현실, 인공지능 도구들이 개발, 보급되고 있고 과학 수업에서도 직접 실험뿐만 아니라 웹 자료를 통한 조사 활동, 시뮬레이션을 활용한 가상실험 등이 늘어나는 추세이다. 교사가 이러한 웹 정보나 가상 실험 테크놀로지를 활용할 때 어떤 새로운 문제가 발생하며 교사는 이에 어떻게 대처할 수 있는가? 숲 생태계와 관련된 조사 활동, 전기회로와 관련된 가상실험, 인공지능 도구를 활용한 평가 사례와 관련해서 이러한 문제를 다루었다.

이 책의 활용

이 책은 개인적인 독서 자료로 활용될 수 있지만 그보다는 소집단 토론이나 교사교육 과정의 강의 자료로 활용하는 것을 권한다. 이 책의 여러 가지 활용 방안에 대해서는 1권의 머리말에서 소개한 바 있다. 교사교육 과정에서 혹은 교사학습공동체 활동 과정에서 다양한 방식으로 활용될 수 있을 것으로 기대한다.

크게 두 가지 활용 방법을 제안한다면 하나는 책의 내용을 '함께 읽는 것'을 중심으로 간단한 조사나 토론을 병행하는 것이고 다른 하나는 책에 제시된 사례를 참고로 하여 보다 '적극적인 탐구'를 진행하는 것이다.

먼저 '함께 읽는 것'을 중심으로 하는 것의 예를 들자면 소집단에서 관심있는 주제를 택하여 '과학 수업 이야기'를 함께 읽고 교사의 딜레마가 무엇인지 이해한다. 그리고 수업 사례와 관련된 교육과정, 교과서, 교사용 지도서 등을 살펴보는 활동을 할 수 있을 것이다. '과학적인 생각은 무엇인가', '교수 학습과 관련된 문제는 무엇인가' 부분을 함께 읽으면서 잘 이해가 되지 않는 부분은 추가로 자료를 조사하거나 소집단 토의를 통해 이해를 높일 수 있을 것이다. 그리고 '실제로 어떻게 가르칠까' 부분을 읽고 이 중 좋은 방안이라고 생각하는 부분, 자신이 시도해 보고 싶은 부분을 서로 이야기해 보거나 책에는 제시되지 않았지만 자신이 생각하는 수업 대안을 제시하고 이에 대하여 서로 피드백을 주고받을 수 있을 것이다.

다음은 좀 더 '적극적인 탐구'를 진행하는 것이다. 교사교육 과정에서 교사교육자가 교수자 혹은 촉진자로서 좀 더 '탐구적'인 활동을 하는데 이 책을 활용할 수 있다. 최근의 사례 연구 과정(윤혜경, 2022)에서 시도되었던, 모둠별 프로젝트 활동에서 딜레마 사례를 활용했던 한 가지 방법을 안내하면 다음과 같다.

(1) 책에 제시된 딜레마 사례를 읽고 내가 교사라면 유사한 상황에서 어떻게 대처할 것인지 생각해 보고 그 이유를 적어본다. 각자 적은 내용을 모둠에서 발표하고 공유한다.

(2) 수업 사례와 관련해서 내가(혹은 우리 모둠이) 알고 있는 것은 무엇인지, 무엇을 추가로 알고 싶은지, 어떻게 그것을 알아볼 것인지 KWHL[3] 표를 만들어 본다. KWHL 표는 주제에 대해 학습자 자신이 이미 알고 있는 것, 주제에 대해 더

알고 싶은 것, 그것을 알아내거나 조사할 방법, 새로 알게 된 것을 표 형태로 정리하는 것을 말한다.

(3) KWHL 표의 질문을 중심으로 일정 기간 필요에 따라 문헌 조사, 인터넷 조사, 직접 실험, 가상실험, 교과서 분석, 지도서 분석, 학생 면담, 교사 면담 등을 실시한다. 중간중간 모둠별로 활동 과정과 결과를 발표하고 다른 모둠이나 교사교육자의 피드백을 반영하여 계속해서 조사, 탐구 활동을 지속한다. 예를 들어 수업 사례에서 다루고 있는 빛의 굴절 이유에 대해 예비교사나 교사 자신이 이를 잘 이해하지 못하는 경우 문헌 조사를 통해 빛이 굴절하는 이유를 알아본다. 또 융합 수업이 어떻게 이루어지고 있는지 알아보기 위해 실제 과학 교과서를 분석해 볼 수도 있다. 이 과정에서 이 책의 '과학적인 생각은 무엇인가?', '교수학습과 관련된 문제는 무엇인가?'는 길잡이 역할을 할 수 있으며 예비교사들은 더 많은 자료를 조사하거나 더 다양한 활동을 이어갈 수 있다.

(4) 일정 기간 탐구 후 새롭게 알게 된 것을 정리하고 그에 기초하여 수업 사례에 대한 대처 방안을 새롭게 생각해 본다. 이 때 반드시 하나의 대안으로 귀결할 필요는 없으며 몇 가지 대안을 제시하고 특정한 맥락에서 교육적 효과가 어떻게 다를 것인지 비교할 수도 있다. 역시 이 과정에서 이 책의 '실제로 어떻게 가르칠까?' 부분이 길잡이 역할을 할 수 있다. 그러나 교사교육자는 예비교사들이 모둠 활동을 통해 그들 자신의 목소리나 주장을 낼 수 있도록 격려해야 한다.

(5) 딜레마 사례에 관한 자신의 처음 생각과 나중 생각이 어떻게 달라졌는지 성찰해 보고 자신의 수업 실천에 반영해야 할 점이 무엇인지 생각해 본다.

이러한 과정은 딜레마 사례에 대한 공감, 즉 문제의식을 전제 조건으로 한다. 그래서 처음에 예비교사들이 직접 사례를 선택하도록 하거나 아니면 자신들이 직접 경험

---

3 KWHL은 아는 것(What I Know), 알고 싶은 것(What I Want to Know), 조사 방법(How will I find information), 배운 것(What I Learned)을 뜻하는 줄임말이다.

했거나 알고 있는 유사한 수업 사례를 발표하거나 공유하면서 수업 사례와 관련된 딜레마가 무엇인지 명확하게 인식하는 과정이 매우 중요하다. (1)~(5)의 과정을 거친 후 예비교사들은 과학 수업 딜레마 사례와 이에 대한 자신들의 탐구 과정을 포스터로 정리하여 전시하거나 동영상으로 제작하여 좀 더 많은 사람들과 공유할 수 있다.

현직교사들의 교사학습공동체에서 이 책을 활용한다면 보다 풍부한 자신들의 수업 경험을 바탕으로 책에 제시된 사례와 유사한, 혹은 책에 제시되지 않은 자신의 '딜레마 사례'를 발굴하고 이를 공동체 내에서 공유하고 공감할 수 있을 것이다. 그리고 공유된 '딜레마 사례'와 관련하여 과학적인 생각은 무엇인지, 교육적인 생각은 무엇인지, 실제로 실행 가능한 대안은 무엇인지 이 책의 구조와 형식을 참고로 하여 그 공동체만의 탐구를 이어갈 수 있을 것이며 이는 교사가 실제로 자신의 수업을 변화시키는데 커다란 동력이 될 것이다.

교사의 전문성은 '실행'을 중심으로 논의되어야 한다. 수업 실행을 중심으로 혹은 그것을 전제로 예비교사나 교사가 과학을 탐구하고 과학교육 지식을 탐구할 때 그로부터 얻은 지식이 실제 상황에서 유의미하게 연결되거나 사용될 가능성이 높아질 것이다. 그리고 하나의 수업에 대한 깊이 있는 성찰의 경험은 이후 자신의 다른 수업 경험을 성찰하는 것으로 전이될 수 있을 것이다.

차례

PART 3 과학교육에서의 가치, 융합, 창의성

PART 4 과학 수업과 테크놀로지 활용

PART 1

과학적 모형과 비유 활용

● 딜레마 사례 01

지구와 달의 운동 모형

모형 만들기에서 무엇이 중요할까?

초등학교 6학년 '지구와 달의 운동' 단원에서는 지구의 자전과 공전에 대해 학습한다. 낮과 밤이 생기는 것, 하루 동안 태양과 달의 위치가 달라지는 것을 지구의 자전으로 이해하도록 하고, 계절에 따라 별자리가 달라지는 것을 지구의 공전으로 설명한다. 또 이 단원에서는 여러 날 동안 달을 관찰해서 달의 모양이 주기적으로 변한다는 것도 학습한다.

교과서의 단원 마무리 차시에서는 우드록, 색점토, 빨대 등을 이용해서 지구와 달의 운동 모형을 만들어 보는 활동이 제시되어 있다. 나는 이 활동이 지구와 달의 운동을 공간적으로 이해하는 데 도움이 될 것이라 생각했다. 그러나 우드록으로 큰 원판과 작은 원판을 만들어 자르고, 색점토로 태양과 지구, 달을 만들어 고정시키고 꾸미는 것에 시간이 너무 많이 소요되었다. 과학 시간이라기보다는 미술 시간 같았다. 그리고 어렵게 모형을 만들었지만 학생들이 만든 모형은 지구의 자전이나 공전, 달의 공전을 잘 보여주지 못했다. 모형 만들기 수업에서 무엇이 잘못되었던 것일까?

1 과학 수업 이야기

이 단원에서 학생들은 지구의 자전으로 낮과 밤이 생기고, 지구의 공전으로 계절에 따라 보이는 별자리가 달라진다는 것을 배웠다. 또 달의 모양이 변하는 까닭은 달이 지구 주위를 공전하고 있기 때문이라는 것을 배웠다. 이 단원의 마지막 차시에는 지구와 달의 운동을 공간적으로 표현해 보기 위해 학생들이 직접 모형을 만들어 보는 활동이 제시되어 있다. '자전'과 '공전'과 같은 개념은 공간적인 이미지를 머리 속에 그릴 수 있어야 이해하기 쉽다. 나는 모형 만들기 활동을 통해 학생들이 지구와 달의 운동을 더 잘 이해할 것이라 기대하면서 교과서에 제시된 준비물을 모둠별로 준비해 두었다.

지구와 달의 운동 모형 만드는 방법

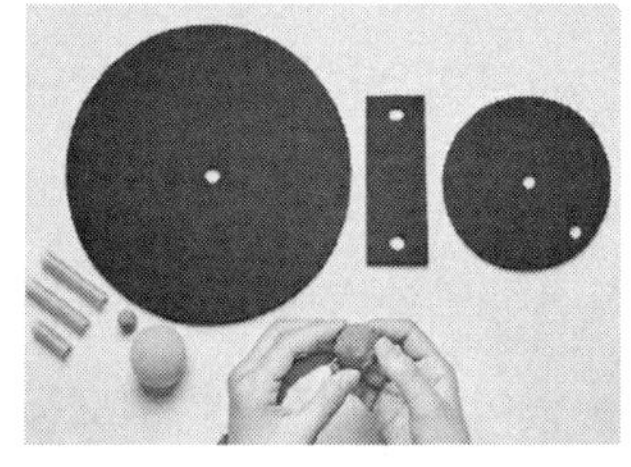

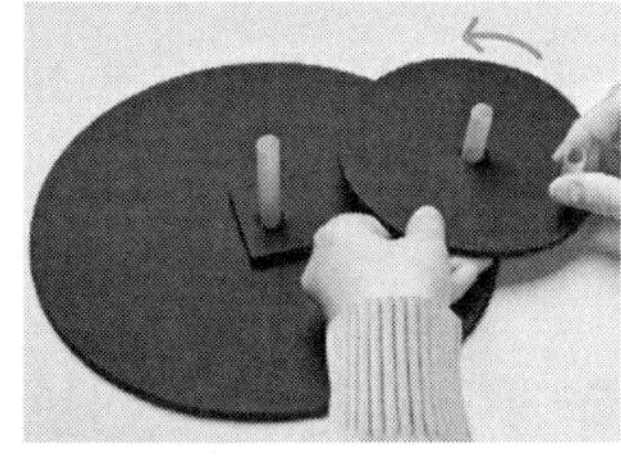

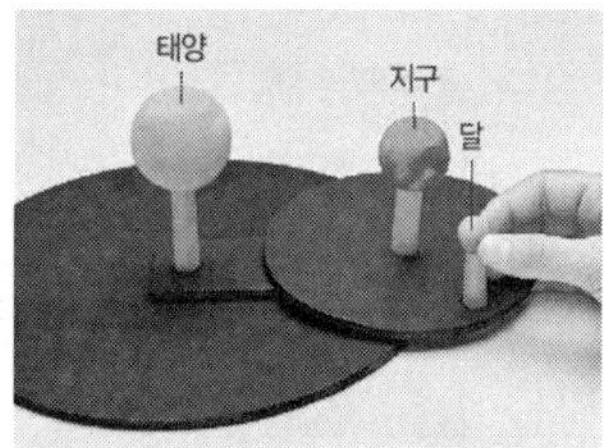

❶ 우드록을 잘라 크기가 다른 원판 두 개와 직사각형 연결판을 만들고 색점토로 공 모양의 태양, 지구, 달의 모형을 만든다.

❷ 작은 원판이 회전하면서 큰 원판 주위로 회전할 수 있도록 빨대와 연결판을 이용하여 두 원판을 조립한다.

❸ 큰 원판 가운데 태양을 고정하고 작은 원판 가운데에 지구, 작은 원판 가장자리에 달을 고정한다.

❹ 모형을 이용하여 친구들에게 지구와 달의 운동을 설명한다.

그러나 수업은 나의 예상과는 달리 혼란 그 자체였다. 일단 모형을 만드는 데 너무 많은 시간이 소요되었고 모형을 어떻게 만들어야 하는지 계속해서 학생의 질문이 끊이지 않았다.

"선생님, 태양, 지구, 달의 크기는 어떻게 해요? 제 맘대로 해도 되나요?"

"선생님, 빨대 길이는 어떻게 해요? 태양이 제일 높은 건가요? 아님 다 똑같은 건가요?"

"선생님, 빨대가 잘 고정되지 않아요."

학생들은 무심코 한 질문일지 모르지만 그 중 몇몇은 나를 당혹스럽게 했다. 태양, 지구, 달의 크기는 실제로 엄청난 차이가 있는데 모형 만들기에서는 그것을 표현하지 않아도 될지, 태양, 지구, 달이 공간적으로 같은 높이, 즉 같은 평면에 있는 것처럼 빨대 길이를 같게 해도 되는지 머릿속이 복잡했다. 그러나 학생들이 대부분 그런 것까지는 알지 못할 것이라 생각하며 세부 사항은 학생이 결정하도록 했다.

"음… 일단은 여러분이 생각하는 대로 하면 돼요."

어떤 학생들은 원판을 예쁘게 꾸미거나 색점토로 만든 지구와 달, 태양에 무늬를 새겨 넣느라 정성을 쏟기도 했다. 엄청난 혼란 속에 겨우 모형을 만들었지만 반 이상의 모둠은 작은 원판이 회전하지 않았다. 작은 원판이 회전하도록 만들어야 하는데 학생들이 두 원판을 테이프로 고정했기 때문이다. 하는 수 없이 가장 잘 만든 모둠의 것을 함께 사용하면서 학생들이 지구와 달의 운동을 직접 설명해 보도록 했다.

"자, 이제 여러분이 만든 모형으로 지구의 자전과 공전, 달의 모양 변화를 설명해 봅시다."

학생들은 앞에서 배운 자전, 공전의 용어를 잘 사용하지 않고 '그냥 돈다'라고만 표현하는 경우가 많았고 용어를 잘못 사용하는 경우도 있었다.

"지구가 태양 주변을 돌고, 달이 지구 주변을 돌아요."

"달이 지구 주위를 자전하고, 지구가 태양 주위를 공전하고…"

또 말로 설명하는 것이 모형을 움직이는 행동과 일치하지 않는 경우도 있었는데, 예를 들어, 작은 원판을 한 자리에서 계속 돌리면서 지구가 공전을 한다고 말하기도 하였다.

과연 수업 중 만든 모형이 과학적인 모형이었는지, 모형 만들기 수업이 지구와 달의 운동에 대한 학생들의 이해를 증진시키는 데 효과적인지 반문하면서 다음에 이 수업을 한다면 어떻게 해야 할지 고민이 되었다.

이 수업을 하고 나는 다음과 같은 의문이 들었다.

- 지구와 달의 운동 모형을 좀 더 실제 현상과 비슷하게 보이도록 만드는 것이 좋을까?
- 모형 만들기를 통해 공작 활동보다는 지구와 달의 운동에 대한 이해를 높이려면 어떻게 해야 할까?

과학적인 생각은 무엇인가?

태양은 태양계에서 하나뿐인 별, 스스로 빛을 내는 항성이며 지구는 태양의 주위를 공전하는 행성 중 하나이고 달은 지구 주위를 공전하는 위성이다. 이 장에서는 항성, 행성, 위성의 관계로 얽혀 있는 태양, 지구, 달의 크기와 궤도, 그리고 운동에 대해서 알아보고자 한다.

태양계

은하계의 나선형 팔 바깥 쪽에 위치해 있는 우리 태양계는 태양과 그 중력으로 결합된 모든 물체로 구성되어 있다. 지구와 같은 8개의 행성, 그리고 명왕성과 같은 왜소 행성, 수십 개의 위성과 수백만 개의 소행성, 그리고 혜성과 유성 등이 그 구성원이다. 태양계의 영역은 가장 멀리 있는 행성인 해왕성보다 훨씬 멀리 뻗어있다. 해왕성 너머에는 작은 얼음덩어리로 이루어진 물체들이 흩어져 생긴 고리 모양의 카이퍼 띠가 있다. 이 카이퍼 띠에 속한 물체 중 하나가 왜소 행성 명왕성이다. 그리고 카이퍼 띠 바깥 쪽에는 얼음 조각들로 된 우주 파편으로 이루어진 오르트 구름(Oort Cloud)이 있을 것으로 예측된다. 이것은 거대한 둥근 껍질로 두께가 5,000 AU에서 100,000 AU로 뻗어 있을 것으로 예상된다. 다시 말해, 오르트 구름은 태양 중력의 영향을 받는 경계에 있어, 거기서 공전 궤도를 도는 물체는 그곳에서 방향을 바꾸어 태양으로 되돌아온다.

태양계는 약 45억 년 전에 성간 기체와 먼지로 밀집된 구름인 성운에서 만들어졌다고 생각된다. 이 성운은 그 근처에 있던 초신성이라고 불리는 별이 폭발할 때, 아마 그 충격파로 붕괴되면서 소용돌이 치는 원반 모양의 물질인 태양 성운을 만들었다. 그리고 중력은 그 중심으로 점점 더 많은 물질을 끌어들이면서, 결국 수소 원자가 결합하여 헬륨을 형성하고 엄청난 양의 에너지를 방출했을 것이다. 그래서 우리의 태양은 태어났고, 결국 사용 가능한 물질의 99 % 이상을 끌어모았다.

이때 원반에서 멀리 떨어진 물질도 함께 뭉쳐지고 있었다. 이 덩어리들은 서로 부딪치면서 합쳐져 점점 더 커졌다. 그 중 일부는 중력으로 인해 둥근 모양의 천체인 행성, 왜소 행성 및 큰 달이 되었을 것이다. 소행성대는 행성으로 합쳐질 수 없었던 초기 태양계의 작은 조각들로 만들어졌다. 다른 작은 남은 조각들은 소행성, 혜성, 유성 및 작고 불규칙한 모양의 달이 되었다.

태양에 가까운 행성들은 태양의 열을 견딜 수 있는 암석 물질이 중력으로 뭉쳐진 지구형 행성이다. 수성, 금성, 지구 및 화성이 이에 속한다. 그 바깥 쪽에는 얼음, 액체 또는 기체로 자리잡은 물질들이 중력으로 뭉쳐져 기체인 목성과 토성, 얼음 덩어리인 천왕성과 해왕성이 생겨났다.

이렇게 태양과 행성들은 거의 동시에 함께 만들어졌다고 여겨지는데, 태양계의 유일한 별인 태양이 형성되는 동안 그 주변을 원반 모양으로 둘러싸고 있는 먼지나 기체 등으로 이루어진 물질로부터 행성들이 형성되었다. 따라서 원반 모양을 이루고 있던 물질에서 행성이 만들어졌기 때문에, 행성의 궤도가 본래의 원반을 크게 벗어나지 않고 같은 평면 내에서 공전하는 것은 어쩌면 자연스러운 일이다. 다음 그림과 같이 행성들의 **공전 궤도면**은 이처럼 같은 평면 내에 있다고 할 수 있지만 그것이 평평한 것인지 기울어진 것인지는 당연히 말할 수 없다. 우주 공간에는 기울어짐을 나타낼 만한 기준이 없기 때문이다. 하지만 일단 공전 궤도면을 기준으로 삼아 생각하기 시작하면, 이제 우리는 지구의 자전축이 기울어져 있는지 아닌지 판단할 수 있다. 만일 **지구의 자전축**이 지구의 공전 궤도면에 대해서 90도로 서 있다면 우리는 자전축이 똑바로 서 있다고 할 것이다. 알다시피 지구의 자전축은 23.5도 기울어져 있다. 그건 지구의 자전축이 공전 궤도면에 직각으로 서 있는 가상의 축과 비교할 때 23.5도 기울어져 있다는 뜻이다. 그래서 우리는 어떤 행성의 자전축이 그 행성의 공전 궤도면을

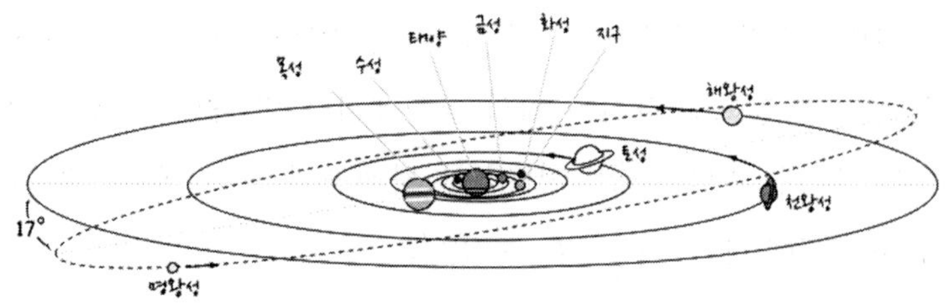

태양계와 그 행성의 공전 궤도

태양계 행성에 대한 정보(명왕성과 달 포함)

	수성	금성	지구	화성	목성	토성	천왕성	해왕성	명왕성	달 (지구)
질량 (10^{24}kg)	0.330 (0.06)	4.87 (0.82)	5.97 (1)	0.642 (0.11)	1898 (318)	568 (95.1)	86.8 (14.5)	102 (17.1)	0.015 (0.002)	0.073 (0.01)
지름 (km)	4,879 (0.38)	12,104 (0.95)	12,756 (1)	6,792 (0.53)	142,984 (11.2)	120,536 (9.4)	51,118 (4.0)	49,528 (3.9)	2,370 (0.19)	3,475 (0.27)
태양거리 (10^6km)	57.9 (0.39)	108.2 (0.72)	149.6 (1)	227.9 (1.5)	778.6 (5.2)	1433.5 (9.6)	2872.5 (19.2)	4495.1 (30.0)	5906.4 (39.5)	0.384 (0.003)
자전축 기울기(°)	0.034	177.4	23.4	25.2	3.1	26.7	97.8	28.3	122.5	6.7
궤도 기울기(°)	7.0	3.4	0	1.9	1.3	2.5	0.8	1.8	17.2	5.1

* ( )의 숫자는 지구에 대한 상대적 크기를 나타낸다.

기준으로 할 때 어떤 위치에 있는가에 따라 기울어졌는지 아닌지를 말할 수 있다. 천왕성의 경우 누워서 공전한다는 표현을 쓰기도 하는데, 그것은 천왕성의 자전축이 그 공전 궤도면과 거의 나란히 닿을 듯이 위치하고 있기 때문이다.

태양계의 행성은 그 크기에 따라 크게 두 개의 집단으로 나눌 수 있다. 태양에서 가깝고 크기가 작은 수성, 금성, 지구, 화성으로 이루어진 **지구형 행성**, 그리고 태양에서 상대적으로 멀고 크기가 큰 목성, 토성, 천왕성, 해왕성으로 이루어진 **목성형 행성**이다. 위의 표에는 행성의 질량과 지름 및 태양으로부터의 거리 등이 비교되어 있다. 또한, 왜소 행성 명왕성과 지구의 달에 대한 정보도 참고로 제시되었다.

위의 표에서 자전축 기울기는 공전 궤도면에 수직한 선에 대해 자전축이 기울어진 각도를 나타낸다. 자전축의 방향은 다음 그림에서 알 수 있는 것처럼 행성의 자전 방향을 오른손의 네 손가락으로 감아쥘 때 엄지 손가락이 가리키는 방향이다. 따라서 금성은 지구와 반대 방향으로 자전을 해서 금성에서 보면 태양이 서쪽에서 떠서 동쪽으로 진다는 것을 알 수 있다. 또한, 천왕성은 자전축이 공전 궤도면과 거의 나란하여 옆으로 구르면서 공전한다는 것을 알 수 있다.

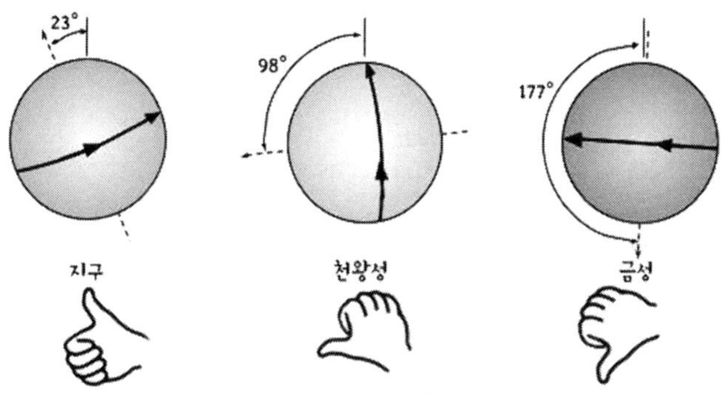

행성의 자전축 기울기

지구형 행성 중 가장 큰 것은 지구이고, 목성형 행성 중 가장 큰 것은 목성이다. 목성과 지구의 크기를 비교하면, 목성의 지름은 142,984 km로서 지구의 약 11.2배가 된다. 태양의 지름은 목성의 약 9.7배가 되고, 지구의 약 109배가 된다. 아래 그림은 위의 표를 바탕으로 태양과 행성들 사이의 상대적 크기를 나타낸 것이다.

태양까지의 거리를 바탕으로 행성들의 공전 궤도를 그려보면 다음 쪽에 제시된 그림과 같다. 그림에서 알 수 있는 것처럼 지구형 행성들의 궤도는 목성형 행성보다 매우 가까이 붙어 있어 이 그림에서는 구별하기가 쉽지 않다. 그래서 교실에서 모형을 만들 때 실제 크기 비율을 고려하는 경우 현실적으로 그것을 표현하는 일이 매우 어려워진다. 예를 들어, 태양, 지구, 달 또는 태양과 지구의 실제 크기 비율을 모형으로 나타내는 것은 현실성이 거의 없다. 교실에서 지름이 109배나 차이가 나는 공을 점토로 제작하는 것은 실현 가능하지 않기 때문이다. 따라서 상황에 따라 적절한 모형을 만들 필요가 있을 것이다.

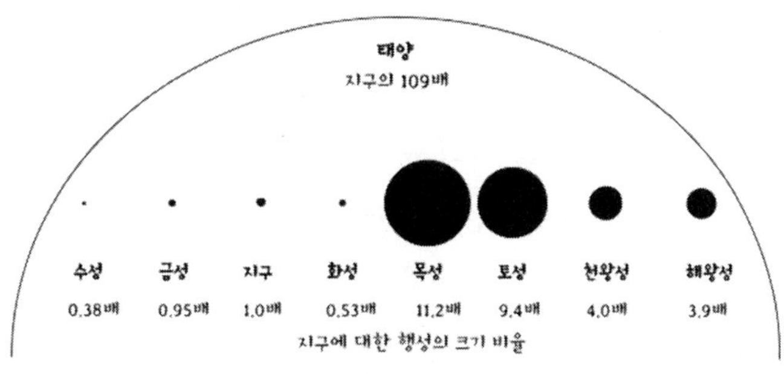

태양과 그 행성의 상대적 크기

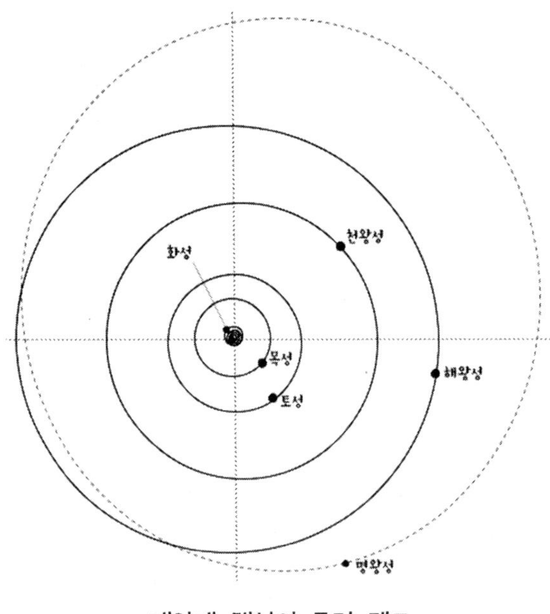

태양계 행성의 공전 궤도

지구와 달의 공전 궤도면

앞서 제시된 표에서 행성들의 공전 궤도면은 지구의 공전 궤도면을 기준으로 기울어진 각도를 비교한다. 지구의 공전 궤도면은 천구 상에서 태양이 움직이는 길에 해당하는 **황도면**과 일치한다. 표에서 살펴보면 수성을 제외한 다른 행성들은 공전 궤도가 거의 황도와 일치한다는 것을 보여준다. 수성의 궤도는 달보다 더 기울어져 있지만 태양에 매우 가까이 있기 때문에 황도에서 크게 벗어나지 않는다[1]. 그것에 비해 왜소 행성인 명왕성의 궤도는 황도면에 대해 거의 17°나 기울어져 있다.

그러면 달의 공전 궤도면은 어떨까? 앞의 표에 의하면 달의 공전 궤도는 황도에 대해 5.1°가 기울어져 있다는 것을 보여준다. 기울어진 달의 공전 궤도를 그림으로 나타내면 다음 쪽 그림과 같다. 만일 달의 공전 궤도면이 황도면과 같은 평면에서 지구를 공전한다면, 달이 태양을 향한 지구의 반대쪽으로 이동하여 보름달이 될 때 지구

1 황도를 중심으로 대략 8° 내외에 있는 별자리를 황도 12궁이라고 부른다. 따라서 태양계의 8개 행성은 거의 같은 평면에서 공전한다고 볼 수 있다.

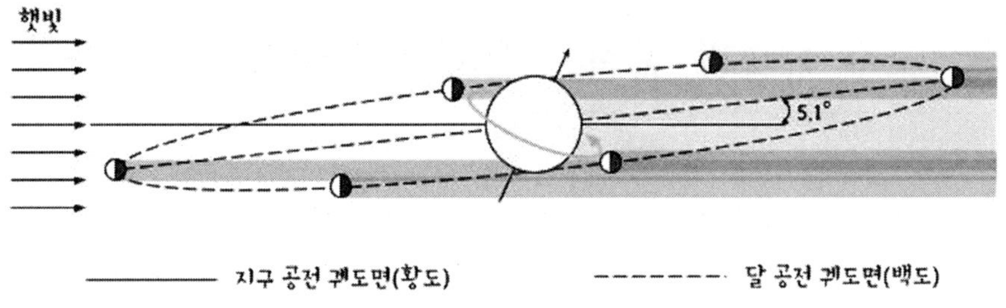

달의 공전 궤도면과 기울기

는 태양 빛을 가리기 때문에 달은 태양 빛을 반사시킬 수 없어 보이지 않게 될 것이다. 지구의 그림자 때문에 달이 보이지 않는 이와 같은 현상을 **월식**이라고 한다. 그러나 보름달이 될 때 항상 월식이 일어나지 않는 이유는 달의 공전 궤도면이 황도에 대해 기울어져 있기 때문이다. 위의 그림에서 지구와 달의 크기는 그 거리에 비해 크게 그렸다는 것을 고려하면[2], 보름달이 되어도 달은 지구의 그림자에서 벗어날 수 있어 태양에서 나온 빛을 반사시킬 수 있다는 것을 알 수 있다. 월식은 달이 황도 위에 위치할 때만 일어날 수 있다. 마찬가지로 달이 태양을 가리는 일식 현상이 삭이 될 때 항상 일어나지 않는 이유도 백도가 기울어져 있기 때문이다.

또한 달의 공전 궤도면이 황도면과 같은 평면에 있다면 달의 남중 고도가 일정할 것이다. 그러나 달의 남중 고도는 달의 위상에 따라, 계절에 따라 달라진다. 예를 들어, 보름달의 남중 고도는 여름철에는 낮고, 겨울철에는 높아진다. 위의 그림은 겨울철에 달이 공전하는 모습을 보여준다. 여름철에는 햇빛이 그림의 오른쪽에서 지구로 비추는 것으로 생각할 수 있다. 이때 보름달의 남중 고도는 달이 천구에서 황도 아래쪽에 위치함으로 겨울철보다 상대적으로 낮아진다.

2 지구의 크기를 지름이 5 cm인 공으로 가정한다면, 달까지의 거리는 대략 150 cm이고, 달의 크기는 1.4 cm 정도가 된다.

교수 학습과 관련된 문제는 무엇인가?

여기서는 모형의 뜻과 모형을 활용하는 다섯 가지 수업 유형을 간략히 살펴보고, 모형에 대한 학생들의 이해를 어떻게 증진시킬 수 있는지 설명한다. 그리고 학생들의 경험과 설명 수준에 따라 모형이 어떻게 달라질 수 있는지 예를 제시한다.

모형의 활용

모형(model)이라는 말은 일상 생활이나 수업 현장에서 다양하고 광범위하게 쓰인다. 예를 들면, '모형 제작'에 대해 말할 때 모형이라는 말은 주로 실제 대상물의 크기를 줄여 3차원적으로 제작한 실물을 뜻한다. 또한 '수업 모형'이라고 할 때 모형은 물리적 형상이 아니라 이론에 근거한 특정한 수업 형태를 말한다. 이렇게 맥락과 상황에 따라 모형이라는 말의 의미는 다양하게 쓰인다. 경우에 따라 모형을 모델(model)과 구분하기도 하지만[3], 두 낱말은 대개 구분하지 않고 서로 같은 뜻으로 쓰이기도 한다. 과학자나 과학교육자는 보통 모형이라는 말을 물리적 모형에 한정하지 않고 정신 모형을 포함해 포괄적으로 사용한다. 그래서 과학교육에서 모형은 물리적 모형뿐 아니라 그래프, 표, 다이어그램 등 시각화된 표상물, 컴퓨터 시뮬레이션, 수식 및 기호 등 다양한 종류를 포함한다.[4]

이러한 다양한 종류의 모형을 만들고 활용하는 수업을 **모형 활용**(modeling) **수업**이라고 하며, 수업의 목표나 학습 내용, 탐구 형태에 따라 다음 표와 같은 5가지의 모형 활용 수업이 가능하다.

3 예를 들어, '모형 비행기'라고 하면 사람들은 흔히 크기를 줄여 비행기 형태로 제작한 실물 모형을 생각하는 반면, '비행기 모델'이라고 하면 보통 비행기의 기종과 관련된 여러 형태를 생각하게 되는 것을 들 수 있다. 과학적 모형에 대한 논의는 '함께 생각해보는 과학 수업의 딜레마'(윤혜경 외, 2020, 북스힐) 딜레마 사례 14 '미스터리 상자'(p.302-305)를 참고한다.

4 Fowler, K., Windschitl, M. & Auning, C. (2020). A layered approach to scientific models. The Science Teacher, 88(1), 24-36.

모형 활용 수업의 5가지 유형[5]

모형 활용 수업의 유형	내용
모형 탐색하기 (Exploratory modeling)	기존 모형의 변인을 변화시키면서 그 효과를 관찰함으로써 모형의 성질을 탐색하고 조사하는 수업
모형 설명하기(표현) (Expressive modeling)	새로운 모형을 만들거나 기존 모형을 사용하여 과학 현상을 설명하거나 서술하기 위해 자신의 생각을 표현하는 수업
모형 검증하기(실험) (Experimental modeling)	모형으로부터 가설과 예측을 만들고, 그것을 실험이나 현상을 통해 검사하는 수업
모형 평가하기 (Evaluative modeling)	어떤 현상이나 문제에 대해 서로 다른 모형을 비교하고, 그 장점과 한계를 평가하며, 현상을 설명하거나 문제를 해결하는데 가장 적합한 모형을 정하는 수업
모형 개발하기 (Cyclic modeling)	과학 과제를 완수하기 위해 모형을 개발하고, 평가하며, 개선하는 지속적인 탐구 과정에 참여하는 수업

- **모형 탐색하기**(Exploratory modeling) 수업은 기존의 모형을 활용해서 학습을 하는 형태의 수업이다. 예를 들어, 콜로라도 대학에서 개발한 PhET의 대화형 시뮬레이션(simulations) 프로그램을 사용하여 모형의 조건을 변화시킬 때 어떤 결과가 일어나는지 살펴보도록 하는 것이다. 학생들은 '중력과 궤도(Gravity and Orbits)' 모형에서 예를 들어, 지구나 달의 질량을 변화시킬 때 그 궤도가 어떻게 변하는지 확인하거나 지구가 태양을 공전할 때 달의 이동 경로를 확인할 수 있다.
- **모형 설명하기**(Expressive modeling) 수업은 학생들이 알고 있는 내용 또는 학습한 내용을 모형을 통해 표현하는 형태의 수업이다. 이때 학생들은 스스로 모형을 만들 수도 있고 기존의 모형을 활용할 수도 있다. 예를 들어, 전기회로로 구성된 미스터리 상자[6]에서 학생들은 자신이 만든 회로 그림 모형을 이용하여 스위치에 따

---

5 Campbell, T., Oh, P.S., & Neilson, D. (2013). Reification of five types of modeling pedagogies with model-based inquiry (MBI) modules for high school science classrooms. In M. S. Khine & I. M. Saleh (eds.), Approaches and strategies in next generation science learning (pp. 106-126). Hershey, PA: IGI Global.

라 전구에 불이 켜지는 현상을 설명하도록 한다. 또한, 앞에서 제시된 과학 수업 이야기에 등장한 지구와 달의 운동 모형 수업도 그 모형을 통해 지구와 달의 공전 현상을 설명하도록 하는 모형 설명하기 수업이다.

- **모형 검증하기**(Experimental modeling) 수업은 학생들이 모형을 바탕으로 가설을 세우고 실험을 통해 검증하는 과정을 통해 모형을 시험해 보는 형태의 수업이다. 예를 들어, 산소가 없어져 불이 꺼진다는 산소 소모 모형을 이용하여 길이가 다른 두 촛불에 유리병을 덮는 경우 병 속의 산소가 소모되면 두 촛불이 동시에 꺼질 것이라는 예상이 맞는지 실험을 통해 확인함으로써[7] 산소 소모 모형의 문제점을 찾도록 한다. 또는 PhET의 회로제작 키트(DC)를 이용하여 전지와 전구로 구성된 간단한 회로에서 전류의 세기를 측정한 다음, 실제 실험 결과와 비교하여 모형 전기회로에서 고려하지 못한 조건을 찾아보도록 할 수 있다.
- **모형 평가하기**(Evaluative modeling) 수업은 학생들이 동일한 현상에 대한 서로 다른 모형을 비교하고 평가함으로써 각각의 모형이 무엇을 설명하고 무엇이 부족한지를 탐구하는 수업이다. 예를 들어, 달의 공전에 대한 평면 모형과 입체 모형(기울어진 공전 궤도)을 서로 비교하고, 달의 위상 변화나 남중 고도 또는 월식 현상을 잘 설명할 수 있는 모형이 어느 것인지 찾도록 한다.
- **모형 개발하기**(Cyclic modeling) 수업은 과학 과제를 완수하기 위해 학생들 스스로 모형을 개발하고 평가하는 과정을 반복함으로써 과학자들의 탐구 활동을 모방한 형태의 수업이라고 할 수 있다. 예를 들어, 알루미늄 포일과 투명한 비닐을 이용한 단열 실험[8]을 통해 열의 이동에 대한 적절한 모형을 알아내도록 한다.

---

6 '함께 생각해보는 과학 수업의 딜레마'(윤혜경 외, 2020, 북스힐) 딜레마 사례 14 '미스터리 상자'를 참고한다.

7 '함께 생각해보는 과학 수업의 딜레마'(윤혜경 외, 2020, 북스힐) 딜레마 사례 05 '촛불 연소와 수면 상승'을 참고한다.

8 '함께 생각해보는 과학 수업의 딜레마'(윤혜경 외, 2020, 북스힐) 딜레마 사례 04 '알루미늄 포일과 열 전달'을 참고한다.

이와 같이 수업 목표나 학생들의 수준을 고려하여 모형을 활용한 다양한 수업 방식을 고려할 수 있다. 초등학교 수준에서는 주로 모형 탐색하기나 설명하기가 가능하겠지만, 모형 검증하기나 평가하기도 교사의 적절한 안내를 통해 가능할 것이다. 또한, 구체적인 실물 모형뿐만 아니라 컴퓨터 프로그램이나 시각적 표상 등 다양한 형태의 모형을 도입하여 모형에 대한 학생들의 생각을 확장할 수 있다.

모형에 대한 이해를 증진시키기

지구의 자전과 공전을 가르치기 위해서 대개 교사는 지구의 자전축이 기울어진 지구본을 모형으로 사용한다. 교사가 설명하려는 현상은 기울어진 자전축과 상관이 없을 수 있지만, 그것이 실제 현상을 더 잘 모사하기 때문일까? 만일 학생들이 왜 자전축을 기울였는지, 똑바로 세우면 안 되냐고 묻는다면 교사는 무엇이라고 답할까? 기울어진 지구의 자전축이 과학적이라면 태양의 자전축은 왜 기울이지 않았을까?

모형은 자연 현상을 설명하거나 예상하기 위해 만든 표상으로 본질적으로 그 한계를 갖고 있다. 예를 들어, 하나의 모형이 관련된 현상의 모든 것을 설명할 수 있는 것은 아니다. 또한, 동일한 현상을 서로 다른 모형으로 설명할 수도 있다. 따라서 교사는 수업에 모형을 도입하려고 할 때 그 모형을 통해 무엇을 설명하려고 하는지 명확하게 하여야 한다. 예를 들어, 수업 사례에서 '지구와 달의 운동 모형'으로 지구의 자전과 공전, 달의 모양 변화를 설명하자고 했지만, 그 모형에서 태양, 지구, 달을 빨대 위에 고정했기 때문에 자전은 설명하기 어렵다. 빨대를 돌릴 수는 있지만, 앞에서 학습했던 기울어진 축은 어떻게 설명할 것인가? 사실 교과서에 제시된 모형은 지구와 달의 공전의 개념을 설명하기 위한 것이다. 또한, 태양, 지구 및 달의 상대적 크기나 상대적 거리를 보여주기에도 미흡하다. 태양과 지구 사이의 거리는 지구와 달 사이의 거리의 약 391배가 되고, 태양의 크기는 지구 크기의 109배나 되기 때문이다.

모형은 자연 현상을 설명하기 위한 일종의 비유이다. 비유와 마찬가지로 모형을 통해 설명할 수 있는 것과 없는 것을 이해하는 것은 중요하다. 처음에는 간단한 모형에서 좀 더 복잡한 모형을 사용하는 과정을 거치는 것이 바람직하다. 예를 들어, 낮과 밤이 왜 생기는지 학생들에게 모형을 이용하여 설명해 보도록 한다. 이때 교사는 그림이나 실물을 모형으로 제시할 수 있다. 학생들이 태양의 움직임으로 낮과 밤이 생기는 것을 설명하면 '태양 운동 모형'을 도입할 수 있고, 지구의 자전으로 낮과 밤을 설명하면 '지구 운동 모형'을 도입할 수 있다. 학생들이 단지 한 가지 모형으로 설명한다면 교사는 다른 모형을 대안으로 제시하고, 두 모형을 비교하고 평가하는 기회를 가질 수 있다. 예를 들면, 밤에 별자리 위치가 달라지거나 계절에 따라 볼 수 있는 별자리가 달라지는 것을 두 모형으로 어떻게 설명할 수 있는지 토의하도록 할 수 있다. 이 과정에서 공전 개념을 도입하여 어떤 물체가 다른 물체를 공전하는 것이 물체 스스로 축 둘레를 자전하는 것과 다르다는 것을 분명하게 구별할 수 있도록 한다.

마찬가지로 달의 공전을 통한 모양의 변화를 아래 그림과 같은 평면 모형을 이용하여 설명할 수도 있다. 이 모형에서 지구에 의한 빛의 차단은 고려하지 않는다. 지구의 오른쪽에서 햇빛이 오기 때문에 달의 오른쪽 반이 빛을 받아 반사한다는 것을 이해시킨다. 이때 지구의 위치에서 달을 향하여 달의 모양을 관찰한 모습을 이해시키기 위하여 탁구공의 절반을 검게 칠한 달 모형을 이용하여 지구에 대한 상대적 위치에 따라 그 모습이 어떻게 보이지는지 관찰하도록 할 수 있다. 또는 처음부터 평면 모형 대신에 입체적인 실물 모형을 사용하여 설명할 수도 있다. 그러나 학생들이 이들 모형을 사용하여 달의 모양 변화를 설명하려면, 먼저 공과 같은 물체에 대한 조명 효과를 관찰하는 경험이 필요할 것이다. 관찰 위치에 따라 공에 빛이 비치는 모양이 어떻게 다르게 보이는지 이해할 수 있어야 한다. 이들 모형에 대한 토의 과정에서 학생들이

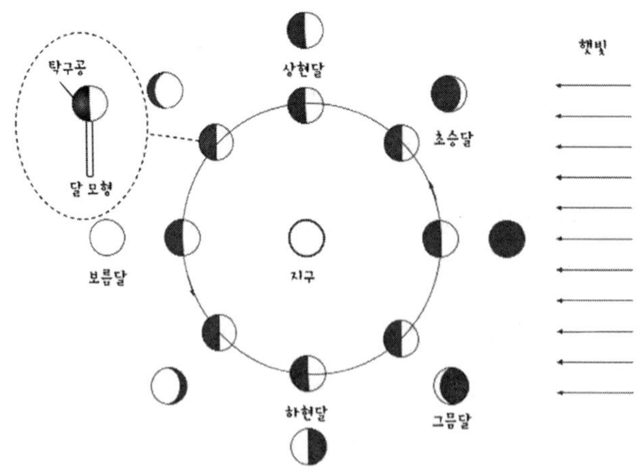

달의 공전과 모양 변화

지구의 그림자나 지구의 크기 때문에 햇빛이 달에 비칠 수 없다는 것을 인식한다면, 그런 문제점을 해결할 수 있는 방안에 대해 토의하고 새로운 모형을 고안해 보도록 할 수 있다. 또는 지구에 의해 햇빛이 차단되는 문제를 교사가 제기하면서 주어진 모형을 개선할 수 있는 방안을 찾도록 할 수 있다. 이와 같이 모형의 한계를 깨닫게 하는 일은 더 깊은 수준의 이해를 위한 출발점을 제공할 것이다.

따라서 모형은 학생의 경험과 설명 수준에 따라 변할 수 있다. 좀 더 세련된 과학적 모형이라도 학생의 이해 수준을 넘어선다면, 학생에게 그것은 자연 현상을 이해할 수 있는 유용한 수단이 될 수 없다. 예를 들어, 기울어진 지구 자전축은 계절의 변화나 낮과 밤의 길이 변화를 이해하기 위해 필요하며, 기울어진 백도는 지구 그림자 문제나 일식 및 월식 현상을 이해하기 위해서 필요하다. 그러므로 학생의 구체적인 경험을 이해하고 설명할 수 있는 모형을 만들고 선택하는 것이 바람직할 것이다. 앞의 수업 사례 중에는 많은 학생이 원판을 고정해 버렸기 때문에 지구와 달의 움직임을 설명하기 어려웠다는 내용이 나온다. 이것은 학생들이 모형을 만드는 목적이 무엇인지 이해하지 못했기 때문인 것으로 생각된다. 모형을 설명의 수단으로 생각하지 않고 공작 활동이라고 이해한다면, 학생들은 수업 사례와 같이 단지 모형을 꾸미는 데 집중할 것이다. 모형은 설명을 위한 것이므로 단지 공전과 자전을 설명하는 것이라면 태양, 지구, 달의 상대적인 크기를 실제와 다르게 만들어도 상관이 없다. 그러나 달에 대한 지구의 그림자를 고려한다고 한다면, 상대적 크기나 거리를 고려한 모형을 만들어야 할 것이다. 따라서 수업에서 모형을 활용하고자 한다면, 무엇을 설명하려는 모형인지를 명확하게 해야 한다. 그리고 이를 위해서 무엇을 고려해야 하고, 무엇을 고려하지 않아도 되는 지를 파악하는 것이 중요하다.

모형을 통해 과학적 이해를 증진시키기 위해서 교사는 그 모형이 학생들의 일상 경험과 구체적으로 연관되도록 안내해야 한다. 예를 들어, 계절에 따라 별자리가 다르게 보이거나 시간에 따라 별자리가 움직인다는 것을 경험하지 못한 학생은 먼저 그것을 인식할 수 있는 기회를 가져야 한다. 수업에서 직접적인 경험이 불가능한 경우 교사는 별자리 프로그램 등을 이용하여 간접 경험을 제공할 수 있다. 학생들은 그런 경험이 모형을 통해 지구의 공전이나 자전 현상과 연관되어 이해될 수 있을 때 그 중요성을 인식하게 된다. 또한, 교사는 그 모형으로 계절에 따른 기온의 변화나 북극성을 중심으로 회전하는 별자리를 설명해 보도록 할 수 있다. 이때 학생들은 모형의 한계를 인식하고 문제점을 해결할 수 있는 방안을 찾아볼 수 있을 것이다. 교사는 이와 같은 방식으로 학생들의 경험과 이해가 발달함에 따라 좀 더 복잡하고 세련된 모형을 도입하거나 개발하도록 안내할 수 있다.

실제로 어떻게 가르칠까?

여기서는 교과서에 제시된 '지구와 달의 운동 모형'을 바탕으로 수업을 실행하는 몇 가지 방안을 살펴보고, 모형의 한계를 학생들이 어떻게 인식하도록 할 수 있는지 설명한다.

학습 목표에 맞는 모형의 활용

모형은 현상의 어떤 측면을 설명하기 위한 것이므로 실제 현상의 모든 것을 설명하는 것은 아니다. 설명하려는 과학적 사실을 잘 보여줄 수 있는 모형이 그 수업에 적절한 모형이라고 할 수 있다. 따라서 교사는 자신의 수업에서 탐구하려는 과학적 사실이 무엇이고, 학습 목표는 무엇인지 먼저 명확히 할 필요가 있다. 앞서 언급한 것처럼 교과서의 '지구와 달의 운동 모형'은 지구와 달의 공전 개념을 설명하기 위한 것이다. 그러면 교사는 이 모형으로 어떤 수업을 고안할 수 있을까? 단순히 다른 물체를 한 바퀴 돈다는 학생들의 공전 개념을 좀 더 세련되게 다듬기 위한 방안으로 다음과 같은 질문으로 시작할 수 있다. '지구가 태양을 한 바퀴 돌았다는 것을 우리는 어떻게 알 수 있을까?' 학생들은 보통 계절의 변화나 날짜를 기준으로 판단할지 모른다. 이때 학생들에게 천체의 운동은 별자리를 기준으로 판단할 수 있다는 것을 모형을 가지고 설명하도록 한다. 그 다음 단계에서는 다음 그림과 같이 달이 지구를 한 바퀴 돌았을 때 어떤 일이 일어나는지 지구와 달의 운동 모형을 가지고 설명하고, 그때 달의 모양을 예상해 보도록 한다.

또는 달이 지구를 공전하여 다음 보름달이 되었을 때, 별자리를 기준으로 달이 어느 쪽으로 움직이는지 말하고, 달의 공전 주기와 위상 주기의 차이를 설명해 보도록 한다[9]. 이 과정에서 이것을 설명할 수 있는 또 다른 모형으로 지구를 중심으로 공전

9 지구가 매일 1°씩 동쪽으로 이동하여 30일 후에 30°를 도는 동안, 달은 다시 보름달이 되려면 매일

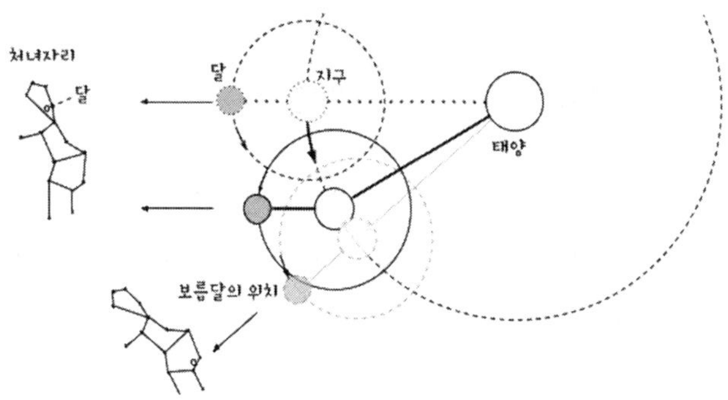

달과 지구의 운동 모형

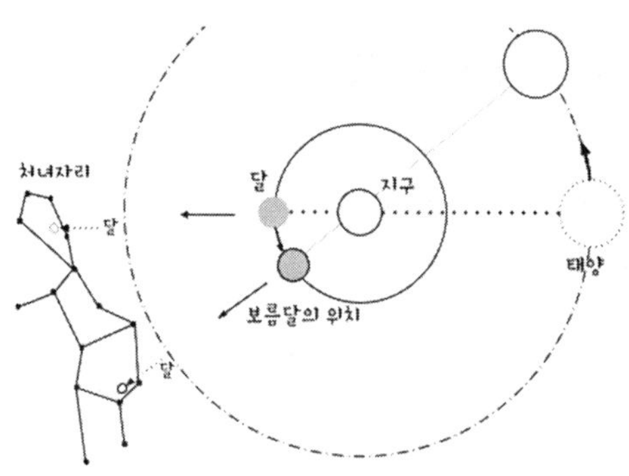

달과 태양의 운동 모형

하는 '달과 태양의 운동 모형'을 위의 그림과 같이 제시할 수 있다. 교사는 학생들이 두 모형을 비교하고 둘 사이에 어떤 차이가 있는지 토의하도록 할 수 있다. 이때 교사는 학생들이 알고 있는 다른 현상도 두 모형으로 설명해 보도록 할 수 있다. 그 과정에서 설명할 수 있는 것과 없는 것을 찾아보도록 한다. 교사는 이렇게 어떤 현상을 설명하는 한 가지 이상의 모형이 있을 수 있다는 것을 강조하고, 어느 모형이 올바른지 검증하려면 예를 들어, 연주시차[10]와 같이 서로 다르게 예상하는 현상을 살펴보아야 한다는 것을 이야기할 수 있다.

지구를 중심으로 12°씩 동쪽으로 이동하여 지구를 한 바퀴 돌고, 30°를 더 이동해야 한다. 따라서 달의 공전 주기는 위상 주기보다 대략 2.5일(30/12=2.5일) 짧다.

10 연주시차는 지구 공전에 대한 증거로 지구가 반바퀴 공전하여 위치가 달라질 때 지구에 가까운 별의 위치가 달라지는 현상을 말한다. 태양이 공전하는 경우에는 별의 위치는 그대로 변하지 않는다.

또한, 교사가 지구나 달의 자전 개념을 모형에 도입하기 원한다면, 지구나 달을 빨대에 붙이지 말고 막대나 핀을 붙여 빨대 구멍에 끼우면 지구나 달의 자전을 시늉낼 수 있다. 이때 지구나 달 위에 기준선을 표시해두면 좋을 것이다. 이와 같은 모형으로 태양, 달, 별의 일주운동이나 매일 같은 장소에서 달이 50분씩 늦게 뜨는 이유, 또는 초승달, 상현달, 보름달은 쉽게 관찰할 수 있는데 하현달이나 그믐달을 잘 볼 수 없는 이유를 설명해 보도록 할 수 있다. 그렇지만 이런 현상을 설명하려면 먼저 그에 대한 학생들의 경험이 필요할 것이다. 필요한 경우 교사는 별자리 프로그램 등을 통하여 간접적으로 현상을 확인할 수 있도록 할 수 있다. 학생들은 보통 공전과 자전을 구별하는 것을 어려워할지 모른다. 특히, 공전 주기와 자전 주기가 똑같은 달의 자전 현상은 이해하기 더 어려워한다. 달이 항상 같은 면을 보이고 있고, 달의 뒷면을 볼 수 없는 현상을 모형으로 설명하게 하여, 달의 공전과 자전에 대해 이해를 높일 수 있을 것이다. 이때 달이 공전은 하지만 자전을 하지 않는 경우와 비교하여 설명하도록 하면 학생들의 이해를 도울 수 있다.

교사의 의도나 수업 목적에 따라 실물 모형 이외에도 그림이나 컴퓨터 프로그램을 활용할 수도 있고 누리방에 공개된 프로그램[11]을 이용하여 모형 탐색하기나 설명하기 수업을 실행할 수도 있을 것이다. 그런 컴퓨터 프로그램 모형에서는 축소나 확대가 가능하여 실물 모형과는 달리 학생들이 행성 사이의 상대적 거리를 가늠할 수 있도록 한다. 모형의 평가나 검증을 통해 과학적 추론을 증진시키려고 하는 경우에는 교사가 의도적으로 처음부터 '지구 자전 및 달과 태양의 공전 모형'을 도입하면서 '지구와 달의 공전 모형'과 비교하도록 유도할 수 있다. 학생들이 모두 지구의 공전을 주장한다면 교사는 그 증거를 학생들에게 요구할 수 있다. 이때 교사는 학생들에게 자신들의 모형을 이용하여 지구 공전의 증거가 될 수 있는 현상을 예상해 보도록 한다. 마찬가지로 기울어진 지구 자전축 문제도 교사가 의도적으로 기울어지지 않은 모형을 사용하면서, 학생들이 교사의 모형에서 문제가 되는 점을 찾아내도록 할 수 있을 것이다.

---

11 태양계 행성 모형을 탐색하려면 다음 누리방을 참고할 수 있다:
https://www.solarsystemscope.com/,
https://solarsystem.nasa.gov/solar-system/our-solar-system/overview/

초등학교 수준에서 어려운 과제이지만, 학생들이 일상 생활에서 겪는 경험을 모형으로 설명하도록 할 때 하나의 실마리로 그 모형으로 설명이 되지 않는 현상을 찾아보게 할 수도 있다.

모형의 한계를 인식시키기

앞에서 설명한 것처럼 모형은 자연 현상을 설명하거나 예측하기 위한 수단으로 현상의 모든 측면을 설명하기 어렵기 때문에, 필요에 따라 개선될 수 있다는 것을 학생들이 인식하는 것은 중요하다. 따라서 교사는 비유와 마찬가지로 제시된 모형의 한계를 이해시킬 필요가 있다. 교과서에서는 공전 궤도를 원형으로 제시하지만, 학생들은 신문이나 방송을 통해 달이나 태양이 지구에 가까이 접근하여 크게 보인다는 소식을 접한다. 또한 교과서에 제시된 모형은 태양이 정지해 있는 것처럼 설명하지만, 태양도 은하를 중심으로 돌고 있다고 말한다. 또한, 지구와 달이 같은 평면 상에서 공전하는 것처럼 설명하지만, 그렇다면 보름달이 지구의 그림자에 가려서 잘 보이지 않게 될 것이다. 지구의 자전축도 한 방향을 가리키고 있는 것처럼 설명하지만, 세차 운동으로 자전축도 회전 운동을 한다. 그러므로 교사는 제시된 모형을 실제적인 것처럼 설명하지 않는 것이 바람직하다. 모형은 현상을 설명하기 위한 하나의 비유로 받아들여져야 한다. 그러므로 학생들의 경험과 수준에 따라 적절한 모형을 사용하는 것이 좋다.

예를 들어, 초등학교 수준에서는 기울어진 지구 모형보다는 바로 선 지구 모형을 사용하는 것도 한 가지 대안이 될 수 있을 것이다. 그리고 학생들에게 그 모형으로 밤낮의 길이나 계절에 따른 기온이 어떻게 되는지 예상해 보도록 할 수 있다. 교사의 적절한 안내로 그 모형을 통해 예상하면 학생들은 밤낮의 길이가 같다는 것과 태양의 고도가 계절과 상관없이 정해진 시각에 언제나 일정하다는 것을 이해할 수 있을 것이다. 자전축이 똑바로 서 있는 경우 지구의 자전으로 낮과 밤 동안 태양이 이동하는 경로는 다음 쪽의 그림에서와 같이 어디서나 똑같다. 학생들은 그때 그 모형이 실제 현상을 설명하지 못하기 때문에 개선될 필요가 있다는 것을 배우게 될 것이다. 그리고 학생들은 그것을 설명하기 위한 다른 모형을 접하는 기회가 있을 때 의미있게 새

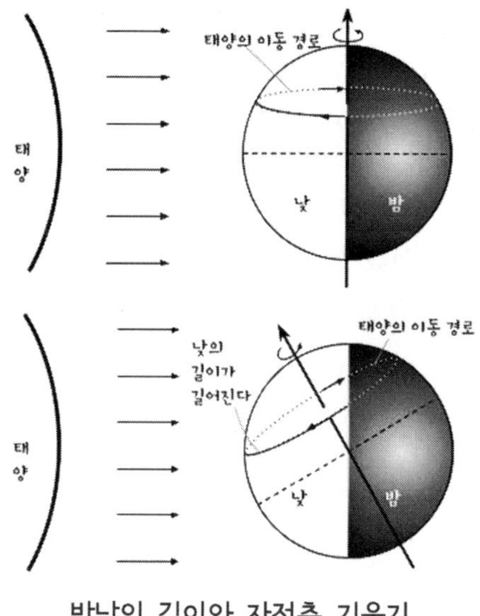

밤낮의 길이와 자전축 기울기

로운 모형을 적용할 수 있을 것이다. 그래서 교사는 모형을 이용하여 어떤 것을 설명할 때, 모형을 통한 예상과 실제 현상을 비교하여 그것이 어떻게 다른지 이해하고, 그 모형이 무엇을 설명하기 위한 것인지 명확하게 하는 것이 바람직하다. 이것을 위해 학생들에게 도서나 매체 등 여러 경험을 통해 자신들이 알게 된 사실이나 현상을 제시된 모형을 통해 설명해 보도록 격려하고, 필요한 경우 모형을 개선해 보는 과제에 도전해 보도록 하는 것도 좋다.

수행평가로 활용하기

수업 사례와 관련된 차시는 그동안 학습한 지구의 자전과 지구 및 달의 공전 현상을 직접 모형을 만들어 설명해 보는 활동이다. 따라서 교사는 모형 만들기 활동을 통해 학생들의 학습 결과를 파악할 수 있는 기회로 활용할 수 있다. 특히, 학생들은 자전과 공전을 구별하는 것을 어려워하기 때문에, 자신이 만든 모형으로 관련된 현상을 설명하게 함으로써 교사는 그에 대한 학생들의 이해 정도를 파악할 수 있다. 이때 교사는 학생들이 모형 만들기보다는 설명하기에 주목할 수 있도록, 학생들이 설명해야 할 현상을 명확하게 제시해야 할 것이다. 예를 들어, '자신이 만든 모형을 이용하여 밤중에 별자리가 서쪽으로 이동하며, 계절에 따라 일정한 시각에 보이는 별자리가 달라지는 현상을 설명한다.'나 '매일 일정한 시각에 관찰한 달이 날마다 조금씩 동쪽으로 이동하며, 약 30일을 주기로 보름달이 나타나는 현상을 설명한다.' 등과 같이 자전 및 공전을 이용하는 평가 과제를 제시한다. 이와 같은 수행평가는 교사의 의도에 따라 개별적으로, 또는 짝이나 모둠과 함께 실시할 수 있다. 모형 만들기 과제는 사전에 미리 재료를 준비하여 수업 시간에 학급 전체가 정해진 시간에 모형을 만들도록 한다. 설명하기 과제는 자신의 모형을 이용하여 제시된 현상에 대한 설명을 그림과 글로 써서 제출하거나, 방과후 과제로 실제로 모형을 가지고 설명하는 모습을 동영상으로 만들어 제출하도록 할 수 있다. 이때 만든 모형도 함께 제출하도록 한다.

학생들이 정답으로서의 과학적 설명에 더 집중하도록 만들기보다는 자신의 언어로 설명하는 것에 주안점을 둘 수 있도록 지도한다. 또, 모형 만들기 과제에서 모형의 크기나 색깔, 재료는 고려하지 않는다는 것을 명확하게 학생들에게 제시한다. 이와 같은 수행평가를 형성평가보다는 총괄평가로 사용하려고 할 때는 만들기와 설명하기 과제에 대한 평가 비중을 4:6 정도로 하여 다음과 같은 평가 준거를 만들어 활용할 수도 있다.

모형 만들기 과제의 평가 준거(40점)

(1) 태양, 지구, 달의 상대적 위치를 표현했는가? (10점)

(2) 지구의 자전을 표현할 수 있는가? (10점)

(3) 지구의 공전을 표현할 수 있는가? (10점)

(4) 달의 공전을 표현할 수 있는가? (10점)

모형을 이용하여 설명하기 평가 준거(60점)

(1) 지구 자체가 서쪽에서 동쪽으로 돌기 때문에, 별자리가 동쪽에서 서쪽으로 이동하는 것을 지구 모형의 자전으로 설명한다. (적절한 설명 30점, 부분적 설명 20점, 미흡한 설명 10점)

(2) 지구 모형의 공전으로 지구가 서쪽에서 동쪽으로 이동하기 때문에, 한밤중에 보이는 별자리(사자)가 서쪽으로 이동하고, 그 대신 동쪽에 있던 별자리(처녀)가 보이기 때문에 계절에 따라 별자리가 달라진다는 것을 설명한다. (적절한 설명 30점, 부분적 설명 20점, 미흡한 설명 10점)

● 딜레마 사례 02

달의 모양 변화

관찰하는 것으로 충분할까?

초등학교 6학년 '지구와 달의 운동' 단원 성취 기준 중 하나는 '달의 모양과 위치가 주기적으로 바뀌는 것을 관찰할 수 있다'이다. 여러 날 동안 달을 관찰해서 달의 모양이 약 30일 주기로 초승달, 상현달, 보름달, 하현달, 그믐달의 순서로 변한다는 것을 알도록 한다.

나는 학생들이 달을 관찰하면서, 달의 모양이 왜 변하는지 매우 궁금해하는 것을 발견하였다. 그러나 교과서에는 달의 모양 변화만 나와 있고 왜 모양이 변하는지는 다루지 않는다. 2015 개정 과학과 교육과정 성취 기준 해설에도 '달의 모양과 위치가 주기적으로 바뀌는 현상을 관찰하여 확인하는데 초점을 둔다. 지구에서 보이는 달의 모양, 즉 위상이 변하는 까닭은 다루지 않는다'고 되어 있다. 아마도 학생들이 이해하기 어려운 내용이고, 달의 위상 변화는 이후 상급 학년에서 다루기 때문일 것이다. 그렇지만 학생들이 지금 막 달을 관찰하면서 그 모양이 왜 변하는지 호기심을 가지고 있는 이 순간에 그 이유를 다루어야 하지 않을까? 과학적으로 완벽하지 않더라도 달의 모양이 왜 다르게 보이는지 그 이유를 생각해 보도록 하는 것이 과학교육에서 더 의미 있는 일이 아닐까 하는 생각이 들었다. 그러나 막상 그 이유를 어떻게 접근하는 것이 좋을지 막막했고 교사인 나 자신도 달의 위상 변화 이유를 잘 이해하지 못하고 있는 것 같았다. 어떻게 해야 할까?

1 과학 수업 이야기

나는 이 단원을 시작하면서 학급 전체 학생을 7개 모둠으로 나누어 달 관찰 요일을 정해 주었다. 매일 달을 관찰하는 것은 어려울 것이므로 일주일에 한 번씩만 관찰하고, 자신이 관찰한 달의 모양과 같은 모양의 붙임딱지(스티커)를 학급 게시판에 붙이도록 했다. 달의 모양 변화를 파악하려면 한 달 정도의 관찰이 필요했지만 정해진 진도에 맞추기 위해서 2주 동안만 관찰하도록 하고 나머지는 내가 인터넷에서 찾은 자료를 제시할 생각이었다.

매일 아침마다 오늘은 달을 어떤 모둠에서 관찰해야 하는지 일러주면서 학생들이 달 관찰을 잊지 않도록 했다. 매일 2~3명의 학생이 달 관찰 담당이 되었다. '혹시 깜빡 잊은 학생이 있더라도 최소한 한 명은 관찰을 하겠지'하며 내심 내가 만든 수업 전략이 유효할 것이라 자부했다.

그러나 수월할 것이라 생각했던 달 관찰 활동도 수월하지만은 않았다. 제대로 달을 관찰해 오는 학생이 예상보다 많지 않았다.

학급 게시판에 달의 모양 관찰 결과 기록하기

일	월	화	수	목	금	토
0월0일 (음력0월0일)	0월0일 (음력0월0일)	0월0일 (음력0월0일)	0월0일 (음력0월0일)	0월0일 (음력0월0일)	0월0일 (음력0월0일)	0월0일 (음력0월0일)
0월0일 (음력0월0일)	0월0일 (음력0월0일)	0월0일 (음력0월0일)	0월0일 (음력0월0일)	0월0일 (음력0월0일)	0월0일 (음력0월0일)	0월0일 (음력0월0일)

"선생님, 아파트 베란다에 한번 나가 보았는데 달이 없어서 관찰 못했어요."

"가족들이랑 저녁 식사를 하고 나서 나가서 하늘을 보았는데 달이 없던데요."

학생들이 관찰을 제대로 못한 이유도 다양했다. 그래도 학급 전체가 협력하여 관찰 활동을 한 덕분에 달이 모양이 변한다는 사실은 학생들이 인지할 수 있었다. 나는 학생들이 붙인 스티커와 인터넷 자료를 이용해서 다음과 같이 달의 모양 변화를 설명했다.

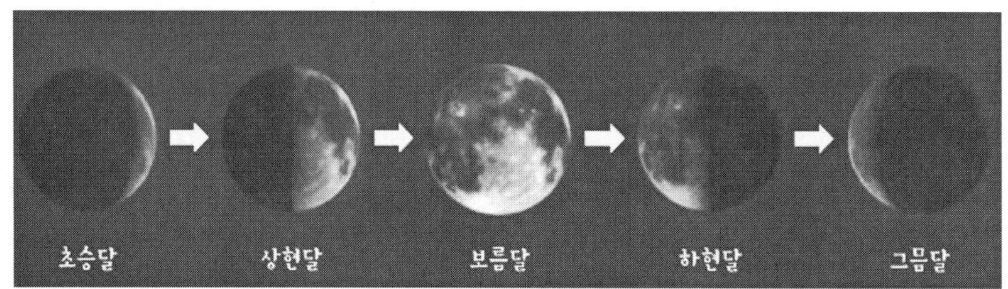

달의 모양 변화

달의 모양은 음력 2~3일 경에는 초승달, 음력 7~8일 경에는 상현달, 음력 15일 경에는 보름달, 음력 22~23일 경에는 하현달, 음력 27~28일 경에는 그믐달임을 설명하였다.

"자, 여러분. 그동안 모두 열심히 잘 관찰해 주었습니다. 이제 달의 모양이 어떻게 변하는지 알았지요? 달의 모양과 그 이름을 헷갈리지 말고 잘 기억하기 바랍니다."

수업을 마무리하려던 순간 달 관찰 활동에 가장 열심히 참여했던 은정이가 손을 들었다. 은정이는 주어진 붙임딱지 대신 자신이 스케치한 달 그림을 예쁘게 색칠까지 해서 붙이곤 했다.

"선생님, 달이 모양이 왜 한 달마다 변해요?"

그러자 다른 학생들도 달의 위상 변화에 대한 궁금증을 쏟아냈다.

"음력이 뭔지 잘 모르겠어요. 왜 우리가 보는 달력이랑 날짜가 달라요?"

"달의 빛을 내는 부분이 왜 계속 달라져요?"

"다른 나라에서 보면 달의 모양이 달라지지 않나요?"

나는 학생들의 질문에 어떻게 대응해야 할지 막막했다. 학생들의 호기심을 존중하고 그것을 바탕으로 탐구 학습을 이끌어 가는 것이 과학 수업에서 바람직하다는 생각과 굳이 어려운 달의 위상 변화를 다룰 필요가 없다는 생각으로 갈등이 일어났다. 그리고 당장은 달의 위상 변화를 쉽게 설명할 수 있는 방법도 생각나지 않았다. 그래서 교과서와 교육과정을 충실히 따르고 달의 위상 변화를 다루지 않는 것이 좋겠다고 스스로 합리화하였다.

"좋은 질문이에요. 선생님은 여러분이 달의 모양 변화에 호기심을 가지고 질문한 것이 정말 훌륭하다고 생각해요. 왜 달의 모양이 변하는지는 상급 학년에서 다시 배울 것이고 지금 여러분이 이해하기에는 좀 어려운 내용입니다. 그래서 지금 여러분이 느낀 궁금증과 질문을 당장은 해결하기 어렵지만, 그 호기심을 잘 간직하고 있길 바래요."

학생들은 더 이상 질문을 하지 않았지만 나의 답변은 궁색했다. 학생들이 달의 모양 변화를 관찰하고, 달의 모양이 변한다는 사실을 아는 것으로 수업을 제한했던 것이 과연 바람직했을까?

이 수업을 하고 나는 다음과 같은 의문이 들었다.

- 왜 어떤 학생들은 달을 잘 관찰할 수 없었을까? 달 관찰 활동을 더 잘 안내하는 방법은 무엇일까?
- 초등학교 수준에서는 달의 위상 변화 이유에 대해 다루지 않는 것이 좋은 것일까? 왜 교육과정에서는 '이유는 다루지 않는다'고 하였을까?
- 달의 위상 변화 이유를 어떻게 하면 학생들이 쉽게 이해하도록 할 수 있을까?

2 과학적인 생각은 무엇인가?

이 절에서는 달의 모양이 왜 규칙적으로 변하는지, 북반구와 남반구에서 달의 모양은 어떻게 다르게 보이는지를 설명한다. 그리고 달의 위상에 따라 달이 뜨고 지는 시간이 어떻게 달라지는지 설명한다.

달의 모양 변화: 위상

달은 약 한 달을 주기로 그 모양이 바뀌면서 규칙적으로 변한다. 주기적으로 바뀌는 달의 모양을 위상이라고 한다. 달이 지구를 공전할 때 달의 위상이 바뀌는 것은 지구에 있는 어떤 사람이 한밤중에 바라보는 달의 상대적 위치가 한 달을 주기로 달라진다는 것을 뜻한다. 예를 들어, 아래 그림과 같이 태양이 지구의 왼쪽에 있다고 가정하면, 태양은 지구의 109배이고, 지구에서 태양까지의 거리는 지구와 달 사이의 거

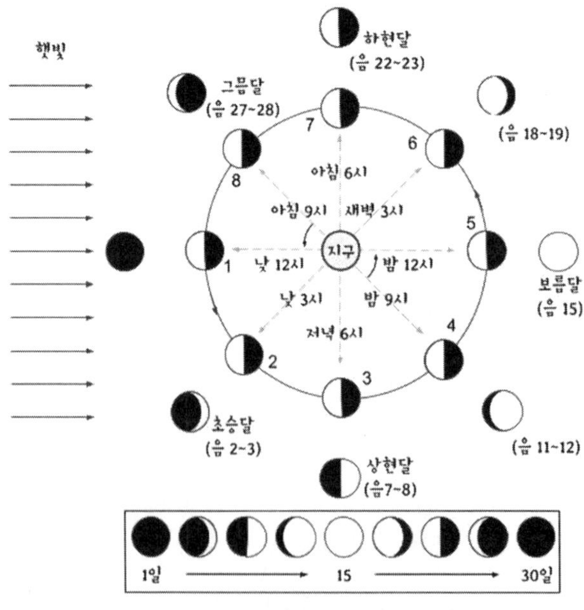

달의 위치에 따른 모양 변화

리의 391배가 되므로 태양에서 나오는 빛은 거의 평행하다고 생각할 수 있다. 달은 지구를 중심으로 반시계 방향으로 공전하기 때문에, 달의 왼쪽 반만 햇빛을 받아 반사시킨다. 따라서 지구 상에 있는 사람은 앞 쪽의 원둘레 위에 있는 달 그림처럼 달의 오른쪽 반을 볼 수가 없다.

그러면 달은 공전할 때 왜 그 모습이 앞 쪽의 달 모양 그림과 같이 달라지는가? 달이 태양과 지구 사이에 들어와서 일직선이 되면 지구 위에서는 햇빛이 닿지 않는 달의 오른쪽 부분을 바라보게 됨으로 달이 보이지 않게 된다. 달이 1의 위치에 있는 이때를 '삭'이라고 부르고, 이때의 달을 '신월(new moon)'이라고 한다. 보이지 않는 달을 '신월'이라고 부르는 것은 어색하지만, 관찰자가 자정에 달을 관찰할 때 사실 관찰자는 달이 없는 반대편을 향하고 있어 볼 수 없다는 것을 말한다. 달이 반시계 방향으로 공전하여 2의 위치에 가게 되면, 달은 오후 3시경에 남중하고 지상의 사람은 빛이 비치는 달의 왼쪽 일부와 어두운 오른쪽을 보게 된다. 아래 그림과 같이 지구 위의 사람이 똑바로 서 있도록 돌려서 보면, 지상의 사람에게는 달의 오른쪽 일부만 햇빛에 반사되어 보이게 된다. 이때 달의 모양을 '**초승달**'이라고 부른다. 남쪽을 향한 사람의 오른쪽은 서쪽인데, 태양이 남서쪽에 있기 때문에 달은 햇빛이 반사되는 오른쪽 일부만 보이게 되는 것이다.

마찬가지로 달이 3의 위치에 가면 지상에서는 햇빛을 받는 달의 오른쪽 반만 보이게 되고, 이때 달의 모양을 '**상현달**'이라고 한다. 달이 4의 위치로 이동하면 지상의 사람에게는 햇빛을 받는 더 많은 면을 보고 달의 왼쪽 일부가 보이지 않아 볼록한 모양

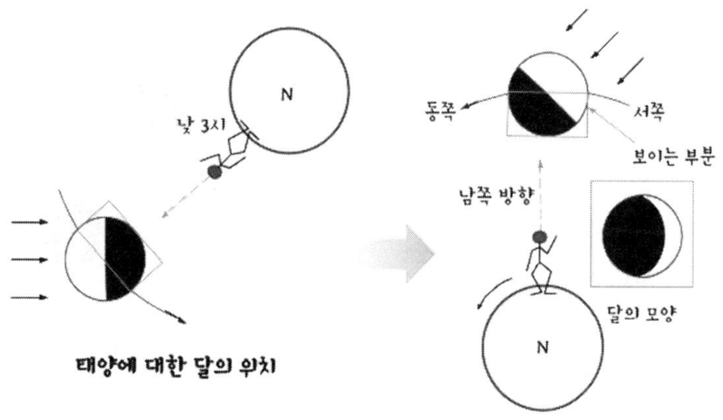

지상에서 보이는 달의 모습(북반구)

이 된다. 달이 5의 위치로 이동하여 태양, 지구, 달이 다시 일직선이 되는 때를 '망'이라고 한다. 망이 될 때는 햇빛이 비치는 달의 왼쪽 면이 모두 보이므로 관찰자는 둥근 '**보름달**'을 보게 된다. 달이 6의 위치로 이동하면, 지상에서는 오른쪽 일부가 보이지 않아 다시 불룩한 모양이 된다. 달이 7의 위치로 이동하면, 지상에서는 달의 왼쪽 절반만 보이게 된다. 이때 달의 모양을 '**하현달**'이라고 한다. 달이 다시 8의 위치로 이동하면 달은 '**그믐달**'로 왼쪽 일부만 보이게 된다. 태양이 남동쪽에 있어 달은 햇빛이 반사되는 왼쪽만 일부 보이기 때문이다.

달의 위상은 태양과 지구상의 관찰자에 대한 달의 위치가 달라지기 때문에 변한다. 따라서 남반구에서 보는 달의 모양은 북반구와 다르게 된다. 남반구에서도 지구와 달은 서쪽에서 동쪽으로 회전하지만, 북반구와 다르게 회전 방향은 시계 방향으로 돌아간다. 남반구에서도 해와 달은 동쪽에서 떠서 서쪽으로 지지만, 남쪽 하늘이 아니라 북쪽 하늘로 회전하기 때문에 관찰자는 북쪽을 향해야 한다. 이때 관찰자의 왼쪽은 서쪽이고 오른쪽은 동쪽이다. 예를 들어, 달이 32쪽 그림 2의 위치에 있을 때, 남반구에서 달은 북서쪽에 있는 태양의 빛을 받아 반사하기 때문에 아래 그림과 같이 왼쪽 일부만 볼 수 있다. 그래서 남반구의 초승달 모양은 북반구의 초승달 모양과 반대가 된다. 그렇지만 서쪽으로 지는 초승달 모양은 빛을 받는 볼록한 부분이 태양을 향하기 때문에, 남반구나 북반구 모두 달 모양이 상당히 비슷해져서 마치 쪽배가 뜬 것처럼 보인다. 요약하면, 달의 모양이 변하는 이유는 지구와 달의 상대적 위치에 따라 태양에서 나온 햇빛을 반사하는 달의 표면이 지구의 관찰자에게 다른 모양으로 보이기

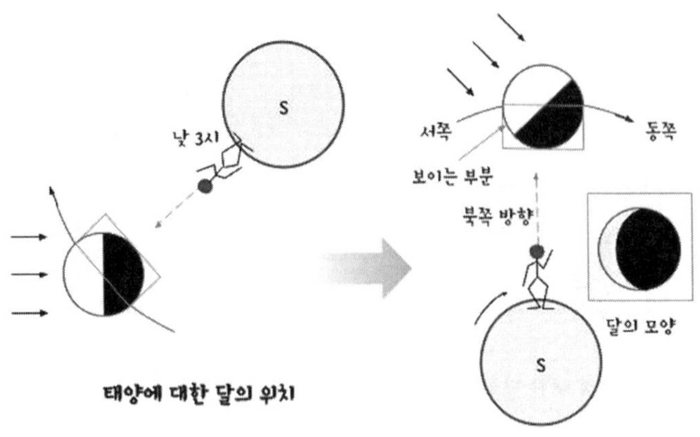

지상에서 보이는 달의 모습(남반구)

때문이다. 그래서 달의 회전 방향이 다른 북반구와 남반구에서 달의 모양은 좌우가 반대로 보인다.

달이 보이는 시각

낮에는 달이 하늘에 떠 있어도 우리 눈에는 달이 보이지 않는다. 그 이유는 햇빛을 받지 못하는 달의 표면이 우리를 향하고 있거나, 햇빛이 너무 강하여 달 표면에서 반사된 약한 빛은 잘 보이지 않기 때문이다.

일몰 후 초승달

그러면 초승달은 언제 볼 수 있는가?

32쪽의 그림에서 태양이 정오에 남중하기 때문에 그 위치에서 지구가 초승달이 있는 위치로 자전하려면 45°를 더 돌아야 한다. 지구는 서쪽에서 동쪽으로 시간당 15°씩 자전하므로 초승달은 오후 3시에 남중한다[1]. 지상의 관찰자가 달이 떠 있는 남쪽을 바라볼 때 달은 6시간 전에 동쪽에서 뜨고, 6시간 후에 서쪽으로 진다. 그래서 초승달은 대략 아침 9시에 동쪽에서 떠서 저녁 9시에 서쪽으로 진다. 따라서 햇볕이 강한 낮 동안에는 초승달을 관찰할 수 없고, 해질 무렵부터 서쪽 하늘에서 관찰이 가능하고, 저녁 9시 이후에는 관찰이 불가능하다. 지평선이 보이지 않는 곳에서는 초승달이 다른 물체에 가려 9시보다 그 이전에 사라진다.

상현달은 낮 12시에 동쪽에서 떠서 저녁 6시에 남중하고 밤 12시에 서쪽으로 진다. 따라서 상현달은 해질 무렵부터 남쪽 하늘에서 관찰할 수 있고 밤 12시 이후에는 볼 수 없다. 햇볕이 강하지 않는 날에는 낮에 남동쪽 하늘에서 상현달을 볼 수도 있다. '낮에 나온 반달'은 이 상현달을 말한다. 보름달은 저녁 6시에 동쪽에서 떠서 다음 날 아침 6시에 서쪽으로 지기 때문에 거의 밤새 관찰할 수 있다. 하현달은 밤 12

1 실제로 어떤 지역의 시간은 관찰자의 자오선을 기준으로 하지 않기 때문에, 그 지역에서 사용하는 표준시에 따라 조금 차이가 난다.

시에 동쪽에서 떠서 아침 6시에 남중하고 낮 12시에 서쪽으로 진다. 따라서 하현달은 밤 12시 이후부터 관찰할 수 있고, 햇빛이 강하지 않은 오전에는 서쪽 하늘에서 관찰할 수도 있다. 그믐달은 새벽 3시에 동쪽에서 떠서 아침 9시에 남중하고 낮 3시에 서쪽으로 진다. 그래서 그믐달은 새벽 이후 햇빛이 약한 오전에는 관찰이 가능하다. 사람들은 대개 초승달에서 보름달까지는 저녁에 쉽게 보지만, 오전에 태양과 함께 떠있는 하현달과 그믐달은 눈여겨 보기 쉽지 않다.

달이 매일 50분씩 늦게 뜨는 이유

달은 지구 둘레를 27.3일마다 공전하기 때문에 매일 13.2°씩 서쪽에서 동쪽으로 이동한다. 반면에 지구는 매일 약 1°씩 서쪽에서 동쪽으로 자전한다. 그래서 달은 지구에서 보았을 때 매일 12.2°씩 서쪽에서 동쪽으로 이동하는 것처럼 보이고, 29.5일마다 천구를 한 바퀴 돌아서 같은 모양으로 보이게 된다[2]. 예를 들어, 아래 그림과 같이 A′에 있는 사람이 어떤 시각에 A의 위치에 있는 달이 동쪽에서 떠오르는 것을 보았다면, 하루가 지난 후 똑같은 시각에 달은 12.2°만큼 서쪽에서 동쪽으로 공전했기 때문에 A′에서는 B에 있는 달을 볼 수가 없다. 달이 뜨는 것을 보려면 지구가 B′의 위치

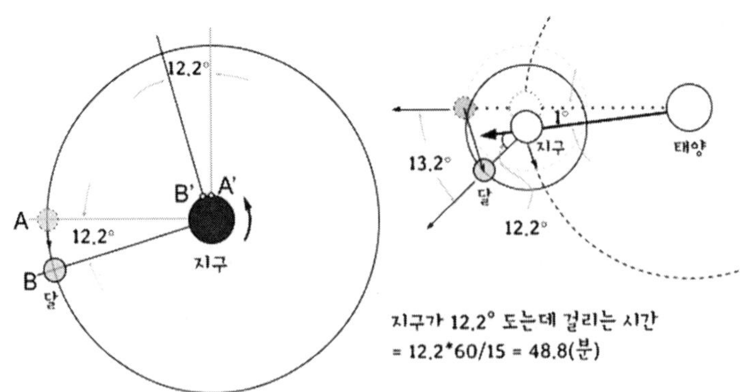

24시간 후 달의 위치와 지구의 자전

2 달의 공전과 지구의 자전에 대한 가상실험 영상을 보려면 다음 누리방을 참고한다: https://javalab.org/why_does_the_moon_rise_50_minutes_later_each_day/

로 자전해야 한다. 지구는 한 시간에 15°씩 자전하기 때문에, 12.2°를 돌려면 약 50분이 걸린다. 따라서 달은 매일 약 50분씩 늦게 같은 장소에 나타나기 때문에, 매일 같은 장소에 보이는 달을 관찰하려면 50분 가량 시간을 늦추어야 한다. 다시 말해, 같은 시각에 달을 관찰하려면 전날보다 동쪽으로 12° 가량 이동한 곳을 바라보아야 한다.

그래서 우리가 어떤 정해진 시각에 하늘 어딘가에 떠 있는 달을 2주 동안 관찰할 수 있었다면, 그 다음 2주 동안에는 그 시각에 달은 180° 이상을 공전하여 우리가 볼 수 없는 반대편에 있기 때문에 하늘에서 달을 관찰할 수가 없다. 그래서 학생들에게 하현달이나 그믐달은 저녁 시간이 아니라 아침 시간에 관찰하도록 지도해야 할 것이다.

교수 학습과 관련된 문제는 무엇인가?

앞에서 교사는 달 관찰 수업에 어려움을 경험하였고 달의 위상 변화 이유에 대해 어떻게 다루어야 할지 고민하였다. 여기서는 어떻게 학생들이 달을 더 관찰하도록 안내할 수 있는지, 달의 위상 변화를 이해하도록 하기 위해서는 어떠한 디딤돌이나 교수전략이 필요한지 논의할 것이다.

달의 모양 변화 관찰, 달의 위상에 대한 수업은 세 가지 문제와 관련되어 있다. 첫째로 달의 모양이 한 달을 주기로 규칙적으로 변하지만, 특별히 달에 관심을 갖고 있지 않으면 수업 사례에서 언급했던 것처럼 달의 전체적인 위상을 모두 관찰하기 쉽지 않다는 것이다. 두 번째는 달의 위상 변화를 설명하기 위한 비유로서 적절한 경험을 학생들이 갖고 있지 못하다는 것이다. 세 번째는 시각적이고 공간적인 이해를 위한 적절한 모형이 필요하다는 것이다. 그래서 수업을 계획할 때 아래와 같은 점을 고려해야 할 것이다.

달 관찰하기

앞에서 언급한 것처럼 달은 대략 2주 동안은 저녁 시간에, 그리고 그 다음 2주 동안은 새벽 시간에 관찰할 수가 있다. 그래서 교사는 초등학생들에게 초승달에서 보름달에 이르기까지는 일몰 무렵부터 저녁 9시 정도까지 관찰시킬 수 있다. 교사는 음력 날짜를 바탕으로 관찰 기간을 정할 수 있지만, 음력 15일에 항상 만월이 되는 것은 아니라는 것을 이해할 필요가 있다. 음력이 달의 위상을 주기(29.5일)로 만들어졌지만, 실제로 날짜는 달의 공전과 정확하게 일치하지는 않는다. 싸이버스카이(CyberSky)와 같은 별자리 프로그램의 정보를 활용하면 좀 더 정확한 위상을 알 수 있다. 만일 보름달에서 그믐달에 이르는 달을 관찰시키려면, 학생들을 일출 무렵에 하늘을 관찰하도록 지도해야 할 것이다. 그래서 여름보다는 겨울에 달을 관찰하기 좀 더 쉽다. 지평선이 보이는 곳이 아니라면 일출 시각에도 태양은 보이지 않아 달을 관찰할 수 있을 것이다. 학생들이 새벽 시간에 달을 관찰하기가 어렵기 때문에, 이 과제는 보충적인 도전 과제로 제시하거나, 별자리 프로그램을 이용하여 영상으로 전체 학급에 시연할 수 있을 것이다. 위상 변화의 주기적인 특성을 파악하도록 하려면 날씨 변화 등을 고려하여 맑은 날이 많은 가을철에 달을 관찰하도록 하는 것이 좋지만, 가능하면 두 달 이상의 장기적인 관찰 과제로 제시하고, 수업 시간은 과제가 완료된 후에 진행하는 것이 바람직하다. 수업 시간에 교사는 별자리 프로그램 시연을 통해 달이 변하는 모습을 자신들의 관찰 결과와 비교하도록 할 수 있다.

학생들에게 관찰 활동을 시킬 때 일반적인 방법은 일정한 시각에 매일 달을 관찰하도록 하는 것이다. 예를 들어, 초승달이 시작되는 날로부터 매일 일몰 30분 후에 달의 모양과 그 위치를 기록하게 하는 것이다. 이 방법은 매일 달이 동쪽으로 이동한다는 것을 알아낼 수 있다. 달의 모양은 보이는 달의 모습을 직접 그리도록 한다. 스마트폰 사진기로 사진을 찍게 할 수도 있지만, 보통 손의 흔들림 때문에 달의 모양을 명확하게 찍기 어렵기 때문이다. 관찰 노트에 그림과 함께 날짜와 시간, 장소, 달이 보이는 방향, 크기나 밝기, 근처의 별자리 등 자세한 설명을 써 넣도록 한다.

달의 위치는 스마트폰의 **나침반 앱**을 이용하여 **달의 방위**를 기록하도록 할 수 있다. 관찰자가 달이 있는 방향으로 달을 향하여 선 다음 스마트폰의 머리 부분이 달이 있는 방향을 향하도록 하면 나침반 앱이 달의 방위를 다음 쪽의 그림과 같이 표시한다. 이것을 기록하게 하거나 화면을 사진으로 남기도록 할 수 있다. 날씨가 나빠 관찰하지 못하는 날이 있더라도, 학생들은 2주 동안 달이 모양이 변하면서 동쪽으로 이동한다는 것을 알아낼 수 있다. 또한, 달 근처의 별자리를 확인하도록 하면, 나중에 달의 공전뿐만 아니라 지구의 공전과 연관시켜 설명할 수 있다.

교사는 학생들이 개별적으로 측정한 방위각의 정확성보다는 전체적인 경향만을 살펴보도록 지도하는 것이 좋다. 학생들이 측정한 값은 오차가 있을 뿐만 아니라, 달의 공전 면에서의 이동 각도가 아니다. 그리고 실제로 달이 동쪽으로 이동하는 속도는 달의 위치에 따라 달라져서 지구로부터 멀리 있으면 이동 속도가 느리고, 가까이 있으면 빨라진다. 그러나 학생들이 측정한 값에서 어떤 규칙성을 찾게 하는 일은 중요한 일이다. 학생들이 이동 각도에서 어떤 규칙성을 찾고, 날에 따라 차이가 나는 이유를 묻는다면, **달의 공전 궤도**가 실제로 원이 아니라는 것을 알려줄 수 있다. 보름달의

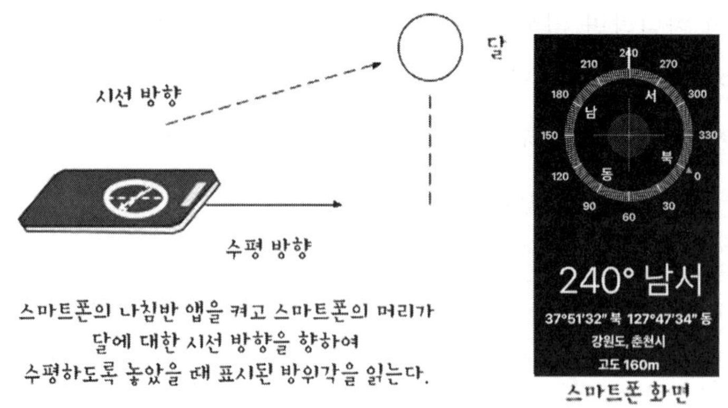

달의 방위각 측정하기

크기가 변하는 이유도 달이 지구에 가까이 올 경우도 있고, 멀어지는 경우도 있기 때문이다. 달의 위치를 기록할 때 스마트폰의 **수준기 앱**을 이용하면 **달의 고도**도 함께 측정할 수 있어, 매우 도전적인 학생들에게는 그 방법을 생각해 보도록 할 수 있다.

학생들에게 달을 관찰하도록 하는 또 다른 방법은 달을 관찰하는 날을 정하고 하루 동안 시간에 따라 **달의 이동**을 관찰하도록 하는 것이다. 예를 들어, 음력 11일 경에 일몰 후 30분 간격으로 2시간 동안 달을 관찰하도록 한다. 이때 달의 방위와 고도가 어떻게 되는지 관찰하고 시간에 따라 달이 어떻게 이동하는지 서술하도록 한다. 학생들의 능력에 따라 정성적인 관찰이나 정량적 관찰을 사용하도록 할 수 있고, 정해진 위치에서 일정한 시각마다 사진을 찍어 비교하도록 할 수도 있다. 관찰은 단지 보는 것에 그치는 것이 아니라 그것을 통해 사건이나 사물 사이의 규칙성이나 관계를 파악하기 위한 것이다. 따라서 교사는 학생들의 관찰 결과에서 어떤 관계나 규칙성을 찾을 수 있도록 디딤돌을 놓을 필요가 있다. 예를 들어, 하루나 한 달 동안 달의 이동에서 보여주는 규칙성을 통해 지구의 자전이나 달의 공전을 추리할 수 있기 때문이다.

경험을 확장하기

달이 왜 빛을 내는지 또는 달의 모양이 왜 달라지는지 학생들에게 물어보는 것은 수업 계획을 위한 좋은 출발점이 될 수 있다. 어떤 학생들은 달이 태양이나 별과 같이 스스로 빛을 낸다고 생각할 수도 있고, 어떤 학생들은 구름이 달을 가리거나 달 옆으로 지나가는 행성이 달을 가리기 때문에 달의 모양이 변한다고 말할지 모른다. 또는 태양에서 나온 빛을 지구가 차단하기 때문에 지구 그림자에 달이 가려지면서 모양이 변한다고 생각할 수도 있다. 실제로 이런 생각은 월식과 관련된 것이지만, 학생들은 그것을 위상 변화의 원인으로 생각할 수 있다. 그래서 학생들의 관찰 결과가 이런 생각들을 지지하는지 따져보게 할 수 있을 것이다. 실제로 달의 위상 변화는 달에서 햇빛을 받는 부분을 지구에서 바라볼 때 서로 다른 위치에 있는 달이 어떻게 보일지 상상할 수 있는 능력을 필요로 한다. 그래서 모형을 사용하더라도 학생들이 그에 대한 물리적 경험이 없으면 그것을 이해하기 어렵다. 이러한 이유로 초등학교 교육과정에서는 위상이 변화하는 이유를 다루지 않도록 하고 있다. 그러나 학생들이 그것을 이해할 수 있는 유사한 경험을 한다면, 그러한 경험을 바탕으로 비유적으로 달의 모양이 변하는 이유를 이해할 수 있을 것이다. 따라서 빛을 받는 물체가 바라보는 위치에 따라 어떻게 보이는지 실제로 살펴보는 경험이 필요할 것이다.

이것을 위해 교사는 암막이 설치된 교실이나 실험실에서 매우 밝은 전등이나 조명등을 사용하여 커다란 하얀 배구공을 관찰하는 활동을 할 수 있다. 다음 그림과 같이 관찰자를 중심으로 하얀 배구공을 조명등 앞 A의 위치에 놓고 배구공의 명암을 관찰하여 배구공에서 밝은 부분이 얼마나 되는지 말하도록 한다. 관찰자는 3~4명의 모둠이 함께 관찰하도록 할 수 있고, 자신이 본 배구공 모습을 그림을 그려서 나머지 학

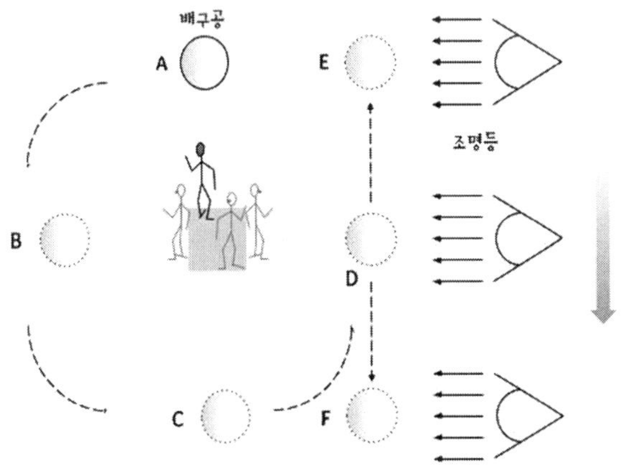

배구공의 명암 관찰하기

생들에게 보여 주도록 할 수 있다. 배구공을 다시 각각 B, C, D의 위치에 놓고 조명등을 비칠 때 배구공의 모습을 관찰하여 나머지 학생들에게 알려 주도록 한다. 이번엔 학급의 학생들에게 배구공을 각각 E와 F의 위치에 놓았을 때 관찰자 학생들에게 배구공이 어떻게 보일지 그려 보도록 한다. 그리고 관찰자 학생들이 실제로 본 것을 그리도록 하고, 다른 학생들의 그림과 비교해 보도록 한다. 필요한 경우 다른 위치에 대해서 반복하거나 관찰자 학생의 역할을 바꾸도록 할 수 있다. 그리고 교사는 활동이 끝날 때 조명등은 태양, 배구공은 달, 관찰자는 지구의 역할을 하는 것으로 생각해 볼 수 있다는 실마리를 제공하고, 태양-지구-달 모형을 통해 달의 모양 변화를 설명해 보도록 격려할 수 있다.

암막 장치가 없는 경우에는 배구공이나 탁구공의 절반을 까맣게 칠한 다음, 공의 모습이 앞에서 언급한 것처럼 바라보는 위치에 따라 달라지는 것을 시연할 수가 있다. 이때 공의 하얀 부분은 빛을 받는 부분이고, 검은 부분은 빛이 닿지 않는 부분이라는 것을 학생들에게 분명하게 설명해야 할 것이다. 또는 달의 공전에 따른 달의 모양 변화에 대한 역할놀이 활동을 고안할 수 있을 것이다. 이것에 대해서는 다음 장[3]에서 서술할 것이다. 어떤 현상을 이해하기 위해 모형을 만들어 설명하는 일은 과학 활동의 하나로 학생들은 여러 형태의 모형을 사용함으로써 이해의 폭을 넓혀 나갈 수 있을 것이다. 특히, 초등학생의 경우 모형의 하나로서 **역할놀이 비유 활동**은 학생들의 구체적인 체험을 바탕으로 상상력을 발휘하게 할 수 있다. 비록, 학생들이 달의 위상 변화를 완벽하게 이해하지 못하더라도, 교사의 적절한 지도를 통해 그것을 설명해 보려는 노력은 학생들에게 모형의 사용에 대한 가치 있는 경험이 될 수 있을 것이다.

---

3 이 책의 딜레마 사례 03 '전구의 밝기'를 참고한다.

실제로 어떻게 가르칠까?

달의 모양 변화 관찰에서 단지 관찰만 하는 수업이나 달의 위상을 암기하는 학습에 그치지 않고 달의 위상 변화를 학생들이 이해할 수 있도록 하는 토론과 역할놀이 활동 방법을 제안한다.

학교 수업에서 달에 대해 공부하기 전에 앞 절에서 언급한 것처럼 두 달 이상 별자리와 달에 대해 관찰하는 장기 과제를 통해 학생들이 달의 위상과 위치가 주기적으로 변하는 것을 관찰하도록 했다면 실제 수업에서는 학생들의 경험을 바탕으로 다양한 토의를 진행하는 것이 수월할 것이다. 그럴 기회가 없었다면, 싸이버스카이와 같은 프로그램을 통해 별자리와 달의 위상이 시간에 따라 어떻게 변하는지 관찰할 수 있도록 할 수 있다. 교사는 그런 직접적이거나 간접적인 학생의 경험을 토대로 달의 위상 변화에 대한 수업을 준비할 수 있을 것이다.

증거를 바탕으로 토의하기

달의 위상 변화는 먼저 달이 반사된 햇빛에 의해 빛난다는 것을 이해한 후에 가능하다. 따라서 그에 대한 증거를 학생들이 자신의 경험과 함께 생각해 보도록 하는 일이 중요하다. 그래서 달에 대한 수업을 시작할 때 약 10분 동안 학생들에게 모둠별로 '달은 태양처럼 스스로 빛을 내보낸다.', '달은 거울처럼 햇빛을 반사하여 빛난다.' 두 가지 생각 중에서 어느 것이 옳다고 생각하는지 다음 쪽에 제시된 증거를 바탕으로 토의하도록 한다. 토의 과정에서 각각의 증거가 어느 생각을 지지한다고 생각하는지, 그 이유는 무엇인지 등을 이야기하고, 서로 다른 의견을 갖고 있는 경우 어떻게 해결할 것인지 전체 학급에서 이야기하도록 한다. 자신들의 경험을 바탕으로 상대방을 합리적으로 설득하도록 하고, 합의가 이루어지지 않는 경우 일단 생각을 보류하고 그

증거

가. 달은 대낮에 볼 수 없다.
나. 달이 모두 항상 보이는 것은 아니다.
다. 달에 있는 분화구를 볼 수 있다.
라. 인간은 달에 착륙했었다.
마. 보름달은 어두울 때라도 볼 수 있는 충분한 빛을 내보낸다.
바. 빛을 내는 뜨거운 물체는 그 표면 온도가 3000°C를 넘는다.

문제는 다음 기회에 다시 논의하도록 한다.

또한, 달의 모양이 왜 바뀌는지 학생들의 생각을 물어본 후에 그에 대한 증거나 반박 증거가 무엇인지 이야기해 보도록 한다. 교사는 이 과정에서 학생들이 그림이나 실물 모형을 이용하여 자신의 생각을 설명하도록 할 수 있다. 이때 교사는 학생들에게 자신들의 장기 과제에서 관찰했던 달의 모양이나 위치 이동에 대한 경험을 자신의 설명에 관련지을 수 있도록 한다. 그리고 달의 모양이 바뀌는 것을 설명하기 위한 하나의 예시로 다음과 같은 일종의 **역할놀이**를 해 볼 것이라고 제안한다.

모형을 통한 역할놀이 활동4

준비물

- 100W 이상의 둥글고 커다란 밝은 전구
- 손잡이 막대를 붙인 탁구공이나 테니스공
- 관찰 활동지
- 암막이 있는 교실이나 실험실

이 활동은 달의 모양이 변하는 이유를 설명하는 모형을 만드는 것이 가능하다는 것을 보여주기 위한 것이다. 이 모형에서 밝은 전구는 태양을 나타내고, 탁구공이나

4 이 활동은 다음 누리방 자료를 참고하였다:
https://spark.iop.org/alternative-activity-phases-moon#gref

테니스공은 달을 나타낸다. 그리고 서로 다른 위치에 서있는 학생들은 지구를 나타낸다. 다음과 같이 활동을 시작할 수 있다.

- 전구에서 나오는 빛이 사방으로 비치도록 교실의 한 가운데에 둥글고 밝은 전구를 설치한다. 교실에는 암막이 설치되어 외부에서 빛이 새어 들어오지 않도록 한다.
- 학생들은 교실 가장자리 둘레에 둥글게 서 있도록 한다. 학생들 사이는 서로 팔이 닿지 않도록 한팔 간격으로 떨어져 있도록 한다.
- 학생들에게 막대에 붙인 달을 잡은 손을 뻗어 태양인 전구와 자신 사이에 놓도록 한다. 달이 어떻게 보이는지 학생들에게 묻는다. (신월)
- 학생들에게 달을 잡고 있는 손을 뻗은 채로 제자리에서 반시계 방향으로 1/4바퀴(90°) 돌도록 한다. 이제 달은 어떻게 보이는가? (상현달)
- 학생들에게 다시 반시계 방향으로 1/4바퀴를 돌도록 한다. 이제 달은 어떻게 보이는가? (보름달)
- 학생들에게 또 다시 반시계 방향으로 1/4바퀴를 돌도록 한다. 이제 달은 어떻게 보이는가? (하현달)
- 마지막으로 원래 시작했던 방향으로 돌게 한다. 달이 이렇게 우리 주위를 한 바퀴 도는데 얼마나 걸리는가? (30일[5])
- 학생들에게 다시 반시계 방향이나 시계 방향으로 1/8바퀴(45°)를 돌면 달이 어떻게 보일지 그려보게 한 후, 실제 관찰 결과와 비교해 보도록 한다.

위와 같은 활동이 끝난 후 탁구공이나 테니스공이 전구와 자신에 대한 상대적 위치에 따라 어떻게 보이는지 설명해 보고, 자신들의 활동 결과를 달 관찰 과제 결과와 비교하여 설명하는 활동을 하도록 한다. 이 과정에서 교사는 다음 쪽에 제시된 활동지를 활용할 수 있다. 달이 2, 3, 4의 위치에 있을 때는 지구 위에 서있는 사람이 그림에서 거꾸로 되기 때문에, 달이 있는 남쪽을 바라보는 그 사람에게 태양이 있는 쪽

5 달의 위상 주기는 실제로 29.5일로 그래서 음력의 달은 30일과 29일이 번갈아 되풀이 된다.

이 왼쪽인지 오른쪽인지 확인하도록 한다. 남쪽을 바라보는 사람에게 왼쪽은 동쪽이고, 오른쪽은 서쪽이다. 이때 달의 어느 쪽이 태양으로부터 햇빛을 받는지 생각하도록 한다. 학생들은 동서남북을 절대적으로 생각하기 쉽다. 그렇지만 동서남북은 서쪽에서 동쪽으로 자전하는 지구를 기준으로 하기 때문에 우주 공간에서 절대적이지 않다. 즉, 태양이 뜨는 쪽이 동쪽이고 지는 쪽이 서쪽이다.

달이 4와 6의 위치에 있을 때 모양은 우리나라의 경우 특별한 이름이 없다. 학생들

달의 모양 변화 설명하기

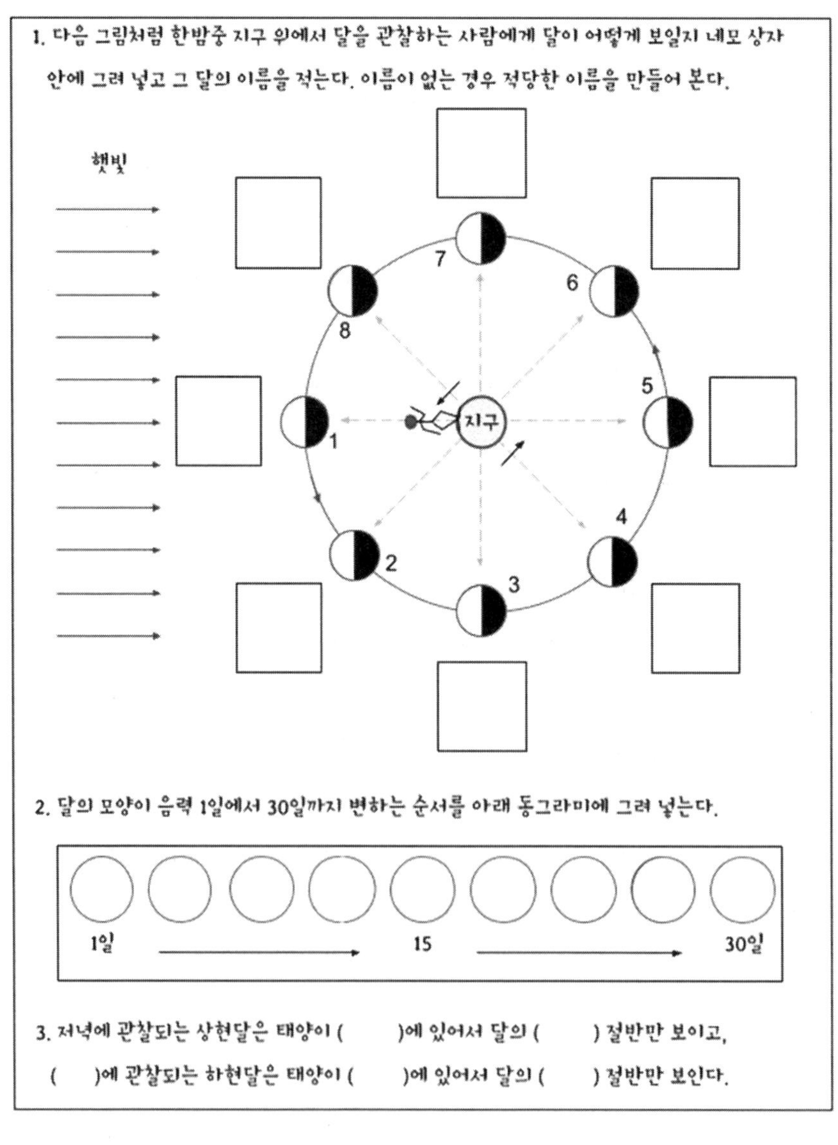
1. 다음 그림처럼 한밤중 지구 위에서 달을 관찰하는 사람에게 달이 어떻게 보일지 네모 상자 안에 그려 넣고 그 달의 이름을 적는다. 이름이 없는 경우 적당한 이름을 만들어 본다.

2. 달의 모양이 음력 1일에서 30일까지 변하는 순서를 아래 동그라미에 그려 넣는다.

1일 → 15 → 30일

3. 저녁에 관찰되는 상현달은 태양이 ( )에 있어서 달의 ( ) 절반만 보이고, ( )에 관찰되는 하현달은 태양이 ( )에 있어서 달의 ( ) 절반만 보인다.

에게 창의적으로 적당한 이름을 붙여보게 하는 일은 달의 모양에 대한 학생들의 관심을 높이는 한 가지 방법이 될 수 있을 것이다. 또한, 달의 모양을 설명하기 위해 자신들의 관찰 경험을 활용하도록 하는 것은 이해를 돕는 좋은 방법이 될 수 있다. 예를 들어, 초승달이나 상현달은 대개 저녁에 서쪽 하늘에서 볼 수 있기 때문에, 초승달이나 상현달은 서쪽에 있는 태양으로부터 햇빛을 받아 빛난다. 따라서 초승달이나 상현달은 달의 오른쪽이 햇빛을 반사하여 보인다는 것을 이해할 수 있도록 한다. 마찬가지로 새벽에 관찰되는 하현달이나 그믐달은 동쪽에 있는 태양으로부터 햇빛을 받아 빛나기 때문에 달의 왼쪽이 보인다. 그래도 학생들이 달의 모양 변화를 이해하기 힘들어 하면, 교사는 둥근 공의 절반이 검게 칠해진 달 모형을 보조 도구로 이용하여 학생들의 이해를 도와줄 수 있을 것이다. 또한, 필요하면 컴퓨터를 이용하여 누리방에 공개되어 있는 달의 위상 변화 프로그램을 보조 도구로 활용할 수 있을 것이다[6].

아울러 시간적인 여유가 있다면 보충 과제로 우리와 반대 쪽에 있는 남반구에서 달의 모양은 어떻게 보일지 생각해 보도록 할 수 있다. 학생들에게 남반구에서는 해와 달을 보기 위하여 북쪽 하늘을 향해 서야 된다는 것을 이해시킨다. 그래서 해와 달은 동쪽에서 떠서 북쪽 하늘을 지나 서쪽으로 지게 된다. 지구의 자전 방향은 서쪽에서 동쪽으로 회전하지만, 회전 방향은 시계 방향으로 돌게 된다는 것을 이해시킨다. 또는 지구가 움직이지 않을 때와 태양을 중심으로 공전할 때 달의 모양 변화에 어떤 차이가 있는지 생각해 보도록 할 수 있다. 그래서 달의 공전 주기와 위상 주기가 차이가 나는 이유에 대해 생각할 수 있는 기회를 가질 수 있다. 모든 학생에게 이런 과제를 수행하도록 할 필요는 없지만, 이런 기회를 통해 도전적인 학생들에게 자신의 학습을 심화할 수 있는 자극제를 제공할 수 있을 것이다.

수업을 시작할 때 달이 빛나는 이유에 대해 합의가 이루어지 않았다면, 이와 같은 활동을 마무리한 후 수업 종료 전에 다시 그것을 토의하는 기회를 가질 수 있다. 달의 모양 변화에 대한 충분한 수업 활동이 이루졌다면, 다음 시간에는 실제로 태양-지

---

6 다음 누리방을 참고할 수 있다:

https://moon.nasa.gov/moon-in-motion/moon-phases/
https://www.pbslearningmedia.org/resource/buac19-68-sci-ess-moonphaseint/lunar-phases-simulation/

구-달의 실물 모형을 만들어 달의 모양이 변하는 이유나 매일 달이 50분씩 늦게 뜨는 이유를 모형 지구와 달의 공전 및 자전을 이용하여 설명하는 활동을 할 것이라고 예고하고, 학생들에게 그에 대한 준비를 하도록 할 수 있을 것이다.

요약하면, 달의 위상 변화 이유를 이해할 수 있도록 하기 위해서는 빛이 비추어지는 모습을 관찰자의 위치에서 상상할 수 있도록 해야 한다. 따라서 교사는 그것을 보여줄 수 있는 적절한 활동을 통해 얻은 경험을 학생들이 달 관찰 결과에서 알게된 것과 관련시키도록 해야 한다. 교사는 이런 모형이 분명하고 정확한 것처럼 가정하지 말고, 단지 현상을 설명하는 하나의 수단이라는 것을 분명하게 드러내는 것이 바람직하다.

● 딜레마 사례 03

전구의 밝기

비유를 어떻게 활용해야 할까?

초등학교 6학년 '전기의 이용' 단원 성취 기준 중 하나는 '전구를 직렬로 연결할 때와 병렬로 연결할 때 전구의 밝기 차이를 비교할 수 있다.'이다. 두 개의 꼬마전구를 직렬로 연결하면 꼬마전구 하나만 연결한 경우보다 어두워지지만, 병렬로 연결하면 각 전구는 전구 하나만 연결한 경우와 같은 밝기이다. 학생들이 직접 꼬마전구와 건전지, 전선을 연결하도록 하면 시간이 너무 많이 걸리고, 실험도 실패하는 경우가 많아 나는 시범 실험으로 수업을 진행하기로 했다. 꼬마전구는 크기가 작아서 여러 학생이 직접 관찰하기 어려우므로, 미리 실험 과정을 녹화해서 영상으로 학생들에게 실험 결과를 확인시켜 주었다. 그리고 학생들이 직접 전자가 되어보는 역할놀이 비유 활동을 통해 전구의 밝기가 달라지는 이유를 설명해 주었다. 비유를 통해 어려운 과학적 원리에 대한 이해를 도울 수 있을 것으로 생각했다. 그러나 수업 도중 나는 비유 활동이 전구의 밝기에 대한 오개념을 만들 수 있다는 것을 알았다. 비유 활동이 정확한 과학 개념을 설명하지 못하고 오개념을 유발할 수 있다면 수업에서 그 비유를 활용하지 말아야 하는지, 그래도 활용하는 것이 좋은 것인지 고민이 되었다.

1 과학 수업 이야기

초등학교 6학년 '전기의 이용' 단원에서는 전구의 직렬연결이 무엇인지, 병렬연결이 무엇인지, 두 연결 방법을 구분하여 알도록 하고 전구를 직렬로 연결할 때와 병렬로 연결할 때 전구의 밝기 차이를 비교해 보도록 한다.

학생들은 전구 연결을 상당히 어려워한다. 시간도 많이 걸리고 제시된 회로 그림대로 연결해도, 실험 도구가 서로 접촉이 원활하지 않아 전구에 불이 켜지지 않는 경우가 많기 때문이다. 나는 미리 시범 실험을 녹화하였고, 영상을 보며 실험 과정과 결과를 차근차근 설명해 주었다.

초등 과학 수업에서는 왜 그런지 설명하지 않고 단순히 현상을 확인하는 것에 그치는 경우가 많다. 전구의 밝기도 마찬가지이다. 전류, 전압, 저항과 같은 추상적 과학 개념을 이해하는 것이 어렵기 때문에, 초등학생이 왜 전구의 밝기가 달라지는지를 이해하도록 하는 일은 분명히 도전적이다. 그러나 나는 완벽하지 않더라도 가급적 왜 그런 현상이 일어나는지 생각해 보고 과학적 원리를 이해하는 것이 중요하다고 생각한다. 그래서 나는 학생들이 직접 '전자'가 되어 보는 역할놀이 비유 활동을 준비했다. 이와 더불어 신체 활동을 통해 학생의 흥미와 참여도를 높일 수 있어 효과적일 것으로 기대했다.

역할놀이 비유 활동을 위해서 크기가 작으며 한 입에 먹기 좋은 과자와 과자 그릇, 긴 끈, 장애물로 사용할 작은 상자 2개를 준비했다. 우선 바닥에 긴 끈으로 학생들이

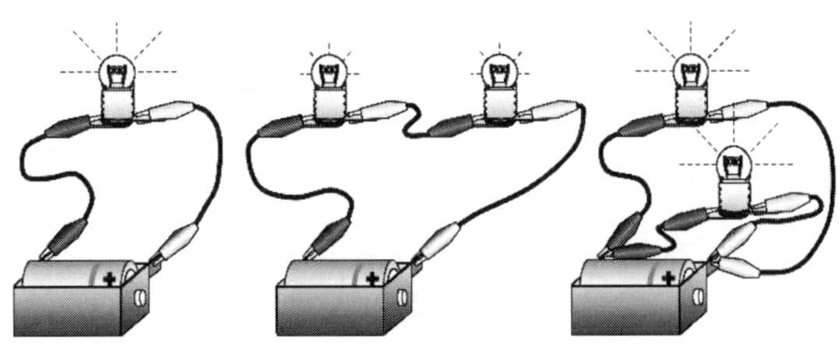

전구의 밝기

지나갈 길을 표시하고, 그 길 중간에 상자를 놓아 두었다. 상자는 학생들이 넘어갈 수 있는 정도의 크기이다. 상자의 맞은 편에는 책상을 두었고, 책상 위에 과자를 담은 그릇을 두었다. 비유 활동은 다음과 같이 진행하였다.

- 학생들은 미리 테이프로 표시해 둔 길 위에 같은 간격으로 서도록 한다.
- 교사가 "스위치를 켭니다!"라고 외치면 모두 같은 빠르기로 발을 맞추어 테이프로 표시해 둔 길 위를 움직인다.
- "하나, 둘, 셋, 넷! 하나, 둘, 셋, 넷!" 교사는 학생들이 발을 맞추어 움직일 수 있도록 구령을 붙여준다.
- 학생들은 과자 그릇이 있는 부분을 지나면서 과자를 하나씩 집어 든다. 과자는 한 번에 하나씩만 집는다. 과자는 무언가 할 수 있는 에너지를 제공하는 것이다.
- 테이프로 표시된 곳을 지나갈 때에는 쉽게 지나갈 수 있지만 상자(장애물)를 넘어갈 때에는 에너지가 필요하기 때문에 과자를 먹어야 한다. 상자를 넘어가기 전에는 과자를 가지고 있다가 상자를 넘으면서 과자를 먹도록 한다.
- 다시 그릇이 있는 부분에 도달하게 되면 새 과자를 하나 집어 들고 같은 방법으로 활동한다.
- 그릇에 있는 과자가 다 사용되면 전류가 흐를 수 없으므로 그 자리에 멈춘다. 혹은 교사가 "스위치를 끕니다!"라고 외치면 그 자리에 멈춘다.

과자를 담은 그릇은 '건전지'를, 과자는 '에너지'를 의미한다. 학생들은 '전자'를,

전기회로 역할놀이 비유활동

테이프로 표시한 길은 '전선'을 의미한다. 학생들이 움직이는 것은 '전류가 흐르는 것'이고 학생들이 멈추는 것은 '전류가 흐르지 않는 것'을 나타낸다. 상자(장애물)는 '전구'를 의미한다. 학생들은 건전지(그릇)에서 에너지(과자)를 얻고, 전구(상자)를 통과하면서 에너지를 소모한다. 이때 전구에 불이 켜지는 것이다. 전기회로와의 대응 관계를 정리하면 다음의 표와 같다.

전기회로의 목표물과 비유물

전기회로의 목표물	역할놀이에서의 비유물
건전지	과자가 들어 있는 그릇
전선	학생이 걸어가는 길(테이프, 끈 또는 분필로 표시 가능)
전구	상자와 같은 장애물(통과할 때 어느 정도 힘이 드는 것)
전류	이동하는 학생들
에너지	과자

이 활동을 시작하자 학생들은 신이 났다. 다른 친구가 과자를 한꺼번에 두 개 가져가는지 서로 경계도 하고, 발을 맞추어 일정한 빠르기로 움직이려고 노력했다. 나는 이러한 비유 활동을 통해 전구의 밝기가 달라지는 이유를 학생들이 어느 정도 이해하길 바랬다. 그리고 상자 두 개를 연달아 놓으면 하나일 때와 어떻게 다르게 표현하는 것이 좋을지 질문했다.

교 사: "자, 상자가 하나 추가되어 여러분이 지나가는 길에 상자가 총 두 개가 된다면 어떻게 할까요?"

학생 1: "과자를 반씩 나누어 먹어야 해요!"

교 사: "맞아요. 장애물을 통과하려면 에너지가 필요하니까 가지고 있는 에너지를 반씩 나누어서 써야겠죠? 상자를 전구라고 생각하고 전기회로에 대해 생각해 봅시다. 전구가 하나일 때와 전구 두 개가 직렬로 연결되었을 때 무엇이 달라지는 걸까요?"

학생 2: "밝기가 달라져요."

학생 3: "과자가 적어지니까 어두워져요."

교 사: "예. 맞아요. 직렬연결에서는 과자를 반씩 먹어야 하니까 전구가 어두워지는 거예요."

학생들은 상자를 연달아 놓은 경우, 과자를 나누어 먹어야 장애물을 통과할 수 있다는 것과 이것은 전기회로에서 전구의 밝기가 어두워지는 것에 해당된다는 것을 잘 이해한 것 같았다.

다음으로 전구의 병렬연결을 표현하기 위해서 과자 그릇을 중심으로 오른쪽과 왼쪽에 두 개의 길을 테이프로 표시했다. 이번에는 두 모둠이 함께 활동하도록 했다. 각 모둠이 오른쪽 길과 왼쪽 길에서 움직이지만 과자가 있는 곳은 한 명씩 번갈아 가며 통과하도록 했다. 병렬회로에서는 상자를 넘을 때 먹는 과자의 양은 변하지 않았지만, 과자는 훨씬 빨리 소모되었다.

비유 활동 덕분에 학생들이 직렬연결, 병렬연결에서 전구의 밝기가 다른 이유를 어느 정도 이해한 것 같아 뿌듯했다. 학생들의 참여도도 매우 높았다. 나는 비유 활동을 마무리하면서 학생들에게 질문이 있는지 물었다.

"자, 오늘 학습한 내용에 대해서 질문이 있나요?"

우리 반에서 과학을 가장 좋아하는 민지가 물었다.

"선생님. 그럼 전구 두 개가 직렬연결이면 밝기가 반으로 줄어드는 거고, 전구가 세 개이면 밝기가 3분의 1, 네 개면 4분의 1 이렇게 되는 건가요? "

나는 답을 할 수 없었다. 사실 전구 두 개가 직렬연결인 경우, 하나일 때에 비해 밝기가 2분의 1이 아니라 그 이상으로 급격하게 줄어들기 때문이다. 그래서 우리가 했던 비유 활동으로는 민지의 질문에 답하기 어려웠다.

"음, 정확하게 밝기가 반으로 줄어들지는 않아요. 전구를 직렬로 연결하면 전구의 밝기가 어두워진다는 것만 알면 되고 얼마나 어두워지는지는 중학교 가서 다시 배우게 될 거예요. 그리고 오늘 여러분이 했던 활동은 전기회로를 쉽게 이해해 보기 위한 활동이어서 과학적으로 정확한 것은 역시 중학교에서 다시 배우게 됩니다."

나는 민지의 질문에 '중학교'에서 배울 것이라는 궁색한 답을 하고 수업을 마쳤다. 며칠 후 단원 마무리 시간에 나는 학생들이 얼마나 잘 이해했는지 점검해 보았다.

"꼬마 전구 두 개를 직렬로 연결하면 전구의 밝기는 어떻게 되나요?"

많은 학생들이 상자를 넘으며 과자를 반만 먹었던 것을 기억했고 밝기가 반으로 줄어든다고 말했다. 애써 준비하고 실시했던 비유 활동이 학생의 학습에 도움이 되지 않고 오히려 혼란이나 오개념을 가져온 것은 아닌지 걱정이 되었다.

이 수업을 하고 나는 다음과 같은 의문이 들었다.

- 전구의 직렬연결 회로에서 전구의 개수에 따라 전구의 밝기는 어떻게 변하나?
- 비유가 과학적 원리를 정확하게 설명하지 못하는 경우에도, 비유를 사용하는 것이 효과적일까?

과학적인 생각은 무엇인가?

전선을 사용하여 전구에 전지를 연결하여 닫힌 회로가 되면 그 순간 전구는 빛이 나기 시작하고 전기회로 속에는 일정한 전류가 흐르기 시작한다. 이때 전기회로 속에서 일어나는 일을 미시적인 관점에서 살펴볼 것이다.

전기회로 속에서 일어나는 일

전기회로에 흐르는 전류는 어디에서 나오는 것일까? **전류**는 **전하**가 이동하는 것을 뜻하므로, 학생들은 흔히 전류나 전하가 전지로부터 나온다고 생각하기 쉽다. 그러나 이동하는 전하는 전기회로 속에 원래부터 있던 것이다. 다시 말해, 그것은 전지, 전선, 전구 등을 이루고 있는 원자의 한 부분이다. 예를 들어, 금속으로 이루어진 전선 속에는 고정된 **양이온**이 격자처럼 늘어서 있고, 그 주변을 **전자**들이 자유롭게 돌아다니고 있다[1]. 원자로부터 비교적 자유로운 이들 전자는 다음 쪽 그림 (가)와 같이 매우 짧은 시간 동안 종종 방향을 바꾸며 제멋대로 이리저리 바장거리는 열 운동을 한다. 이들 전자의 속력은 매우 빨라서 100~1000 km/s 정도이다.

그러나 전선에 전지가 연결되어 전기회로가 구성되면, **전지**로 인해 전선 속에 **전기장**이 생기고, 그에 따라 이들 전자는 전지의 양(+)극 쪽으로 힘을 받아 떠밀리게 된다. 전자는 마치 공중에서 표류하는 풍선 속에 있는 기체 분자의 운동과 유사하게 매우 빠른 열 속도(thermal velocity)에 일정한 아주 작은 떠밀림 속도(drift velocity)가 합해져 그림 (나)와 같이 운동한다. 이 경우 전자들의 열 운동(thermal motion)을 표시하지 않고, 떠밀림 운동만 표시하면 그림 (다)와 같다. 전자들이 이렇게 떠밀리는 속력은 매우 작아서 전지의 양극을 향해 매 분당 약 1 cm 정도로 상당히 느리게 이동한다.

---

1 이런 전자를 자유 전자라고 부르고, 이들 전자는 격자 모양으로 되어 있는 (+) 전하의 성질을 가진 금속 이온과 공유되며 전기적 인력으로 결합된 금속결합을 이룬다.

그림에서 ⊕ 는 격자에 고정된 금속 이온(+)을 나타내고, 화살표에 붙은 작은 점은 금속 이온과 공유되는 자유 전자(-)를 나타낸다.

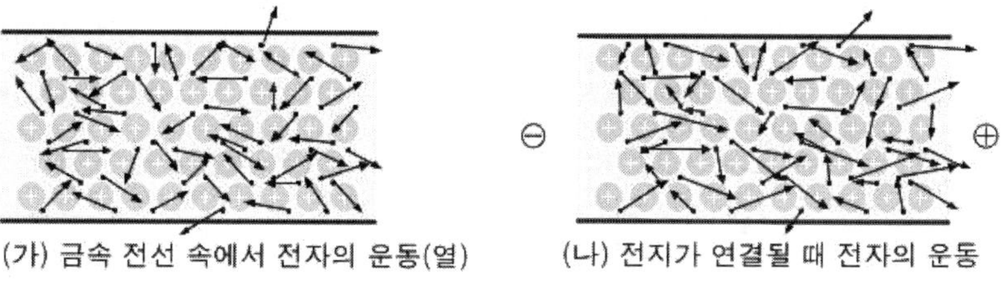

(가) 금속 전선 속에서 전자의 운동(열) (나) 전지가 연결될 때 전자의 운동

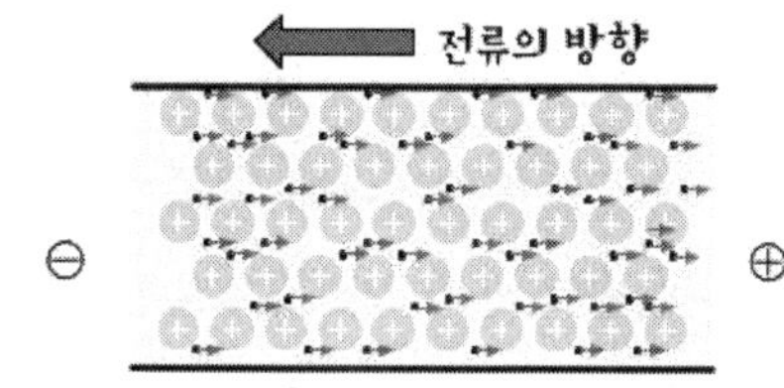

(다) 전지가 연결될 때 전자의 떠밀림 운동
(전자의 열 운동을 고려하지 않고 상대적으로 떠밀리는 운동만 표시한 경우)

전선 속의 전자의 운동

전자들이 무작위로 열 운동을 하고 있는 경우에는 전선 전체가 전기적으로 중성이어서 전하의 이동은 없는 것과 마찬가지이다. 그러나 전선에 전지가 연결되면 전자들의 떠밀림 때문에 한 쪽 방향으로 전하의 이동이 일어난다. 전선 속에서는 그림과 같이 실제로 전자가 양극으로 이동하지만, 우리는 전류가 양극에서 음극 쪽으로 흐른다고 말한다[2]. 그리고 전지, 전선, 전구로 구성된 전기회로의 모든 부분에서 전류는 일정하게 흐른다. 흔히, 학생들은 전류가 회로를 흘러가면서 소모되거나 저항을 만나면 감소된다고 생각하기 쉽지만, 하나의 전지와 전구로 구성된 간단한 전기회로에서 전류의 세기는 어느 곳에서 측정해도 똑같다.

2 전자가 양극 쪽으로 이동했지만, 전자의 입장에서는 금속의 (+)이온이 음극 쪽으로 이동한 것으로 생각할 수 있다. 과학자들은 (+) 전하가 이동하는 방향을 전류의 방향이라고 정했다. 전해질 용액이나 신경세포에서 전류는 보통 이온들이 이동한다.

전지의 작용

그러면 전지는 어떻게 전자들을 떠미는가? 전지는 화학작용을 통해 음극에 음전하를, 양극에 양전하를 집중시켜 서로 다른 전하를 두 극으로 분리시킨다. 그래서 서로 다른 전하로 대전된 두 도체판으로서 전지는 전선이 연결되면 대체로 아래 그림과 같이 도체로 된 전선의 외부 표면에 전하 분포를 만든다. 그리고 이런 전하 분포로 생긴 전기장이 전선 속에 있는 전자가 이동할 수 있는 추진력을 제공한다. 예를 들어, 아래 그림의 양극에 연결된 상단의 전선 속에서 표면 전하의 밀도는 오른쪽보다 왼쪽이 크기 때문에 전선 속의 전자들은 양전하에 의해 왼쪽으로 끌리게 된다. 마찬가지로 하단의 전선 속에서는 전자들은 음전하에 의해 오른쪽으로 밀린다. 그래서 전선 속에서 전기장은 전선과 나란한 방향으로 작용하게 된다.

전선 속의 전자가 위와 같이 추진력을 받는다면 전자의 운동은 가속되어 흐름이 일정하지 않게 될 것이다. 그 흐름이 일정하려면 이들 전자에 작용하는 평균적인 알짜 힘은 0이 되어야 한다. 전선 속에는 앞에서 언급한 것처럼 양전하의 금속 이온이 고정되어 진동하고 있고, 이것들은 전자들의 운동을 방해한다. 그래서 운동하는 전자와 이들 금속 이온 사이에는 상호작용이 일어나고, 이때 전지에 의한 추진력과 크기가 같고 방향이 반대인 저항력이 전자에 작용한다. 따라서 이동하는 전자들에 작용하는 알짜 힘이 0이 되고, 전자들은 일정한 속력으로 전기회로를 이동하게 된다.

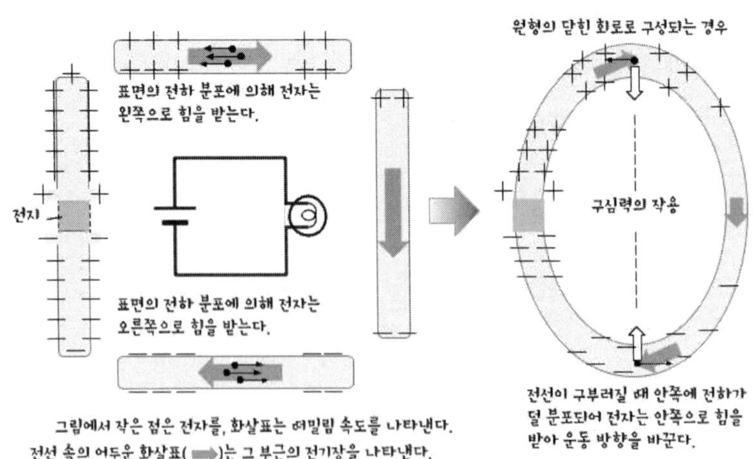

전지에 의한 전선 표면에서의 전하 분포 모습

저항과 열 에너지

전구 속의 필라멘트도 전선과 마찬가지로 도체이다. 그런데 전선은 빛이 나지 않지만 필라멘트는 빛을 내보낸다. 어떻게 그럴 수 있는가? 사실 필라멘트는 단지 매우 가는 전선이라고 생각해도 무방하다. 그러면 단면적이 다른 두 개의 전선이 연결되었을 때 어떤 일이 일어나는지 생각해 보자. 두 전선이 단면적을 제외하고 모든 것이 동일하다면 굵은 전선 속에는 단위 길이 당 이동하는 전자가 많고, 가는 전선 속에는 이동하는 전자가 더 적을 것이다. 만일 두 전선 속에서 전자의 이동 속도가 같다면, 아래 그림과 같이 굵은 전선과 가는 전선의 경계면에서 전자들이 쌓이게 된다. 그래서 경계면에서는 많은 전류가 흐르고, 반면에 가는 전선 속에서는 단위 시간 당 이동하는 전자가 적어 굵은 전선보다 전류가 적게 흐르게 된다. 그런데 이런 일은 일어날 수 없다. 전하량 보존에 의해 전기회로에 흐르는 전류의 세기는 일정해야 하기 때문이다. 따라서 단위 시간 당 흐르는 전하의 양을 똑같게 유지하려면 가는 전선 속에서 전자는 더 빠르게 이동해야 한다.

가는 전선 속에서 전자가 더 빠르게 이동한다는 것은 그만큼 전자에 작용하는 추진력이 더 크다는 것을 의미한다. 그것은 가는 전선 속에서 전기장의 세기가 굵은 전선 속보다 더 크다는 것이다. 따라서 전자가 더 빨리 이동하기 때문에 더 많은 금속 이온과 상호작용을 하게 되고, 그만큼 전자에 작용하는 저항력도 커진다. 이러한 저항력에 의한 일로 인하여 굵은 전선보다 가는 전선에 더 많은 열이 발생한다. 전기장에 의해 가속된 전자가 금속 이온과 충돌함으로써 전자의 운동 에너지가 일부가 금속 이온에 의해 열 에너지로 전환되기 때문이다. 실제로 필라멘트는 전선보다 그 굵기가

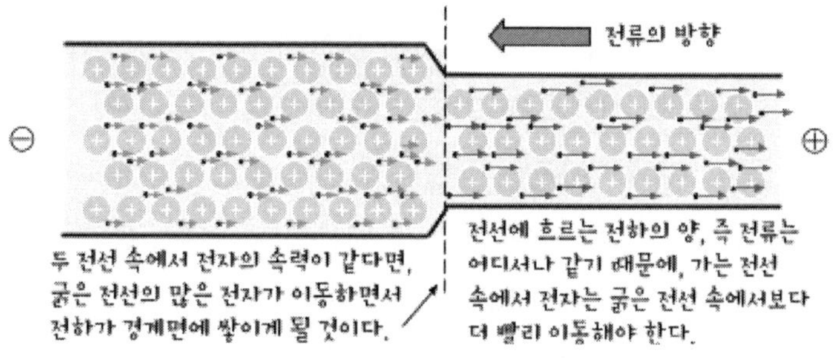

굵은 전선과 가는 전선의 연결: 전자의 떠밀림 속도

매우 가늘어서 많은 열이 발생하고, 그에 따라 필라멘트의 온도가 올라가면서 빛을 내보내게 된다. 텅스텐 필라멘트의 경우 그 온도가 3000 °C까지 올라간다고 한다.

이동하는 전자와 금속 이온 사이의 상호작용은 앞에서 살펴본 것처럼 단면적이나 길이에 따라 달라지지만, 또한 물질의 온도나 종류에 따라서 달라진다. 예를 들어, 금속의 온도가 뜨거워지면 금속 이온도 더 빠르게 진동하기 때문에 상호작용의 세기가 커지고 그에 따라 저항이 커진다. 그래서 백열 전구를 처음에 켜면 필라멘트의 온도가 올라가면서 필라멘트의 저항이 불을 켜기 전보다 커진다는 것을 알 수 있다.

대부분 난방기기의 열선은 니켈-크롬의 합금인 '니크롬'이란 것으로 만들어져 있다. 전선에 사용되는 구리를 사용하지 않고 니크롬선을 사용하는 이유는 니크롬의 구조가 구리와 다르기 때문이다. 니크롬선은 구리선보다 전자가 이동할 때 금속 이온과의 상호작용이 훨씬 커서, 저항력이 크고 더 많은 열 에너지를 내보낼 수 있다. 따라서 구리 전선은 뜨거워지지 않지만, 니크롬선은 빨갛게 달아오를 정도로 뜨거워진다. 이것은 같은 길이, 같은 두께라도 구리선의 저항이 니크롬선의 저항보다 훨씬 작다는 것을 말한다.

저항이 크면 전류가 적게 흐른다($I = V/R$)는 것을 알고 있는 학생들은 왜 저항이 큰 니크롬선이 더 뜨거워지는지 궁금해 한다. 저항이 큰 니크롬선이 더 뜨거워진다는 진술은 전기회로에서 일정한 전류가 흐르고 있을 때, 저항이 작은 부분보다 저항이 큰 부분에서 열 에너지가 많이 발생한다는 것이다($P = I^2R$). 만약 똑같은 길이와 두께의 구리선과 니크롬선을 각각 전지에 따로 연결한다면, 이 경우에는 전류가 많이 흐르는 구리선이 니크롬선보다 더 뜨거워질 것이다. 니크롬선보다 구리선에서 더 많은 전류가 흘러 일을 많이 하기 때문이다($P = V^2/R$).

보통 학생들은 전구에 불을 켜기 위해 전류가 전지에서 전구로 에너지를 운반하거나 가져간다고 생각하기 쉽지만, 이것은 실제 관찰과 모순된다. 예를 들어, 전지와 전구로 된 간단한 회로를 긴 전선으로 교실 크기 정도로 만든다면, 그때 매 분당 1 cm 정도의 속력으로 매우 느리게 이동하는 전자가 전구에 도달하여 불을 켜는 데는 적어도 20시간 이상이 걸릴 것이기 때문이다. 전구의 불은 스위치를 닫는 순간 켜지기 때문에, 에너지는 전류에 의해 전지에서 전구로 운반된다고 말하기 어렵다. 그런 의미에서 수업에서 사용된 과자 모형은 전구의 불이 순간적으로 켜지는 것을 설명하지 못한다. 앞에서 전지는 전기회로 전체에 전하 분포를 만들어 전기장을 만든다고 했는데,

이런 전기장은 거의 빛의 속력(30만 km/s)으로 전파된다. 예를 들어, 3,000 km의 전선을 전기 신호가 통과하는데 단지 1/100 초 밖에 걸리지 않는다. 그래서 전구의 불은 스위치를 닫는 순간 켜지게 된다.

전지의 전압

전지에는 대개 전압이 볼트(V)로 표시되어 있는데, 전압은 전기적인 압력이라는 뜻이다. 다시 말해, 전압은 전기회로에서 전하에 작용하는 떠밀림의 척도로 생각할 수 있다. 예를 들어, 3.0 V의 전지를 연결한 전기회로는 1.5 V의 전지를 연결한 동일한 전기회로보다 전자의 떠밀림 속력이 2배나 크다는 것을 보여준다. 따라서 전류의 세기도 2배가 증가한다. 그만큼 회로에 전기장의 세기가 커져 전자들에 작용하는 힘이 커지기 때문이다. 특히, 전지의 그런 능력을 전지의 **기전력**이라고 말하기도 한다.

에너지 관점에서 전압은 단위 전하당 전이되는 에너지($V = E/Q$)를 나타낸다. 그것은 전기회로의 서로 다른 부분에서 각각의 전류가 매초마다 전이하는 에너지의 척도($V = P/I$)이다. 예를 들어, 전압은 전지에서 전하가 이동할 때 그 속에 저장된 화학 에너지가 전환되는 양으로 단위 전류당 전력의 값을 나타낸다. 전지의 화학 에너지는 추진력에 의해 전자들의 운동 에너지로 전환되고, 전자는 회로를 따라 이동한다. 또한, 저항에서 전하가 이동할 때 주변으로 방출되는 열 에너지의 양으로 단위 전류당 전력의 값을 보여준다. 이때 저항력에 의해 전자들의 운동 에너지는 열 에너지로 전환되어 주변 환경에 방출된다. 전기회로에서 전구의 저항은 대개 전지나 전선보다 무척 크기 때문에, 전지나 전선의 저항은 무시하고 생각한다. 이때 전지의 전압은 모두 전구에 걸리고, 전지에서 전환된 화학 에너지는 전구에서 열과 빛으로 전환된 에너지와 같다. 그러나 실제로 전지나 전선도 저항이 있어 전구에 전지의 전압이 모두 걸리지 않는 경우가 많다.

전압은 또한 전기적인 위치 에너지의 차이로 서술할 수 있는데, 이때 전압을 우리는 **전위차**라고도 말한다. 중력장에서 물이 높은 곳에서 낮은 곳으로 흐르듯이, 전기장에서 전류는 **전위**가 높은 곳에서 낮은 곳으로 흐른다고 생각하는 것이다. 이때 전위차가 크면 그 기울기가 커서 전기장의 세기가 크고, 전위차가 작으면 기울기가 작아 전기장의 세기가 작다. 그래서 굵은 전선과 가는 전선이 직렬로 전지에 연결될 때, 전류는 일정하게 흐르지만 저항이 작은 굵은 전선에는 작은 전압이, 저항이 큰 가는 전선에는 큰 전압이 걸린다. 그에 따라 굵은 전선에서는 전위차가 작아 약한 전기장으로 떠밀림 속력이 작고, 가는 전선에서는 전위차가 커서 강한 전기장으로 떠밀림 속력이 커지는 것이다. 다시 말해, 전위차가 클수록 전자는 더 많은 일을 할 수 있게 된다.

전지에 전구 2개를 직렬로 연결하면, 저항이 두 배로 증가하므로 전류는 전구가 하나일 때보다 1/2로 줄어든다. 따라서 전체 회로에서 동일한 전압으로 매초 전이되는 에너지도 1/2로 줄어든다. 따라서 전구 2개를 직렬로 연결하면 각 전구에서 방출하는 에너지가 1/4로 줄고, 그에 따라 각 전구의 밝기도 1/4로 어두워진다[3].

3 전구의 밝기는 실제로 소비전력 및 전구의 효율과 관계가 있지만, 단순한 논의를 위해 소비전력에 비례한다고 가정하였다.

교수 학습과 관련된 문제는 무엇인가?

아래 글에서는 비유, 역할놀이 비유 활동의 뜻을 제시된 수업 사례의 비유물과 관련하여 좀 더 자세히 설명하고, 비유를 체계적이고 효과적으로 활용하기 위해 비유 수업 모형과 그것을 위한 시사점을 살펴볼 것이다.

비유

비유(analogy)는 어떤 새로운 것을 우리가 알고 있는 익숙한 것으로 그 유사성을 설명하는 방식을 말한다. 종종 교사는 학생들에게 어려운 개념을 설명하려고 할 때, 자연스럽게 비유를 사용한다. 마찬가지로 과학자들도 어떤 현상을 설명할 때나, 새로운 발견의 과정에서 비유를 사용한다. 예를 들어, 전기나 파동이라는 용어도 원래 '번개의 기운'이나 '물결의 운동'이라는 비유적 표현에서 나왔다. 이와 같은 비유는 두 개념 사이의 유사성을 이용하여 학생들이 쉽게 접근하기 어려운 낯선 개념과 익숙한 개념 사이에 다리를 놓음으로써 이해를 증진시키도록 도와준다. 그래서 비유는 비록 제한적이지만 학생들이 추상적이거나 복잡한 개념을 의미 있게 이해하도록 도와주는 '**정신 모형**' 역할을 할 수 있다[4].

초중등 학교에서 사용되는 비유는 대개 개념 이해를 도와주기 위해 설명할 때 사용하는 비유이다. 예를 들어, 전기가 흘러 전구에 불이 켜지는 것을 흔히 물이 높은 곳에서 떨어지며 물레방아를 돌리는 것으로, 빛이 거울에서 반사되는 것을 공이 벽에서 튕겨 나오는 것으로 설명한다. 이처럼 비유란 친숙한 영역의 **비유물**(analog)과 학습하려는 영역인 **목표물**(target) 사이의 유사성을 비교하는 것을 말한다. 듀잇(Duit, 1991)[5]

---

4 Glynn, S. M. (2007). Methods and strategies: The teaching with-analogies model, Science and Children. 44, 52-55.

5 Duit, R. (1991). On the role of analogies and metaphors in learning science. Science

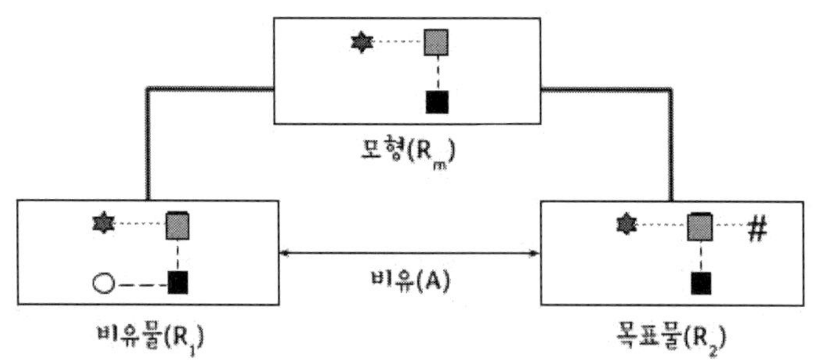

비유물과 목표물의 관계(Dult, 1991)

은 비유물과 목표물의 관계를 위의 그림과 같이 나타냈다.

이 그림에서 알 수 있는 것처럼 비유물과 목표물은 완전히 일치하지 않는다. 상자 안의 별, 네모, 동그라미의 개수나 배열 등을 보면 비유물과 목표물 사이에 공통되는 것도 있지만 둘은 같지 않다. 그래서 비유물과 목표물의 공통된 속성을 가지고 모형 R_m 을 만들어 목표물을 설명하게 된다. 그러나 비유물과 목표물은 서로 공유되지 않는 속성이 있어 공유 속성과 비공유 속성을 혼동하면 목표물을 잘못 이해할 수도 있다.

예를 들어, 과자를 이용한 놀이로 전기회로를 비유한 수업 사례에서 듀잇의 모형을 그려보면 다음 쪽의 그림과 같다. 이 비유는 전류가 회로를 순환하면서 일하는 것을 과자 그릇에서 과자를 공급하는 것으로 설명한다. 그래서 전지-과자 그릇, 에너지-과자, 전선-테이프 길, 전류-학생, 전구-장애물 등으로 대응시킴으로써 에너지원과 에너지의 이동, 회로의 기본 구조 등을 학생들에게 쉽게 이해시키는데 도움을 줄 수 있다. 그러나 비유물 그림에서 알 수 있는 것처럼 회로를 구성하는 요소들의 속성이나 관계가 제시되지 않았기 때문에, 학생들은 전기회로의 특성을 실제와 다르게 이해할 소지를 갖게 된다. 예를 들어, 학생들이 과자 그릇에서 과자를 하나씩 운반하는 일은 그릇에서 제공하는 에너지가 항상 일정하다거나 회로를 흐르는 전류가 일정하다는 생각을 갖도록 할 수 있다.

교사는 수업에서 전류가 전구의 필라멘트를 통과할 때 전기에너지가 열과 빛 에너지로 전환되는 것을 표현하기 위해, 학생들이 장애물을 통과하면서 가지고 있는 과자

---

education, 75(6), 649-672.

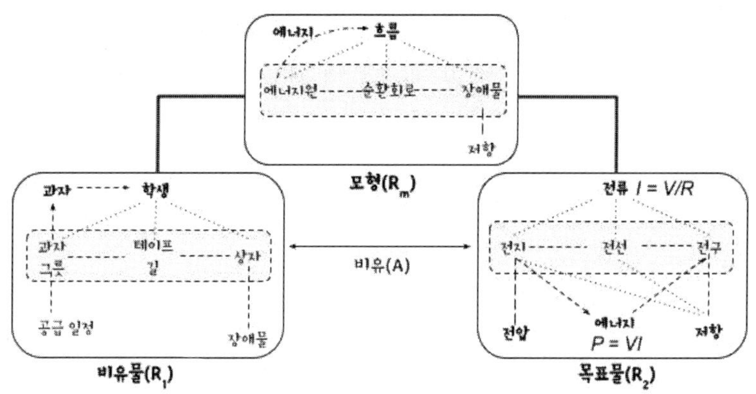

과자를 이용한 놀이 비유물과 전기회로 목표물의 관계

를 먹도록 했다. 그러면 같은 종류의 전구 두 개가 직렬로 연결되어 있는 경우 과자는 반씩 먹는 것이 학생들에게도 자연스러운 것으로 인식될 수 있다. 따라서 전구 하나당 에너지가 줄어들어, 전구의 직렬연결에서 전구의 밝기가 어두워지는 것을 직관적으로 이해할 수 있다. 그러나 실제 전기회로에서 각각의 전구의 밝기는 원래보다 1/4로 줄어, 두 전구가 사용한 총 에너지는 처음보다 1/2이 줄어든다. 따라서 두 개의 장애물이 직렬로 연결되면 학생들은 과자 그릇에서 과자를 한 개가 아니라 반 개씩 가지고 가야 했다. 다시 말해, 학생들이 과자 그릇에서 과자를 가지고 갈 수 있는 양이 장애물의 특성에 따라 달라지는 것을 고려하지 않았기 때문에 수업에서 사용한 비유는 실제 현상과 들어맞지 않게 되었다.

이렇게 비유는 목표물의 모든 측면을 다루기 어렵기 때문에, 비유의 초점을 분명하게 드러내고, 그 비유가 갖고 있는 한계를 인식하는 것은 중요하다. 사실 수업에서 사용한 과자를 이용한 역할 놀이는 전하나 전류의 보존을 설명하기 위한 비유로서 적당하다. 흔히, 학생들은 전하나 전류가 전지로부터 나와서 전구나 저항에서 소모되거나 없어진다고 생각하기 쉽지만, 전기회로에서 전하나 전류는 전지에서 새로 생기는 것이 아니라 원래부터 전기회로에 있던 것이 단지 이동하는 것이다. 그래서 과자 놀이 비유를 통해 전류가 놀이에서 이동하는 학생과 비슷하다는 것을 보여주기 위한 것이다. 비슷한 또 다른 비유로 정거장과 순환 철로의 열차(전류)나 자전거의 톱니바퀴와 연결 사슬(전류)을 이용한 사례도 있다. 그러나 전류가 에너지를 전지에서 전구로 운반하는 것처럼 설명하는 비유는 앞 절에서 언급했던 전기회로에서 스위치가 닫히는 순간 전구에서 불이 켜지는 현상을 설명하기 어렵다. 이와 같은 측면에서 어떤 비유 하나로 목표물을 전부 설명하려고 할 때 예상하지 못한 문제가 발생할 수 있다.

역할놀이 비유 활동 - 몸짓 역할놀이

듀잇(Duit, 1991)은 비유의 종류를 언어 비유(verbal analogy), 그림 비유(pictorial analogy), 사람 비유(personal analogy)로 구분하였다. 교과서에 제시되는 비유나 교사가 수업 중에 사용하는 비유는 대개 언어적이거나 때로는 그림과 함께 언어적 설명이 더해진다. 비유는 대개 시각 자료, 글이나 말 등을 통해 제시되지만, 사람을 통한 비유로 학생 자신이 직접 신체 활동을 통해 비유에 참여하도록 할 수도 있다. 비유물에서 학생들이 대상물을 의인화한 가상적인 역할을 담당하여 직접 신체 감각적인 활동을 해보도록 하는 것이다. 이것을 몸짓 역할놀이 혹은 역할놀이 비유 활동(analogy role-play, role-playing analogy)이라고도 하고, '몸짓 시늉내기(kinesthetic simulation)'란 말을 합성해서 영어로 'kinulation'[6]이라는 용어를 사용하기도 한다.

대개 교사는 '역할놀이'라고 하면 모의재판과 같이 어떤 사회적 상황에서 인물들의 역할을 연기하는 '모의 상황극(simulation role play)'을 생각한다. 물론 '모의 상황극'에서 학생들은 자신이 아닌 어떤 다른 인물의 역할을 맡아 그 사람의 입장에서 말하거나 행동하는 역할놀이를 한다. 그러나 어떤 환경에서 사람이 아닌 물체나 물질 등의 역할을 맡아 몸짓으로 행동하는 '비유 활동'도 일종의 역할놀이라고 할 수 있다. 예를 들면, 지구와 달의 역할을 두 사람이 맡아 두 천체가 어떻게 회전하고 있는지 표현해 보는 활동, 사람이 물 분자가 되어 물의 상태에서 수증기나 얼음의 상태로 변화하는 과정을 표현해 보는 활동 등이 몸짓 역할놀이에 해당된다. 이와 같은 역할놀이 비유 활동은 과학 개념이 지닌 주요 요소의 특성을 학생들이 직접 체험할 수 있는 기회를 제공하여 추상적인 과학 개념을 구체적으로 헤아릴 수 있도록 도움을 줄 수 있다. 그렇지만 특히 어린 학생의 경우 활동을 통한 학생들의 주관적인 느낌이나 생각이 목표

6 Williams, G., Oulton, R., & Taylor, L. (2017). Constructing scientific models through kinulations. Science Scope, 41(4), 64-72.

물 개념에 투영되어 사물이 어떤 의지나 목적을 갖고 있는 것으로 오해할 소지가 있다. 따라서 교사는 그 점에 유의하여 학생들이 오개념을 형성하지 않았는지 확인해야 한다.

비유 수업 모형

글린(Glynn, 1989)[7]은 과학 수업에서 비유를 효과적으로 사용하기 위해 '**비유 수업 모형**(TWA: Teaching With Analogy)'을 제안하였다. 이 모형의 각 단계를 간략하게 나타내면 다음의 표와 같다.

비유를 사용할 때 교사는 비유가 '양날의 칼'이라는 것을 명심해야 한다. 비유를 통해 개념을 이해시킬 수도 있지만, 부주의한 경우 오개념을 갖게 할 수도 있다. 예를 들어, 수업 사례처럼 반만 먹은 과자 비유로 학생들은 직렬로 연결된 전구의 밝기를 잘못 이해할 수 있다. 따라서 교사는 비유를 사용하기 전에 아래와 같은 수업 모형을

비유 수업 모형의 단계

단계	개요
1단계 : 목표 개념 도입	학습할 목표 개념을 학생들에게 소개한다.
2단계 : 비유물 소개	비유물에 대해 학생들이 알고 있는 것을 확인하고, 비유물을 소개하여 친숙해지도록 한다.
3단계 : 비유 상황 인식	목표 개념과 비유물의 관련 특징을 확인한다.
4단계 : 유사성 대응	비유물과 목표 개념의 유사성을 대응시킨다.
5단계 : 목표 개념 이해	목표 개념에 대한 결론을 이끌어 낸다.
6단계 : 비유의 한계 지적	비유물과 목표 개념과의 차이점을 지적하고, 목표 개념에 대한 설명이 일치하지 않는 곳을 알게 한다.

7 Glynn, S. M. (1989). The teaching with analogies (T.W.A.) model: Explaining concepts in expository text. In K. D. Muth (Ed.), Children's comprehension of narrative and expository text: Research into practice (pp. 185-204). Newark, DE: International Reading Association.

이용하여 목표물과 비유물의 대응 관계와 한계 등을 분석할 필요가 있다.

비유 수업 모형의 첫번째 단계는 목표 개념을 구체적이고 분명하게 정하는 것이다. 예를 들어, 수업 사례에서 과자를 이용한 놀이 비유를 처음으로 해보는 것이라면, 처음 목표는 에너지가 건전지에서 전구로 이동하면서 건전지의 에너지가 줄어든다는 것을 이해시키는 것으로 정하는 것이 바람직할 것이다. 목표 개념이 너무 포괄적이거나 복잡한 경우 여러 측면을 한꺼번에 다루기보다는 단계적으로 나누는 것이 다루기 용이할 것이다. 수업 사례에서는 처음부터 복잡한 속성의 전구의 밝기를 다루면서 그 상황이 어려워졌다.

두 번째 단계는 가능하면 학생들에게 친숙한 비유물을 도입한다. 예를 들어, 세포를 설명하기 위해 아이들에게 친숙한 레고 블록을 비유물로 사용할 수 있다. 이때 교사는 학생들이 레고 블록에 대해 무엇을 알고 있는지 확인하고, 예를 들어, '조립 단위'와 같이 비유에 사용할 속성을 학생들이 상기할 수 있도록 한다. 또는 수업 사례처럼 과자나 상자와 같은 일상적인 물건을 사용하여 비유물을 구성할 수도 있다. 만일 그 놀이가 이미 알고 있는 것이 아니라면, 교사는 수업 사례와 같이 학생들이 그 놀이와 친숙해질 수 있도록 규칙이나 방법을 설명하고 놀이를 체험하는 기회를 주어야 한다.

세 번째 단계는 목표 개념과 비유물의 관련 특징을 확인하고 찾도록 한다. 예를 들어, 전기회로에서는 '전지가 있어야 작동한다', '전하가 이동하거나 전류가 흐른다', '전구에 불이 켜진다', '전선이 필요하다' 등을 학생이 찾을 수 있도록 교사가 도와준다. 또한, 앞의 사례에서와 같이 테이프로 표시한 길, 과자 그릇과 과자, 장애물 상자, 학생 등과 몇 가지 규칙이 필요하다는 것을 언급하거나 이야기하도록 한다.

네 번째 단계는 앞에서 확인했던 비유물과 목표 개념의 여러 특징 중에서 유사한 특징을 일대일로 대응시키도록 한다. 교사는 수업 사례에서 제시했던 표와 같이 전기회로의 특징에 대응되는 비유물의 특징을 학생이 찾도록 하거나, 학생 스스로 유사한 표를 만들도록 지도할 수 있다. 또한, 에너지 개념을 처음 도입하는 경우에는 놀이에서 과자에 해당하는 것이 건전지에서 무엇을 가리키는 것인지 집중적으로 토의하도록 할 수 있다.

다섯 번째 단계는 비유물의 대응되는 특징과 비교하여 목표 개념에 대한 결론을 끌어내도록 하는 것이다. 예를 들어, 장애물을 지나기 위해 학생들이 그릇에서 얻은 과자를 먹는 것처럼, "에너지가 건전지에서 전구로 이동하고, 그 결과 건전지의 에너지는 줄어든다." 그래서 전구를 오래 켜 놓으면 건전지가 닳는다는 것을 상기시킨다.

여섯 번째 단계는 비유물과 목표 개념의 차이를 지적하고, 비유의 한계를 인식하는 것이다. 비유물과 목표 개념에서 대응되지 않는 속성으로 그 설명이 일치하지 않는 곳을 찾는다. 예를 들어, 전기회로에서는 전지의 에너지가 전구로 이동하여 방출되지만, 역할놀이에서는 과자(에너지)가 상자(전구)로 이동하지 않고 사람이 먹기 때문에 정확하게 대응되지 않는다. 또한, 에너지는 전류(학생의 이동)에 의해 전구로 이동하는 것이 아니라, 전기장에 의한 것이다. 실제로 전류는 전지에서 얻은 에너지로 이동하게 된다. 그리고 놀이에서 학생이 취할 수 있는 과자나 학생의 이동 방법은 정해져 있었지만, 실제로 전기회로에서는 에너지($P = V^2/R$)나 전류($I = V/R$)가 저항과 전지의 영향을 모두 받기 때문에, 비유물과 목표 개념은 서로 일치하지 않는다.

따라서 이 단계에서 추가적으로 부족한 비유를 세련되게 다듬도록 하거나, 공유되는 특징이 많은 새로운 비유를 만들도록 학생들을 격려할 수 있다. 예를 들어, 역할놀이의 규칙을 바꾸어 학생들이 취할 수 있는 과자의 양을 일렬로 연결한 장애물의 수나 과자 그릇의 수에 따라 다르게 정할 수 있다. 또는 다음 절에서 소개할 '줄 돌리기' 놀이와 같은 새로운 비유를 만들어 보거나, 제시된 여러 비유를 비교해 보도록 할 수 있다.

또한, 단계 5와 6은 교사의 의도에 따라 서로 순서를 바꿀 수도 있다. 예를 들어, 비유물과 목표 개념 사이의 공유되지 않은 특징을 먼저 살펴보고, 그것을 염두에 두면서 목표 개념에 대해 결론을 끌어내도록 지도하는 것이다. 이 과정에서 교사는 학생들이 오개념을 갖지 않도록 주의를 줄 수 있다. 예를 들어, 수업 사례에서 이용한 과자 비유는 전구의 밝기보다는 에너지 이동에 초점을 맞춘 비유라는 것과 한 가지 비유가 전기회로의 모든 측면을 설명할 수 없다는 것을 깨닫도록 할 수 있다.

아울러 비유는 기존 지식과 새로운 지식을 연결하는 초기 '정신 모형'의 역할을 할 수 있다. 예를 들어, 앞에서 언급한 과자 비유를 이용하여 장애물 상자나 과자 그릇의 수를 증가시켰을 때 일어나는 일을 예상해 보고, 그것을 바탕으로 전기회로에서 전구의 밝기를 예상해 보고 그것을 실제로 실험을 통해 확인해 보도록 할 수 있다. 또 그와 같은 실험 결과를 토대로 처음의 과자 비유를 좀 더 적절하게 수정하는 방안을 강구하도록 함으로써 비유를 일종의 모형으로 바라볼 수 있도록 한다. 비유를 통해 이렇게 처음 생각을 좀 더 확장함으로써 더욱 견고한 정신 모형을 갖출 수 있도록 할 수 있다.

교사가 비유를 사용하여 개념을 설명할 때 앞에서 제시된 '비유 수업(TWA) 모형'은 교사를 위한 지침 역할을 할 수 있다. 이 모형을 사용하여 교사는 어떤 비유가 효과적인지 분석하고, 의미 있는 비유 사용을 위해 학생의 지식과 경험에 맞는 관련 활동을 준비할 수 있다. 특히, 교사의 관점에서 비유를 제시하고 설명하기보다는 학생 스스로 비유를 만들고 그 한계를 깨닫게 하는 것이 더 바람직하다. 비유를 만드는 일 자체는 학습 과정에서 이해를 위한 개념적 다리를 만들기 위한 적극적인 태도를 학습자에게 요구하기 때문이다.

실제로 어떻게 가르칠까?

여기서는 비유 활동이 오개념을 유발하지 않도록 수업을 준비하는 방안을 살펴보고, 비유를 바탕으로 전개할 수 있는 활동이나 비유를 목표물에 맞추어 다듬는 활동을 살펴본다. 또한, 여러 비유를 활용하는 방안과 전기회로와 좀 더 유사한 줄 돌리기 역할놀이 활동을 설명한다.

비유는 새로운 개념 학습에서 학생들의 이해를 촉진할 수 있는 좋은 방안이지만, 앞에서 지적했던 것처럼 자칫하면 오해나 오개념을 불러일으킬 위험도 있다. 그래서 교사는 비유를 사용할 때 학생들이 비유물의 속성을 목표 개념에 잘못 적용하지 않도록 주의해야 한다. 트레거스트(Treagust, 1993)[8]는 교사가 체계적이고 효과적으로 비유를 준비할 수 있도록 수업 및 그 전후에 교사가 고려해야 할 지침을 다음과 같이 세 단계로 구분하여 제시하였다.

- **준비 단계(Focus)** : 수업 전 왜 비유가 사용되어야 하는지, 학생들이 그 개념에 대해 어떤 생각을 갖고 있고, 비유로 사용될 어떤 친숙한 경험이 있는지 확인하는 단계
- **실행 단계(Action)** : 수업 중 학생들이 비유물에 친숙한지 점검하고, 비유물과 목표 개념 사이의 유사점과 차이점을 토의하는 단계
- **성찰 단계(Reflection)** : 수업 후 비유의 유용성을 따져보고, 다음 수업에서 비유를 더 효과적으로 사용할 수 있는 방법을 생각해 보는 단계

먼저 비유 수업을 준비할 때 목표로 하는 개념이 비유가 필요할 정도로 어렵거나

8 Treagust, D. F. (1993). The evolution of an approach for using analogies in teaching and learning science. Research in Science Education, 23(1), 293-301.

익숙하지 않고 추상적인 것인지 점검해야 한다. 그리고 학생들은 그 개념에 대해 이미 어떤 생각을 갖고 있는지 확인해야 한다. 예를 들어, 전기회로의 특징을 보여주는 전류나 전압 또는 에너지는 가시적이지 않고 추상적이며, 학생들은 건전지에서 나온 전류(또는 전하)가 저항에서 소모된다고 생각하기 쉽다. 그래서 교사는 건전지를 전류보다는 에너지 저장소로 이해시키고, 전류는 소모되는 것이 아니라 보존된다는 것을 이해시키려고 할 때 과자 놀이 비유를 사용할 수 있다. 또한 교사가 이용할 비유와 관련해서 학생들이 친숙한 경험을 갖고 있는지 살펴보고, 그렇지 않은 경우 다른 비유물을 찾거나 그 비유물에 친숙해질 수 있는 기회를 제공해야 한다. 예를 들어, 소리의 전달을 파도에 비유하려고 할 때, 파도를 한번도 본 적이 없는 학생들에게 그 비유물은 적절하지 않을 것이다.

수업에서 비유를 사용하는 단계에서는 비유물이 학습 개념과 어떻게 유사한지, 그것은 표면적인 특징을 말하는 것인지, 속성의 깊은 관계를 의미하는 것인지 논의할 필요가 있다. 예를 들어, 수업 사례의 전기회로와 과자 놀이의 비유에서 그 대응되는 특징들은 그 구성요소 사이의 깊은 관계라기보다는 그 구성요소들의 표면적인 특징을 비교한 것이다. 그래서 비유물이 학습 개념과 어떤 점에서 다르고 차이가 있는지 인식시켜 오개념을 형성하지 않도록 해야 한다. 예를 들어, 과자 놀이에서는 이동하는 학생(전류)이나 공급되는 과자(에너지)가 항상 일정하지만, 실제 전기회로에서는 전류나 에너지가 항상 일정하게 공급되는 것이 아니라 전압이나 저항과 같은 속성에 따라 달라진다. 이 비유에서는 전류가 에너지를 운반한다고 생각할 수 있지만, 실제로 전류가 흐르는 것은 전지에서 전기장에 의해 전달된 에너지 때문이다.

그리고 수업 후에는 성찰 과정을 통해 비유가 분명하고 쓸모 있었는지, 아니면 오히려 이해를 방해하고 혼동하도록 했는지 살펴보아야 한다. 그리고 다음 수업을 위해 어떤 변화가 필요한지, 더 나은 방법이 있는지 되돌아 보도록 한다. 예를 들어, 과자 놀이 비유는 전류의 보존이나 에너지 저장소로서의 전지에 대한 개념을 이해시킬 수 있는 비유이지만, 전구의 밝기에 대한 양적 이해를 제공하기에는 미흡하다. 그렇지만 비유가 일종의 정신 모형으로 사용될 수 있도록 그 비유를 바탕으로 한 활동으로 확장할 수 있다. 예를 들면, 장애물 상자 두 개나 과자 그릇 두 개를 직렬이나 병렬로 연결할 때 일어날 수 있는 일을 바탕으로, 실제로 전구의 밝기를 예상해 보고, 그 결과를 전기회로에서 확인해 보는 활동을 통해 비유의 한계를 인식시킬 수 있다. 또한,

전구 밝기의 관찰 결과와 일치하도록 과자 놀이에서 학생들이 과자를 취하는 규칙을 바꾸도록 할 수 있다. 이렇게 비유를 다듬고 확장하는 과정에서 학생들은 전기회로의 속성을 좀 더 잘 이해할 수 있을 것이다. 그렇지만 과자 놀이 비유는 전류가 에너지를 운반하는 것으로 오인시킬 가능성을 내포하고 있다. 이에 대한 한계를 인식시키기 위해서는 전기회로가 매우 길어질 때 스위치를 켜고 전구에 불이 켜지기까지의 시간에 대해 생각해 보도록 할 수 있다.

다양한 비유의 활용

연구 결과[9]에 의하면 비유를 글로만 제시하는 것보다 그림과 함께 제시하는 경우 학생들이 대응 관계를 더 잘 이해하는 것으로 나타났다. 글과 그림, 몸짓은 서로 다른 유형의 표상이며, 하나의 비유에 대한 다양한 유형의 표상을 사용하면 비유물에 대한 이해가 수월할 것이다. 또 하나의 목표 개념에 대해 여러 개의 다른 비유를 사용할 수도 있다. 예를 들면, 전기회로를 물 흐름에 비유하거나 자전거 바퀴의 체인에도 비유할 수 있다. 관에 흐르는 물의 양이 일정하고, 자전거 바퀴의 체인이 돌아갈때 체인의 수가 일정하듯이 전기회로에서는 전하량이 보존된다. 각각의 비유물에 대한 학생의 경험이 다를 수 있으므로, 학생들은 자신에게 친숙한 비유물을 사용하면 좀 더 쉽게 이해할 수 있을 것이다. 그러나 비슷한 수준의 비유를 여러 개 사용하는 것이 비유를 하나만 사용하는 것에 비해 개념 이해에 반드시 효과적인 것은 아니다.[10]

또한, 수업 사례에서 시사하는 것처럼 전기회로에 대한 비유라고 하더라도 그와 관련된 각각의 목표 개념에 따라 적절한 비유물은 달라질 수 있다. 하나의 비유물이 전기회로의 모든 측면과 대응되지 않기 때문이다. 그래서 가능하면 공유 속성이 많은 비유물이 좋기는 하지만, 비유물과 목표 개념이 모든 면에서 일치하는 경우는 거의

---

9 김경순, 변지선, 이선우, 강훈식, 노태희. (2008). 비유를 사용한 반응 속도 개념 학습에서 유발되는 대응 오류에 대한 분석과 비유 표현 방식에 따른 비교. 한국과학교육학회지, 28(4), 340-350.

10 권혁순, 김창민, 노태희. (2001). 다중 비유의 사용 방식이 중학생들의 과학 개념 이해에 미치는 효과. 한국과학교육학회지, 21(1), 114-121.

없기 때문에 반드시 그 한계를 깨닫게 하는 것이 중요하다. 따라서 교사는 특정한 과학 개념과 관련하여 어떠한 비유들이 있는지, 또 여러 비유 중 어느 것이 효과적이고 적절한지 탐색해야 할 것이다. 목표 개념에 따라 다를 수 있지만 초등학생의 경우 신체적인 참여가 이루어지는 역할놀이 비유 활동이 언어 비유보다는 효과적일 가능성이 있다. 초등학생을 대상으로 증발과 응결 개념에 대해 그림 비유를 활용한 집단과 역할놀이 비유 활동을 활용한 집단의 개념 변화 유형을 비교 분석한 연구[11]에 따르면 역할놀이 비유 활동이 과학 개념을 형성하고 비과학적 개념을 줄이는데 더 효과적인 것으로 나타났다.

줄 돌리기 놀이[12]

과자 놀이와 유사하지만 전기회로를 비유하는데 좀 더 적절한 '줄 돌리기 놀이'는 학생들이 줄을 돌리면서 줄의 움직임을 전하, 전류, 저항과 같은 추상적인 개념과 연관시키는데 사용될 수 있다. 이 놀이는 다음의 그림과 같이 원형으로 둘러 선 학생들이 고리 모양의 줄을 살짝 움켜잡은 자신들의 손바닥과 손가락을 통해 일정한 속력으로 지나가도록 하는 것이다. 이때 사용하는 줄은 가는 줄보다는 지름이 10 mm 내외 정도로 좀 두꺼운 것이 좋다. 줄을 이동시키기 위해서 한 학생을 지명하여 두 손으로 번갈아 줄을 당겨 오른쪽으로 전달하도록 한다. 그리고 나머지 학생들은 줄이 통과할 수 있도록 두 손으로 충분한 공간을 만들어 준다. 놀이를 구체적으로 학생들에게 소개하기 전에 이 활동에 익숙해질 수 있도록 실제로 해 보도록 한다. 이때 줄을 좀 더 세게 움켜쥐면 어떤 일이 일어나는지 살펴보도록 한다. 그리고 줄의 모든 부분에서 동시에 이동이 느려진다는 것을 깨닫도록 한다. 교사는 전구에 불이 켜지는 현상을 설명하기 위하여 이 놀이를 다음과 같이 해보도록 한다.

---

11 최슬(2008). 역할놀이 비유활동이 초등학생의 증발과 응결 개념 변화에 미치는 영향. 춘천교육대학교 석사학위논문.

12 이 활동은 '초등과학을 어떻게 지도할까?'(장병기, 윤혜경, 2016), '과학 연극을 통한 과학 교수-학습' (윤혜경, 2016)에서 소개되었다.

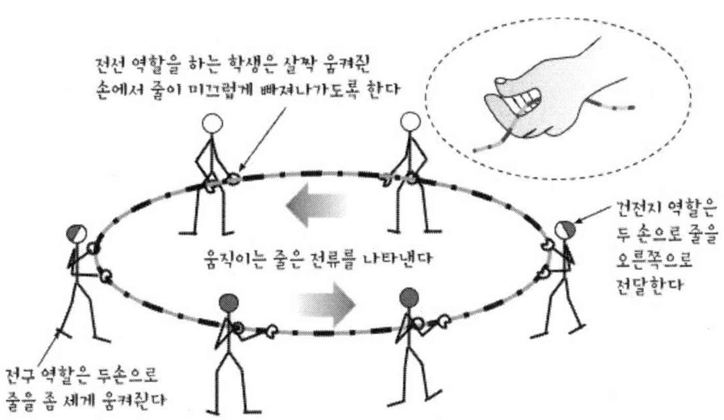

줄 돌리기 역할놀이 비유 활동

활동 방법

- 2~3 m 정도의 긴 줄을 준비하고 5~6명의 학생들이 원형으로 선다.
- 건전지 역할을 할 사람과 전구 역할을 할 사람을 정한다.
- 건전지 역할을 맡은 학생은 두 손으로 번갈아 줄을 일정한 힘으로 당겨, 줄이 매끄럽게 이동하게 한다. 원활한 수행을 위해 교사가 이 역할을 맡을 수도 있다.
- 나머지 학생들은 줄이 움켜쥔 손 사이로 쉽게 미끄러져 통과할 수 있도록 여유 있게 줄을 잡는다.
- 전구 역할을 맡은 학생은 두 손으로 움켜쥔 줄을 좀 더 세게 잡는다.
- 교사는 질문을 통해 이 역할놀이가 전기회로와 어떤 면에서 유사한지 토의하도록 할 수 있다. 그리고 둘 사이의 다음과 같은 대응 관계를 찾도록 한다.
  - 건전지는 줄을 움직이는 학생이나 교사로 표현된다.
  - 전구는 줄을 움켜잡은 학생으로 표현된다.
  - 전류(또는 이동하는 전하)는 움직이는 줄로 표현된다.
  - 에너지는 '전구'에서 마찰에 의한 일을 통해 열이 되어 이동한다.

이와 같은 놀이를 통해 교사는 학생들에게 전기회로에서 일어나는 일을 그려볼 수 있도록 도와주고, 전기회로에 대하여 생각할 거리를 제공할 수 있다. 이 줄 돌리기 놀이는 앞에서 설명했던 과학적 생각에서 일종의 비유로 제시한 전기회로 모형과 직접적인 유사점이 있다. 예를 들어, 건전지 역할을 하는 사람이 일정한 힘으로 줄을 당기면서 옆으로 전달할 때, 에너지는 줄을 움켜잡는 손의 마찰력으로 줄의 모든 곳에서 전이된다. 이때 다른 학생들의 손에서 작용하는 마찰력은 줄의 이동을 방해하면서 줄이 일정한 속력으로 이동하게 한다. 우리는 줄이 손에 일을 하여 손바닥을 따뜻하게 한다고 말할 수 있다. 특히, 줄을 세게 움켜쥐고 전구 역할을 하는 사람은 손바닥에 더 많은 열을 느끼게 된다. 그것은 이동하는 전하가 전구 속에 있는 이온 격자에 일을 하여 전구를 가열하는 것과 유사하다. 반면에 줄을 살짝 잡고 있는 사람들은 줄의 움직임을 방해하지 않기 때문에 전기회로의 전선과 마찬가지로 따뜻해지는 것을 느끼지 못한다.

또한, 교사는 이 놀이에서 전하나 전류의 보존, 건전지의 역할, 저항에서 일어나는 에너지 전이 등을 토의해 보도록 할 수 있다. 그리고 다음과 같은 추가 활동을 통해 전기회로에서 일어나는 현상을 학생들이 토의하고 설명해 보도록 할 수 있다.

- 전구 역할을 맡은 사람이 이전보다 줄을 더 세게 잡거나, 전구 역할을 두 사람에게 맡기면, 어떤 일이 일어나는지 살펴보고 전기회로와 연관시켜 설명하도록 한다. (줄의 이동이 느려지고 전구 역할을 맡은 사람의 손이 덜 따뜻해져서, 저항이 커지면 전류가 작아지고 전구의 밝기가 어두워지는 것을 나타낸다.)
- 전지 역할을 맡은 사람이 일정한 힘으로 줄을 돌리다가 더 세게 빨리 돌리면, 어떤 일이 일어나는지 살펴보고 전기회로와 연관시켜 설명하도록 한다. (줄의 이동이 빨라지고 전구 역할을 맡은 사람의 손이 더 빨리 따뜻해져, 전지의 전압이 커지면 전류가 커지고 전구가 더 밝아진다는 것을 나타낸다.)
- 전지 역할을 맡은 사람 이외에 모두가 줄을 꽉 움켜잡으면, 어떤 일이 일어나는지 살펴보고 전기회로와 연관시켜 설명하도록 한다. (전지에서 줄을 돌리기 위해 애쓰더라도 줄은 돌지 않게 된다. 이것은 저항이 큰 부도체의 경우 전지를 연결하더라도 전류가 흐르지 않는 것을 나타낸다.)
- 전기회로에서 전구가 불이 켜지는 방식을 줄 돌리기 놀이에서 이루어지는 상황과 관련시켜 설명하도록 한다. (줄은 건전지 역할을 맡은 사람의 동작에 따라 모든 곳에서 동시에 돌아간다. 그래서 줄을 세게 움켜쥔 사람의 손에서 열이 나는 것처럼, 전구는 전류

가 건전지에서 흘러와서 불이 켜지는 것이 아니라 전류가 흐를 때 즉시 불이 켜진다.)

위와 같은 활동을 하기 앞서 학생들은 먼저 전기회로와 관련된 해당 현상을 잘 알고 있어야 한다. 만일 그렇지 않다면 실제 전기회로에서 일어나는 현상을 예상하기 위한 모형으로 비유를 사용하고, 추가적인 실험을 통해 그 결과를 확인해 볼 수 있는 기회를 제공해야 할 것이다. 그렇지만 앞에서 언급했듯이 모든 비유가 목표물과 완벽하게 대응되지 않기 때문에 줄 돌리기 놀이로 전기회로의 모든 현상을 설명할 수 있는 것은 아니다. 예를 들어, 전구의 밝기는 전구 역할을 맡은 학생의 손에서 느껴지는 열로 설명할 수 있지만, 전구 밝기에 대한 정량적인 비교는 불가능하다.

PART 2

과학 수업에서의 상호작용과 추론

딜레마 사례 04

미스터리 물체 탐구하기

증거에 기초한 추론을 어떻게 지도할까?

초등학교 6학년 식물의 구조 단원을 가르치던 중 학생들의 과학적 사고 능력을 향상시키기 위해 나는 튤립 알뿌리를 미스터리 물체로 소개하고 학생들로 하여금 자세히 관찰하고 무엇인지 맞추어 보는 활동을 제시하였다. 튤립 알뿌리는 학생들이 일상생활에서 많이 본 적이 없는 것이어서 학생들의 호기심을 자아 낼 수 있는 적절한 재료라고 생각하였다. 나는 학생들에게 미스터리 물체를 보여 주고 이것이 무엇인지 관찰을 통해 맞추어 보자고 했다. 그런데 내 예상과는 달리 학생들은 진지하게 관찰하기 전에, 보자 마자 양파라고 결론을 내리고 그 답을 끝까지 바꾸려고 하지 않았다. 나는 학생들의 결론이 참이 아닐 수 있다고 강조하며 학생들의 탐구를 이끌어 가고자 하였으나 수업은 내가 계획한 대로 진행되지 않았다. 미스터리 물체로 선정한 튤립 알뿌리가 학생들의 과학적 사고 능력을 향상시키기에 적절한 소재가 아니었던 걸까? 학생들의 답이 틀렸다고 직접적으로 말하지 않으면서 자신들의 답에 대해서 다시 생각해보도록 어떻게 안내를 해야 할지, 학생들이 답을 끝까지 찾지 못하면 어떻게 해야 할지 고민이 되었다.

1 과학 수업 이야기

나는 학생들이 다양한 방법으로 물체를 관찰하고 증거에 기초해서 결론을 내리는 과학적 사고를 증진시키는 수업을 계획하였다. 수업을 흥미롭게 만들기 위해 알 듯 모를 듯한 미스터리 물체를 소개하고 학생들이 이것을 관찰하여 무엇인지 알아맞히는 수업을 준비하였다. 내가 준비한 미스터리 물체는 튤립 알뿌리였다. 뿌리의 구조와 작용을 학습하던 중이어서 탐구 활동의 소재로 적절하다는 생각이 들었다. 튤립 알뿌리는 조그마한 탁구공보다 작고, 양파처럼 생겼다. 사실 나도 튤립 알뿌리를 처음에 보았을 때 양파와 비슷하게 생겨서 신기하게 생각했었다. 그래서 학생들의 탐구 활동에 적합한 재료라고 생각했다.

나는 학생들에게 "오늘 여러분에게 미스터리 물체를 보여줄 거예요. 이 물체가 무엇인지 관찰과 토론을 통해 맞추어 보세요. 자, 이게 바로 미스터리 물체입니다."라고 말하며 튤립 알뿌리를 작은 바구니에 담아 학생들에 보여 주었다. 그러자 곧바로 지영이가 큰소리로 "나 그게 뭔지 알아요! 양파예요."라고 말했고, 한솔이도 "맞아, 양파네." 하며 동의하였다. 나는 순간 당황하였다. 한 학생의 생각에 다른 학생들이 영향을 받아 사고를 멈추게 될까봐 걱정이 되었다. 그래서 바로 학생들에게 "이게 무엇인지 아직 아무도 몰라요. 여러분들이 잘 관찰해서 이것이 무엇인지 알아맞혀 보세요.

튤립 알뿌리의 모습

관찰을 통해 증거를 확보하고, 그 증거를 가지고 무엇인지 결론지어야 해요."라고 강조하였다.

나는 학생들에게 미스터리 물체를 하나씩 나누어 주었다. 그리고 플라스틱 칼, 돋보기, A4 종이를 나누어 주면서 물체의 겉모양도 관찰하고 잘라서 속모양도 관찰해 보라고 하였다. '양파'라고 말한 학생들의 생각을 바꾸기 위해 양파가 아닐 수도 있으니 잘 관찰해 보라고 했다. 학생들은 미스터리 물체를 이리저리 돌려 보면서 겉모양을 관찰하고, 만져보기도 하고, 껍질을 벗기고 잘라서 단면을 보기도 하면서 다양한 의견을 내기 시작하였다.

"이거 밤과 비슷한 열매가 아닐까? 아니면 그런 종류인가?"
"다른 나라에서 온 양파는 아닐까?"
"양배추와 비슷한데?"

그런데 미스터리 물체를 보자마자 양파라고 크게 외쳤던 지영이가 속한 모둠은 계속해서 이 물체가 양파라고 결론 내리고 있었다.

"이건 분명 양파야. 양파가 틀림없어."
"맞아, 양파야!"

이 목소리는 옆 모둠에 있는 학생들에게도 들렸고, 다소 떨어져 있는 나에게도 들렸다. 나는 이 학생들의 의견과 행동이 다른 모둠의 활동과 생각에 영향을 줄까 봐 걱정이 되었다. 나는 지영이네 모둠이 '양파'라는 성급한 결론을 내리지 않고 어떻게 탐구를 계속하도록 할 수 있을지 고민이 되었다. 양파가 아니라고 말할까 하는 생각도 들었지만 탐구를 위해서는 그렇게 해서는 안 될 것 같았다. 나는 학생들의 생각과 의견을 수용하며 학생들로 하여금 답을 찾아 가도록 하는 것이 탐구의 중요한 과정이라 생각하고 있었고, 여기서 교사가 정답을 이야기해 주어서는 안 된다고 생각하였다. 지속적으로 다른 가능성에 대해 언급하고 안내하였지만, 지영이네 모둠은 생각을 바꾸지 않았다. 그렇게 그냥 두면 지영이네 모둠의 영향을 받아 모든 학생이 잘못된 방향으로 결론을 내릴 수도 있다는 생각이 들기 시작하였다. 그래서 나는 양파라고 확신하고 있는 학생들에게 양파가 아닐 수도 있다고 생각을 바꾸게 하는 방법이 무엇일까 고민하다가 다음과 같이 대화를 열었다.

"여러분, 선생님은 이 물체가 양파라고 말해 준 적이 없지요. 이건 양파일 수도 있고 다른 것일 수도 있으니 관찰을 통해 증거를 잘 수집해야 해요. 양파는 어떤 특징을 가지고 있지요? 엄마가 요리할 때 부엌에서 도와준 적이 있나요?"

"네."

"엄마가 양파를 썰 때 어땠나요?"

"양파 냄새가 나요."

"눈이 아팠어요."

"눈물이 나요."

"맞아요. 양파는 독특한 냄새가 있어요. 그리고 눈이 매워서 눈물이 나기도 하지요. 이것들이 양파라고 주장할 수 있는 중요한 증거가 될 수 있어요. 그런데 여러분이 이 물체를 잘랐을 때 그런 냄새가 났나요? 눈이 따가웠나요? 어떤 증거로 이 물체가 양파라고 주장할 수 있지요?"

그러자 한솔이가 눈을 비비며 다음과 같이 말했다.

"네, 이상한 냄새가 나요. 그리고 눈도 좀 이상해요."

그래서 나는 "내가 잘라 보면 눈물이 안 나는데?"라고 하자 한솔이는 "그건 선생님이 안경을 썼기 때문이에요."라고 하였다. 나는 너무 당황하였다. 실제로 알뿌리를 자르면 즙이 나오면서 이상한 냄새가 나기도 한다. 또 오랫동안 알뿌리를 자르고 관찰하다 보면 눈이 피로해져서 눈물이 나는 것처럼 느껴질 수도 있다. 아니면 학생이 알뿌리를 자르다가 그 손으로 눈을 비벼서 눈이 따가울 수도 있다. 원인이 무엇인지 알 수 없지만 한솔이는 눈이 아프다고 느꼈고 이것이 이 물체에서 나는 냄새 때문이라고 생각한다면 그 상황에서 나는 한솔이의 주장이 잘못되었다고 말할 수 없다. 그리고 내가 안경을 썼기 때문에 눈이 보호되어 눈물이 안 날 수 있다고 주장한 점도 초등학생의 수준에서 매우 합리적인 사고이기도 했다. 이 상황에서 나는 어떻게 해야 할 지 몰랐다. 그렇다고 다른 학생들이 한솔이의 의견에 영향을 받아 모두 양파라고 결론을 내리도록 내버려두는 것도 바람직한 방향은 아니라는 생각이 들었다.

나는 결국 학생들에게 이 물체가 양파인지 아닌지 증명할 수 있는 방법을 찾아보자고 제안하였고 학생들은 시장에서 양파를 사와서 함께 비교하면서 관찰하고, 잘라서 냄새를 맡아 보자고 했다. 그래서 나는 다음 시간에 시장에서 사 온 양파를 학생들에게 나누어 주고 바로 잘라 냄새도 맡아 보고 이 물체와 비교해 보도록 했다. 또 튤립의 알뿌리를 잘라 보면 겹들이 보이기는 하지만 양파처럼 고르고 확연하게 보이지 않으며 잘 쪼개지지도 않는다는 것을 확인하고 이 물체가 양파가 아니라는 결론에 도달하였다. 이 수업을 통해 학생들은 미스터리 물체가 양파가 아니라는 것은 알았지만 이 물체가 무엇인지는 알 수 없었다. 나는 다시 한 번 튤립 알뿌리라고 말할까 망설이다가 이 수업을 학생들이 학습한 식물의 구조와 연결해야겠다고 생각했다.

> "그럼 이 물체는 식물의 구조 중 어디에 속하는 것 같아요? 줄기 같아 보이나요? 아니면 잎 부분과 같나요?"
>
> "열매 같아요."
>
> "뿌리 같아요."
>
> "그럼 우리 이걸 한 번 심어서 어떤 일이 생기나 한번 볼까요?"

학생들과 나는 투명한 용기에 흙을 넣고 알뿌리를 심었고 시간이 지나 알뿌리에서 잔뿌리가 생기고 싹이 나면서 자라는 것을 보았다. 그리고 나서 학생들과 식물의 구조와 기능에 대한 내용을 다시 복습하였다. 이후 학생들은 예쁜 튤립 꽃이 피는 것을 보았고 이 미스터리 물체는 튤립 알뿌리임을 확실히 알게 되었다.

이 수업을 하고 나는 다음과 같은 의문이 들었다.

- 내가 선택한 미스터리 물체(튤립 알뿌리)는 증거에 기초한 과학적 사고를 증진시키는데 적합한 자료였을까?
- 학생들이 증거에 기초한 과학적 사고를 하도록 도우려면 교사의 안내는 언제 어떻게 제공되어야 할까?

과학적인 생각은 무엇인가?

여기에서는 뿌리, 줄기, 잎, 꽃과 열매로 구분하는 식물의 구조와 뿌리의 종류를 간단히 설명하고, 알뿌리의 여러 유형과 튤립 알뿌리의 구조에 대해 살펴볼 것이다.

뿌리의 종류

식물의 구조는 오른쪽 그림과 같이 뿌리, 줄기, 잎, 꽃과 열매로 구분할 수 있다. 식물의 구조를 가르치기 위한 수업 자료를 선정할 때 주변에서 흔히 볼 수 있고 그 구분이 명확하며 직접 기를 수 있는 식물을 택하는 경우가 많다. 예를 들면, 강낭콩은 씨앗이 싹트고 자라면서 뿌리, 줄기, 잎, 꽃, 열매의 구분이 명확하게 드러나기 때문에 수업 자료로 사용하기 용이하다.

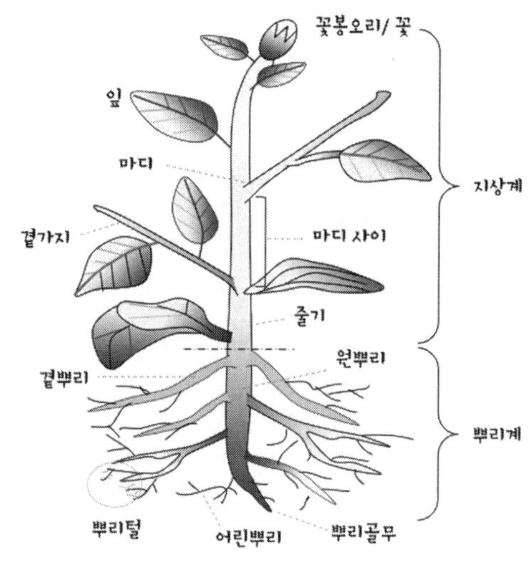

식물의 구조

뿌리의 종류는 모양과 기능에 따라 다음과 같이 다양하게 구분할 수 있다. **곧은 뿌리**는 고추나 강낭콩 같은 쌍떡잎 식물이나 겉씨식물에서 볼 수 있으며, 굵고 곧게 뻗은 원뿌리와 주변의 곁뿌리의 구분이 가능하다. **수염뿌리**는 파나 보리 등과 같은 외떡잎 식물에서 볼 수 있으며 여러 갈래가 같은 자리에서 뻗어 나와 수염 같은 모양을 하고 있다. 일반적으로 뿌리는 땅속에 있으면서 식물체를 지탱하고 물과 양분을 흡수한다. 그러나 이 외에도 다른 기능을 가진 뿌리도 있다. 예를 들어, **공기뿌리**는 맹그로브와 같이 뿌리의 일부가 공기 중으로 나와 있어 식물체의 지탱을 도와주거나 공기 중의 수분 흡수를 도와주는 역할을 한다. **덩이뿌리**는 저장뿌리로 불리기도 하는데 양분을 뿌리의 일부에 저장하여 비대해지는 경우이다. 우리가 먹는 당근, 무, 고구마, 우엉 등의 식물이 이에 속한다. 이 외에도 겨우살이나 새삼과 같이 다른 식물에 기생하는 **기생뿌리**, 담쟁이덩굴과 같이 주변의 다른 식물의 줄기나 물체에 달라붙어 몸을 지탱하는 **붙임뿌리** 등이 있다.

곧은뿌리 수염뿌리

공기뿌리(맹그로브) 덩이뿌리(당근)

붙임뿌리(담쟁이덩굴) 기생뿌리(겨우살이)

알뿌리

학생들은 흔히 식물의 일부 중 땅 속에 있는 것을 뿌리라고 생각하기 쉽지만, 그렇지 않은 것도 있다. 예를 들어, 고구마나 무는 뿌리에 영양분이 저장되어 있는 저장뿌리이지만, 땅 속에 있는 감자는 뿌리가 아니라 줄기 부분에 영영분이 저장되어 비대해진 땅속줄기의 한 종류이다. 앞의 수업 이야기에 등장하는 튤립의 알뿌리도 역시 그 구분이 어려운 식물 중의 하나이다.

알뿌리나 **구근**이라는 이름 때문에 튤립의 알뿌리가 식물의 구조 중 뿌리 부분이라고 생각하는 경우가 많다. 하지만 알뿌리, 즉 식물의 알뿌리라고 불리는 것 중에는 잎이나 줄기가 변형된 것들이 대부분이며, 실제 뿌리를 의미하는 것도 있다. 알뿌리 식물은 다음 그림과 같이 대체로 다섯 가지 유형으로 구분된다. 가장 일반적인 알뿌리는 **비늘줄기**이며, 대표적인 예로 양파가 있다. 양파를 잘랐을 때 보이는 나이테 모양의 비늘은 양분을 저장하기 위해 두텁게 변형된 다육질의 잎이다. 비늘줄기는 양파, 마늘, 튤립, 수선화, 히아신스, 백합 등이 있다.

두 번째 유형의 알뿌리는 **구슬줄기**이다. 구슬줄기는 양분을 저장하기 위해 줄기가 변형된 것이다. 외형은 비늘줄기처럼 보이지만, 비닐줄기처럼 잎이 겹겹이 층을 이루며 바깥쪽으로 자란 모습을 가지고 있지 않다. 구슬줄기는 털이나 외피로 겉이 덮여 있고, 그 속은 단단하다. 양분이 저장된 밑바탕 줄기가 커졌기 때문이다. 줄기와 꽃을 만드는 어린 새싹은 알뿌리의 위쪽에서 생기고, 밑바닥에서는 뿌리와 어린 구슬줄기가 나온다. 글라디올러스, 크로커스, 프리지아, 마름, 수련 등이 구슬줄기이다.

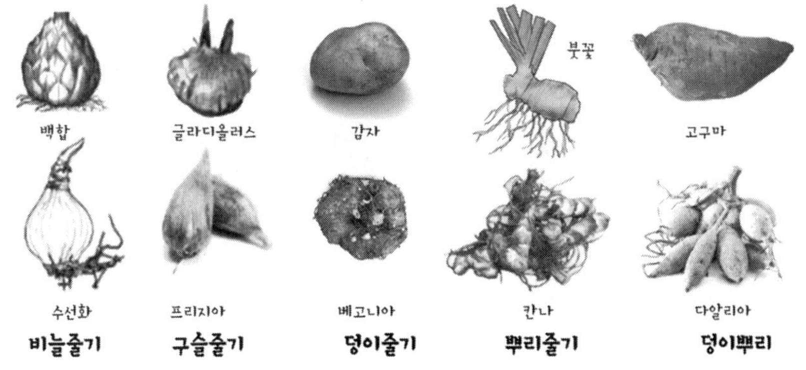

여러 유형의 알뿌리

세 번째 유형의 알뿌리는 **덩이줄기**이다. 덩이줄기도 또한 땅속줄기이지만, 구슬줄기처럼 외피와 밑바탕 줄기를 갖고 있지 않다. 덩이줄기는 새싹이 나오는 여러 개의 '눈'이 표면에 있고, 대부분은 햇볕이 들지 않는 그늘에서 자란다. 감자가 대표적인 덩이줄기이며, 그 외에 참마, 베고니아, 시클라멘(cyclamen: 앵초) 등이 있다.

네 번째 유형의 알뿌리는 **뿌리줄기**이다. 뿌리줄기는 때때로 지표 위로 드러나기도 하지만, 길쭉하게 수평으로 자라는 땅속줄기를 가지고 있다. 저장 조직으로 변형된 어떤 줄기는 굵고 어떤 다른 줄기는 풀잎처럼 가늘지만, 모두 위쪽에서는 잎이 자라고 아래쪽에서 뿌리가 나온다. 대표적인 예는 잔디가 있고, 붓꽃, 칸나, 부들 등이 있다.

마지막 유형의 알뿌리는 **덩이뿌리**이다. 덩이뿌리는 실제로 양분이 저장된 저장 뿌리이다. 중심 줄기 주변에 양분이 저장되어 뿌리가 굵게 자라 덩이 모양을 이루는 뿌리 조직이다. 고구마가 덩이뿌리의 대표적인 예이다. 다른 예로는 작약, 다알리아, 원추리 등이 있다. 덩이뿌리는 뿌리의 위쪽에서 싹이 나 자란다.

이들 다섯 가지 알뿌리를 요약하면, 구슬줄기, 덩이줄기, 뿌리줄기는 말 그대로 식물의 줄기가 변형된 것이고, 비늘줄기는 식물의 줄기와 함께 잎이 비늘 모양으로 변형된 것이다. 영어로 알뿌리라는 뜻의 'bulbs'라는 말은 둥근 모양을 나타내는데, 좁은 의미로 사용할 때는 비늘줄기(true bulbs) 알뿌리만을 지칭하기도 한다. 양분을 저장하는 식물의 땅속 구조물을 알뿌리라고 이름을 붙였지만, 다섯 가지 유형 중 단지 덩이뿌리만 뿌리가 변한 것이다.

수선화과에 속하는 양파와 백합과에 속하는 튤립 알뿌리는 모두 비늘줄기 알뿌리로 여러 겹의 비늘 잎에 양분이 저장되어 있다. 그래서 양파나 튤립의 알뿌리를 수직하게 길이로 잘라보면 다음쪽의 그림과 같이 그 속에 비늘이 여러 겹으로 된 구조를 볼 수 있다. 양파나 튤립은 알뿌리가 손상되거나 마르는 것을 방지하기 위해 외피라고 부르는 겉껍질을 갖고 있다. 또한 알뿌리의 밑바탕은 줄기가 변형된 것으로 접시 모양으로 압축되어 있다. 이 밑바탕 줄기에서 뿌리가 자라고 꽃대가 올라간다. 여기에 연결된 하얀 색깔의 비늘 잎은 영양분이 저장된 변형된 잎으로 식물이 자라고 꽃을 피우는데 필요한 양분을 저장하고 있다. 또한 알뿌리의 중심부에는 부드러운 어린 꽃눈이 보호되어 있어, 나중에 튤립의 잎과 꽃으로 자라게 된다. 따라서 튤립이나 양파의 알뿌리는 뿌리가 아니라 식물의 줄기와 잎이 변형된 것이다.

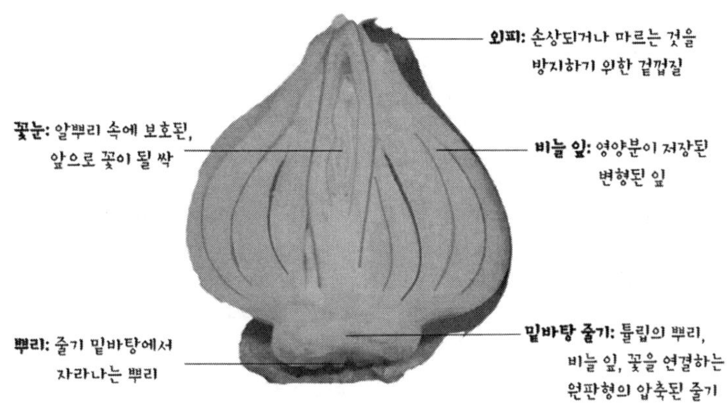

튤립 알뿌리의 구조

튤립 알뿌리의 크기는 대체로 중간 정도의 양파보다 작고, 겉껍질은 양파와 분명하게 구별된다. 얇은 튤립 알뿌리의 겉껍질은 한 겹이고, 그 표면에서 잎맥을 거의 볼 수 없다. 그에 비해 양파는 보통 겉껍질이 몇 장 겹쳐 있고, 잎맥도 뚜렷하게 보인다. 또한 양파는 대개 꼭대기에 줄기의 흔적을 볼 수 있지만, 튤립 알뿌리는 줄기의 흔적이 전혀 보이지 않는다. 또한, 튤립은 씨앗이 잘 생기지 않아 보통 알뿌리로 번식한다. 어미 알뿌리가 퇴화되고 그 안에 새로운 새끼 알뿌리를 만든다. 그에 비해 양파는 사람들이 식용으로 먹기 때문에 씨앗을 통해 번식시킨다.

튤립과 양파는 비늘줄기 알뿌리로 상당히 유사하여 튤립 알뿌리를 양파로 오인하고 식용할 가능성이 있다. 그렇지만 튤립의 알뿌리는 양파와는 달리 독성이 있어, 먹을 경우 사람이나 동물에게 위험하다. 특히, 튤립의 알뿌리를 맨손으로 잡았을 때 예민한 피부를 가진 사람은 가려운 발진을 일으킬 수 있다. 따라서 피부를 보호하려면 튤립 알뿌리를 만질 때 인조 고무장갑[1]을 착용하도록 학생들에게 주의를 주어야 한다.

1 천연 재질의 라텍스 장갑은 보호되지 않으므로 주의해야 한다.

교수 학습과 관련된 문제는 무엇인가?

여기에서는 교사가 미스터리 물체를 가지고 탐구 수업을 계획할 때, 적절한 탐구 문제와 자료는 무엇인지 살펴보고자 한다. 또한 증거에 기초한 과학적 사고력을 함양시키기 위하여 교사의 안내가 어떻게 제공되면 좋을지 살펴볼 것이다.

탐구 문제와 자료 선택에 대한 성찰

과학 탐구 수업의 목적은 학생들의 과학적 사고와 문제 해결력을 증진하기 위한 것이다. 교사는 학생들이 제시된 문제를 이해하고, 이를 해결하기 위한 방법을 탐색하고, 문제에 대한 답을 찾도록 격려한다. 학생들이 실험이나 관찰, 자료 조사 등의 과정을 통해 데이터나 정보를 수집하고 이를 비판적, 논리적으로 평가하고 종합하여 결론에 도달하도록 교사는 다양한 스캐폴딩을 제공해야 한다. 연구자들은 학생들의 탐구 과정을 촉진하기 위해서는 어떤 문제를 제시하는지가 매우 중요하다고 말한다. 어떤 탐구 문제는 문제 해결 과정이 간단하고 정답이 정해져 있는 문제도 있고 어떤 탐구 문제는 복잡하고 다양한 답이 해결책으로 제시될 수도 있다. 예를 들면, 식물의 성장과 빛의 관계에 대한 탐구 문제는 탐구 방법의 결정과 문제 해결 접근이 비교적 간단할 수 있지만, 기후 변화와 생태계 군집의 변화에 대한 문제는 탐구 문제의 구성, 자료의 준비와 제시, 적절한 교사-학생 간의 상호작용 등에 더 많은 교사의 주의가 요구된다. 교사는 단원 주제와 목표, 학생들의 흥미, 학생들의 탐구 경험과 능력, 수업 환경과 자료 상황에 따라 탐구의 수준과 범위 등을 결정하게 된다.

앞서 제시된 수업 이야기에서 교사는 미스터리 물체 탐구하기가 학생의 다양한 사고와 추론을 촉진하는 적절한 탐구 문제라고 생각하였다. 미스터리 물체를 관찰하고 추론을 유도하는 활동은 학생들의 기존 지식과 관찰 내용을 연결하고 추론 능력을 향상시키기 위해 탐구 학습에 자주 등장하는 내용이다[2]. 교사는 학생들이 미스터리 물체를 관찰하고 이를 통해 정보를 수집하고 이 정보를 바탕으로 결론에 도달하는 과정에서 과학적 사고를 발달시킬 수 있다고 생각하였다. 하지만 교사의 예상과는 다르게 학생들은 미스터리 물체를 피상적으로 관찰하고 양파라는 결론을 성급하게 내리려 했다. 교사는 탐구 문제 설정과 자료 선택에 대해 성찰하게 되었다. 미스터리 물체로 선정한 튤립 알뿌리가 적절한 것인지 돌아볼 필요가 있다. 어쩌면 튤립 알뿌리라는 것을 알려 주고 이 알뿌리가 무슨 역할을 하는지에 대한 탐구 문제를 제시할 수도 있을 것이다. 이 수업을 통해 교사는 적절한 탐구 문제와 탐구 자료를 제시하는 것은 학생의 탐구 활동에 매우 중요하다는 것을 다시 한번 생각하게 되었다.

하지만 미리 철저히 계획되고 준비된 수업에서도 학생들의 탐구 과정은 교사의 예상을 벗어난 방향으로 진행될 때가 많다. 교사가 학생의 반응과 탐구 활동 전개 양상을 모두 예상하고 수업을 준비하거나 계획하기는 어렵다. 따라서, 탐구 문제의 선정과 적절한 자료를 선택하는 것도 중요하지만 수업 중 교사의 주의깊은 관찰과 상황 판단 능력 또한 매우 중요하다. 이 수업에서 보여준 것처럼 교사는 학생들의 탐구 진행 상황을 인지하고 이에 적절한 스캐폴딩을 제공함으로써 학생들의 탐구 과정을 효율적으로 이끌기 위해 노력해야 한다.

논증 활동

이 수업에서 또 하나 주목할 것은 교사의 **논증** 활동이다. 학생들의 탐구 활동이 자신이 생각했던 방향으로 진행되지 않고 오개념이 생길 수 있다는 것을 감지한 교사는 **증거 기반 추론**을 위한 논증 활동을 강조하며 수업을 전개하고자 하였다. 논증 활동 수업의 주요 핵심은 학생들이 '결론이나 주장은 증거에 기반하여야 하며 증거가 없는 주장이나 결론은 신뢰되지 못하며 설득력이 없다'는 것을 이해하고 실행할 수 있도록 돕는 것이다. 학생들이 자신의 주장을 펼치는데 어떤 증거를 제시하고 왜 이 증거가 자신의 주장을 뒷받침하는 근거가 되는지, 어떻게 주장을 입증할 수 있는지를 논리적으로 설명할 수 있도록 강조한다.

---

2 미스터리 상자 활동은 '함께 생각해보는 과학 수업의 딜레마'(윤혜경 외, 2020, 북스힐) 딜레마 사례 14 '미스터리 상자'를 참고한다.

논증 활동에서는 툴민(Toulmin)의 논증 구조가 많이 언급된다. 툴민은 논증은 주장, 근거 또는 자료, 추론 규칙 또는 보장, 지원, 반박 또는 예외조건, 확신 정도와 같은 요소로 구성된다고 하였다. 이 중 가장 중요한 것은 주장은 반드시 자료(data)가 바탕이 되어야 하고 왜 이 자료가 주장을 뒷받침해 주는 중요한 증거가 되는지에 대한 설명이 반드시 따라 주어야 한다는 것이다. 툴민의 논증 요소가 다소 복잡하고 분석이 난해하다는 의견이 제기되면서 과학교육에서는 이 중 가장 핵심적인 요소만을 강조하여 학생의 논증 과정을 향상시키고자 하는 방안이 연구자들 사이에서 모색되었다.

주장-증거-추론(claim-evidence-reasoning: CER) 과정에서 학생들이 탐구 문제에 대하여 자신들의 주장을 제시하고(주장하기), 그 주장을 확인하기 위한 데이터나 정보를 수집한 후(증거 수집하기), 이 데이터나 정보들이 그들의 주장을 뒷받침하는지 아니면 주장을 바꾸어야 하는지 그 이유나 관련성을 설명해야 한다(추론하기). 이 과정을 통하여 학생들은 과학 탐구와 문제 해결 과정에서 주장에 대한 근거를 반드시 제시하여야 하고, 이 근거가 주장과 어떠한 관련이 있는지 추론하며 이를 설명해야 함을 배우게 된다. 미스터리 물체 탐구 수업에서 교사는 학생들의 주장과 반대되는 주장을 제시하면서 논증 활동을 펼쳐 나갔다. 학생들의 주장은 '미스터리 물체는 양파이다'였으며 교사의 주장은 '양파가 아니다'였다. 교사는 이 과정에서 '주장을 하기 위해서는 그 주장을 입증할 뚜렷한 증거를 제시하고 이를 설명할 수 있어야 한다'라고 강조하며 자신이 왜 양파가 아니라고 주장하는지 증거를 제시하였다. 교사는 양파라고 생각하는 증거로 냄새와 눈이 매운 현상을 제시하면서 이 현상들의 부재는 이 물체가 양파가 아니라는 것을 증명해 준다고 하였다. 교사의 주장에 대해 학생들은 왜 양파인지에 대한 증거를 내세웠다. 따라서 이 수업은 두 주장이 맞서는 흥미로운 논증 활동을 보여 준다.

- **학생 주장:** 양파이다 (주장 1); 왜냐하면 양파 모양, 껍질, 색깔이 같다. 눈이 시리다. 교사는 안경을 써서 눈이 보호되었다.(증거)
- **교사 주장:** 양파가 아니다 (주장 2 또는 반대 주장); 왜냐하면 양파 냄새가 없고 눈물이 나지 않는다.(증거)

이 논증 과정에서 학생들의 증거 역시 학생들 입장에서는 자신들의 주장을 확실히 설명해 주고 있었기 때문에 교사의 주장은 쉽게 받아들여지지 않았다. 이렇게 서로 다른 주장과 증거를 제시하는 경우 교사는 제시된 증거가 올바른 것인지 따져보고, 자신들의 생각을 다시 돌이켜보면서 상대방의 관점에서 미흡했던 부분을 찾아보도록 하는 것이 바람직하다. 이러한 논증 과정을 통해 학생들은 증거 수집과 추론의 필요성을 경험하면서 증거를 찾으려고 노력하고, 그 과정에서 과학적 사고력과 추론 능력이 발달될 것이라 기대할 수 있다.

확증 편향

문제 해결을 위해 데이터를 탐색, 수집하고 결론을 내리는 탐구 과정에서 탐구자의 기존 지식, 신념 등이 영향을 미치는 것은 이미 잘 알려져 있다. 예를 들어, 굴광성을 알고 있는 학생들은 빛의 방향에 따라 식물의 성장 방향이 변한다는 것을 염두에 두고 식물을 관찰하고, 데이터를 수집하기 때문에 자신들의 기존 지식과 어긋나는 데이터나 현상을 관찰했을 때 의아해 하게 된다. 그리고 자신들의 데이터 수집 상황을 다시 성찰하면서 자신들이 변인 통제 과정에서 무엇을 잘못하였을지 살펴보게 될 것이다. 이런 과정을 거치면서 학생들은 변인 통제의 중요성과 자신이 예상치 못했던 데이터에 대해 고찰하고 왜 이런 데이터가 나오게 되었는지 설명, 추론하는 과정을 거치게 된다. 이는 학생들의 신념, 기존 지식이 탐구 과정, 추론, 결론 도출 과정에 긍정적인 영향을 미치는 것을 보여 주는 예이다.

하지만 때에 따라서는 탐구자의 신념과 기존 지식이 탐구 과정을 방해하는 경우가 있다. 미스터리 수업에서 학생들은 처음부터 양파라고 확신하고, 양파 껍질과 모양, 색깔 등 양파의 특징에 맞는 증거에만 집중하는 모습을 보였다. 또한 눈물이 나는 것 같다고 하거나, 이상한 냄새가 난다고 하는 등 수집한 증거에 대한 해석을 왜곡시키는 모습도 보였다. 이러한 학생들의 모습은 자신들의 주장을 확증하려는 경향, 즉 기존 지식이 '**확증 편향**'으로 이어지고 있음을 보여준다. 확증 편향은 원래 가지고 있는 생각이나 믿음을 바탕으로 사물이나 현상을 관찰하고, 이를 통해 자신이 생각하고 믿고 있는 것을 확인하려 하거나 혹은 자신의 믿음과 생각과 일치하는 정보만 받아들이

려는 경향성을 말한다[3]. 앞에서 설명한 것처럼 신념, 기존 지식이 탐구 과정에서 영향을 미치는 것이 항상 나쁜 것만은 아니다.[4] 하지만 데이터 수집 과정에서 자신이 예상한 것과 다른 자료가 나오면 그것을 버리거나 실험 과정의 오류나 실수로 단정지으며 새로운 질문이나 데이터 해석에 대한 노력을 하지 않는 확증 편향은 경계할 필요가 있다.

---

3 손정열, 차희영 (2020). 과잉확신 인지편향에 따른 교수 실행 사례 연구: 과학교사의 진화 수업을 중심으로. 청람과학교육연구논총, 25, 53-72.

4 Koslowski, B. (2013). Scientific reasoning: Explanation, confirmation bias, and scientific practice. In G. J. Feist & M. E. Gorman (Eds.), Handbook of the psychology of science (p. 151 - 192). Springer Publishing Company.

실제로 어떻게 가르칠까?

미스터리 물체 알아맞히기 활동은 교사에게 탐구 학습에 대한 많은 질문과 성찰의 시간을 가지게 하였다. 이를 바탕으로 여기에서는 실제 교실 수업에서 생각해 볼 수 있는 구체적인 지도 방법을 수업 자료의 선택과 수업 전개 및 과학의 본성을 지도하는 측면에서 살펴본다.

수업 자료의 선택과 수업 전개

앞서 소개된 미스터리 물체 수업은 수업 자료와 탐구 문제의 구성, 학생들의 반응에 따른 교사의 가능한 수업 전개 방향, 학생들의 과학적 사고와 추론 지도 등 다양한 교수 학습 주제가 얽혀 있다. 미스터리 물체 수업에서 교사는 일상적인 경험을 바탕으로 한 학생들의 즉각적인 반응을 보고 증거에 기초한 과학적 사고를 증진시키기 위하여 튤립 알뿌리라는 소재가 적합했는지 의문을 가졌다. 양파라고 확신하는 학생들의 주장에도 근거가 있었기 때문에, 그에 대한 반증은 학생들의 호기심을 자극하는 도전적인 과제가 될 수 있다. 그런 의미에서 교사의 수업 소재 선택은 적극적인 토론을 유발하기 위한 적절한 것이었다고 할 수 있다. 다만, 학생들이 자신의 주장에 대한 여러 증거를 찾아내고, 그것을 비교하고 판단할 수 있도록 도와주는 일종의 디딤돌이 제공되지 못하여 적극적인 반증 활동이 이루어지지 못하였다. 이를 해결하기 위하여 수업의 진행 과정에서 교사가 활용할 수 있는 다양한 대안을 다음과 같이 생각해 볼 수 있다.

대체로 학생들은 퀴즈와 같이 무엇을 알아맞히는 게임을 좋아하지만, 활동 소재에 대한 지식을 학생들이 갖추고 있지 않다면 적극적인 활동을 유도하기가 어렵다. 즉, 학생들은 튤립 알뿌리에 대한 지식이 없으므로, 튤립 알뿌리를 알아맞히는 활동은 학생들의 적극적인 활동을 유도하기에 좋은 소재는 아니다. 그렇지만 친숙한 양파보다 튤립 알뿌리는 그것을 본 적이 없는 학생들에게 호기심을 자아낼 수 있는 적절한 재료가 될 수 있다. 다만 학생들은 그걸 알아내는 과정보다는 정답을 아는 것에 초점을 맞추기 쉽기 때문에, 피상적인 관찰과 경험에 의존하여 결론을 내리기 쉽다. 양파는 학생들이 흔히 접하지만, 깊이 있는 관찰을 해본 적은 별로 없을 것이다. 따라서 교사는 이 수업 전에 양파에 대한 관찰 활동을 진행하거나, 아니면 튤립 알뿌리와 양파를 함께 제공하여 두 물체가 같은 종류인지 알아내는 활동으로 진행할 수도 있다.

학생들의 호기심을 적극적으로 활용하는 또 다른 방법으로 학생들이 튤립 알뿌리를 양파라고 주장할 때, 교사는 학생들에게 양파를 제공하고 비교 관찰을 통하여 튤립 알뿌리가 양파라는 것을 확신할 수 있는 근거를 대도록 할 수 있다. 이때 학생들을 자신들의 생각에 따라 두 집단으로 나누어 토론하도록 한다. 만일 대부분의 학생들이 양파라고 생각한다면 교사는 전체 학생들을 대상으로 토론에 직접 참여할 수도 있다. 학생들은 앞에서 언급했던 것처럼 피상적인 관찰에 의존하여 겉모양이나 겉껍질의 존재, 냄새, 나이테와 같은 속모양 등과 같이 전반적인 특징만을 언급하기 쉽다. 따라서 교사는 두 알뿌리를 좀 더 자세하게 관찰할 수 있도록 적절한 질문을 통해 실마리를 제공하는 것이 바람직하다. 예를 들어, “두 알뿌리의 겉껍질은 서로 차이가 없나요?”, “종이처럼 얇은 겉껍질은 여러 장으로 겹쳐 있나요?”, “겉껍질에 어떤 무늬가 있나요?”, “알뿌리의 꼭대기에 무엇이 보이나요?”, “알뿌리의 속모양은 차이가 없나요?” 등과 같은 질문을 통해 알뿌리의 겉모습이나 속모양을 좀 더 자세하게 관찰하도록 유도할 수 있다. 그리고 그와 같은 관찰 결과를 토대로 두 알뿌리가 같은 종류인지, 다른 것인지 결론을 내리도록 한다. 만일 그래도 학생들이 계속 양파라고 주장하거나, 튤립 알뿌리가 양파가 아니라는 것을 알았지만 그것이 무엇인지 궁금해한다면 두 종류의 알뿌리를 화분에 심거나 수경 재배를 하도록 지도하면서 학급에서 계속 활기찬 토론이 일어날 수 있도록 하는 것이 바람직하다. 학생들은 나중에 튤립 꽃을 발견하기까지 많은 것을 배울 수 있을 것이다. 교사는 이렇게 학습이 연속적인 모험이 될 수 있도록 학생들을 안내하고, 자신들의 주장을 직접 관찰한 내용을 바탕으로 성찰할 수 있는 기회를 제공할 수 있다.

또 다른 접근방식은 물체 알아맞히기 활동보다는 식물의 구조 단원과 직접 연관있는 추론이 일어날 수 있도록 탐구 문제를 바꾸는 것이다. 막연한 관찰보다는 의미 있는 문제를 해결하기 위한 구체적인 관찰이 더욱 효과적이기 때문이다. 예를 들어, 뿌리, 줄기, 잎, 꽃, 열매나 씨앗과 같은 식물의 구조 중에서 알뿌리가 어디에 해당하는지 탐구하도록 하는 것이다. 교사는 제공된 튤립 알뿌리와 같은 식물을 둥글다는 의미로 알뿌리 또는 구근이라고 부른다고 설명하고 그것에 대해 들어보았거나 알고 있는지 물어본다. 이 과정에서 어떤 학생들은 그것이 양파와 비슷하다고 이야기할 수 있다. 그러면 양파는 식물의 구조 중에서 어느 부분에 해당하는지 질문할 수 있다. 많은 학생들은 알뿌리가 뿌리일 것이라고 말할지 모른다. 그러면 식물의 구조에 대한 중요한 특징을 이야기해 보도록 하고, 알뿌리는 어떤 특징이 있는지 모둠별로 다음과 같은 학습 활동을 통해 좀 더 자세히 관찰하고, 그 구조를 통해 식물의 어느 부분인지 추론해 보도록 한다.

학습 활동: 알뿌리의 구조를 탐색하기

❶ 알뿌리의 겉모습을 자세하게 관찰하고 그림을 그려서 그 특징을 서술하도록 한다.

- 알뿌리에 왜 겉껍질이 덮여 있는 것일까? (겉껍질이 없으면 어떤 일이 일어날 수 있나?)
- 알뿌리의 꼭대기와 밑바닥은 어떻게 다른가? (어떤 학생은 밑바닥에 달려있는 가느다란 몇 가닥의 뿌리를 발견할지 모른다. 나중에 수경 재배를 통해 뿌리가 자라나는 것을 관찰할 수 있다.)

❷ 플라스틱 칼로 알뿌리를 위에서 아래로 절단한 다음 알뿌리의 내부를 돋보기를 사용하여 탐색하고, 다시 그림을 그려서 그 특징을 서술하도록 한다.

- 알뿌리 내부의 색깔이나 구조에 차이가 있는가?
- 차이가 나는 부분을 표시하고 그것이 어떤 일을 하는 것인지 추측해 본다.

❸ 학생들에게 알뿌리 내부의 하얀 부분에 주목하게 하고 그 모양과 형태를 자세히 살펴보도록 한다. 이 부분은 식물의 어느 부분에 해당하는지 추리해 보도록 한다.

- 필요한 경우 둥글게 경계를 이루는 부분을 쪼개보도록 한다.
- 하얀 부분과 비슷한 모양이나 형태를 갖춘 부분은 식물의 어느 부분인가? (또는 식물의 어떤 부분이 보통 납작한 모양을 하고, 구부러지거나 휘어져 있는가?) 나중에 이 하얀 부분이 실제로 알뿌리의 잎에 해당한다고 설명할 수 있다.
- 추가 질문: 이 부분은 왜 다른 잎처럼 초록색이 아닐까?, 잎은 식물에서 보

통 어떤 기능을 하는가? 그러면 이 알뿌리는 왜 녹색 잎이 없을까?

❹ 알뿌리 한가운데를 돋보기로 자세히 살펴보고 그것이 무엇인지 추리해 보도록 한다.

- 알뿌리의 중심부는 어떤 특징이 있는가? (이것은 주변의 하얀 부분과 차이가 있는가?)
- (푸르스름한 노란 빛을 띠는) 이것은 무엇이라고 생각하는가?

❺ 이번엔 학생들에게 알뿌리의 밑동 부분을 주목하여 관찰하고 그 부분은 식물의 어느 부분에 해당하는지 추리해 보도록 한다.

- (옅은 황갈색으로) 둥글고 납작한 이 부분은 어디와 연결되어 있는가?
- 그것과 같은 역할을 하는 부분은 식물의 어느 부분인가? (또는 잎과 뿌리를 연결하는 부분을 무엇이라고 하는가?) 학생들은 줄기가 왜 그렇게 작은지 질문할지 모른다. 작은 식물의 줄기는 종종 길이가 짧을 수 있다.

❻ 학생들에게 알뿌리에 대한 자신의 그림을 다시 살펴보고, 각 부분(겉껍질, 잎, 꽃눈, 줄기, 뿌리)에 이름을 붙이고, 알뿌리가 무엇인지 간단하게 설명하도록 한다.

- 알뿌리에서 구분이 되는 각 부분은 어떤 일을 할까?

  예 벗겨지는 양파 잎처럼 두껍게 변한 잎을 비늘잎이라고 부른다. 비늘잎은 꽃눈이 자라는 데 필요한 양분을 제공한다.

- 알뿌리는 식물의 구조 중에서 어느 것에 해당하는가? 학생들이 알뿌리는 뿌리, 줄기, 잎을 포함하는 일종의 '압축된' 식물이라는 것을 이해하도록 도와준다.
- 이 알뿌리는 어느 식물일까? 이것이 양파인지 아닌지 어떻게 구별할 수 있을까? 학생들이 두 알뿌리를 자세히 비교 관찰할 수 있도록 도와주고, 필요한 경우 실제 화분에 심거나 수경 재배를 통해 확인할 수 있도록 한다. 식물의 한살이나 추가적인 탐구를 계속할 수 있도록 "튤립과 양파는 어떻게 번식할까?"라는 확장 질문을 던질 수 있다.

교사의 수업 계획, 적절한 자료의 선택과 준비도 중요하지만 예상치 못한 수업이 전개될 때 융통성 있게 대처하는 능력도 역시 중요하다. 수업 준비 과정에서 교사는 위의 사례와 같이 학생들이 어떻게 반응할지, 탐구 활동을 어떻게 전개해 나갈지에 대해 미리 예상해 볼 필요가 있다. 교사의 질문에 대한 학생들의 답변을 예상해 보거나 학생들이 놓치기 쉬운 증거를 미리 생각해 보고 학생들을 적절하게 안내할 방안도 마련해야 한다. 그렇지만 모든 준비에도 불구하고 수업은 그렇게 전개되지 않는 경우가 많다. 그렇다고 하더라도, 학생들이 탐구 활동을 통해 과학 지식과 과학적 사고력, 문제 해결력을 증진시키고 있다면 그 수업은 학생과 교사 모두에게 의미 있는 수업이 될 수 있을 것이다.

과학의 본성을 지도하기

과학의 본성에 대한 이해를 향상시키는 것은 과학 교육의 중요한 목표 중 하나이다. 앞에서 소개한 수업은 과학의 본성 중 '과학은 증거에 기초하여야 한다'와 '관찰은 이론 의존적이다'와 관련되어 있다. 탐구 과정에서 학생들은 관찰을 통해 정보를 수집하고 이를 중심으로 주장을 내세우고 결론에 도달하는 과정을 거치는데, 이때 교사는 학생들에게 '주장-증거-추론 과정'의 중요성을 강조하고 자신들의 생각을 '주장-증거-추론'으로 재구성해 보도록 한다. 예를 들어, "이것은 양파 같아요. 양파처럼 이것도 겉껍질이 있고, 속에 있는 하얀 것도 껍질처럼 벗겨져요. 양파와 같은 특징이 있지만 크기가 작은 것으로 보아 어린 양파같아요." 이와 같이 구체적인 예시를 제공하여 학생들이 자신들의 생각과 추론을 드러낼 수 있도록 하는 것이 바람직하다. 이 과정에서 다음 쪽에 제시된 그림과 같이 자신들의 증거를 표로 나타낼 수 있도록 지도하고, 각각의 증거가 자신들의 주장에 대한 확실한 정보인지 확인하도록 한다.

이렇게 서로 다른 주장과 증거가 제시되는 경우 중요한 일은 먼저 그 증거가 올바른 증거인지 따져보는 일이다. 예를 들어, 어떤 학생이 제시된 알뿌리에서 양파 냄새가 난다고 주장할 때 모든 학생이 그것을 인정할 수 있는지 확인해 보는 것이다. 이 경우에 다른 의견을 가진 학생을 비난하거나 잘못을 들추어내기보다는, 사람은 누구나 오류 가능성이 있다는 것을 받아들이고 자신의 주장이나 생각을 다시 돌이켜보는 기회를 갖도록 하는 것이 중요하다. 앞에서 언급했던 것처럼 많은 경우 관찰은 이론 의존적이기 때문에 다른 관점에서 증거를 다시 살펴보면 자신의 주장이나 관찰에서

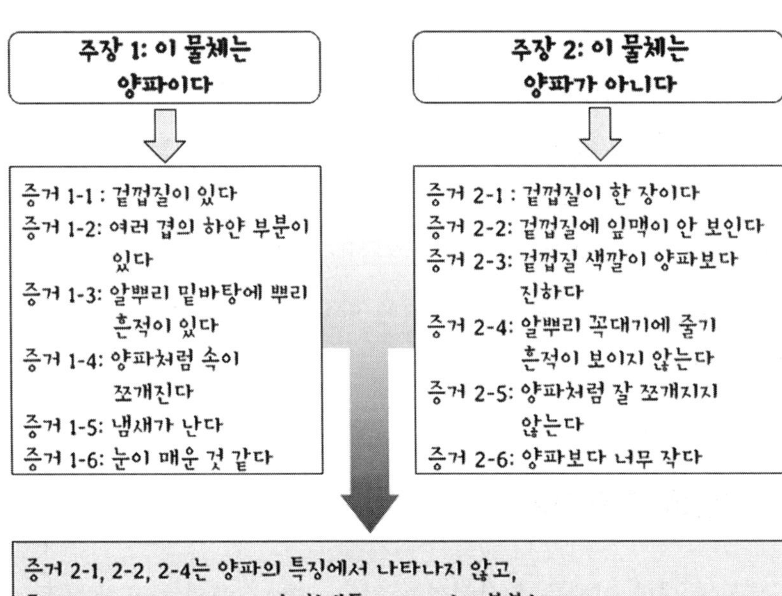

주장과 증거의 타당성 확인하기

미흡했던 부분을 깨달을 수 있기 때문이다.

그 다음은 증거가 올바르다면 그런 증거가 자신의 주장에 대한 결정적인 증거가 될 수 있는지 따져보는 일이다[5]. 논리적으로는 어떤 주장에 대한 확증 증거는 그렇지 않을 개연성이 있고, 단지 반증 증거만으로 어떤 주장을 반박할 수 있다. 그러나 자신의 생각이나 이론에 따라 동일한 증거를 다르게 해석할 수 있고, 증거와 관련된 어떤 사실이나 가정이 서로 다를 수 있기 때문에, 과학적 추론을 위해서는 여러 가능성을 검토하고 합리적인 판단을 내리도록 해야 한다. 예를 들어, 제시된 알뿌리의 겉껍질이 한 장이고, 양파는 여러 겹이기 때문에 그 알뿌리는 양파가 아니라고 결론을 내릴 수도 있지만, 제시된 알뿌리는 어린 양파이기 때문에 아직 겉껍질이 더 생기지 않은

5 증거의 타당성에 대한 논의는 '함께 생각해 보는 과학 수업의 딜레마'(윤혜경 외, 2020, 북스힐) 딜레마 사례 06 '촛불 연소와 수면 상승'(p.114-120)을 참고한다.

것이라고 추리할 수도 있다. 그래서 중요한 것은 어느 사람의 주장이 맞는지 틀리는지에 집중하기보다는 서로 어떻게 그런 주장을 하게 되었는지 이해하도록 하는 일이다. 이를 통해 탐구 문제에 대한 여러 가능성을 확인하고 자신이 생각하지 못한 측면들을 서로 깨닫도록 하는 것이 바람직하다. 이와 같은 토론 과정을 통해 설사 정답을 찾지 못하더라도 학생들은 자신들의 주장을 해결할 수 있는 또 다른 방안을 찾을지 모른다. 예를 들어, 위와 같은 논증 과정에서 학생들이 합의를 이루지 못하면, 제시된 알뿌리가 무엇인지 알아보기 위하여 실제로 알뿌리를 심어 재배해 보자는 의견이 나올 수 있다. 이것은 앞에서 언급한 것처럼 탐구 문제에 대한 해결뿐만 아니라 교사에게는 식물의 한살이나 번식과 관련된 학습 활동으로 자연스럽게 확장할 수 있는 기회를 제공하고, 학생들에게는 의미 있는 새롭고 놀라운 경험을 제공할 수 있다.

● 딜레마 사례 05

빛의 굴절

학생이 질문을 잘 하도록 하려면 어떻게 해야 할까?

6학년 과학에서는 빛의 굴절 현상을 다룬다. 나는 빛이 공기 중에서 물로 나아갈 때 경계에서 꺾이는 현상을 보여주기 위해 레이저 지시기, 수조, 물 등을 이용해 시범 실험을 진행했다. 레이저 지시기로 물이 든 수조 위쪽에서 아래쪽으로 여러 각도로 빛을 비추며 빛이 나아가는 모습을 학생들이 주의 깊게 관찰하도록 하고, 관찰한 내용을 그림으로 나타내도록 했다. 그리고 관찰한 내용과 관련해서 궁금한 것이 있는지 학생들에게 질문할 시간을 주었다. 그러나 질문을 하는 학생은 한 명도 없었고 한참만에 겨우 끌어낸 질문은 '왜 빛이 굴절하는가?'였다. '좋은 질문'이라고 생각했지만 나 자신이 이것에 자신 있게 답할 수 없었고, 또 이것은 초등 교육과정을 넘어서는 것이어서 과학적인 설명을 한다고 해도 학생의 지식 수준으로 이해하기는 어려울 것 같았다. 이런 경우 학생의 질문에 어떻게 대처해야 할까? 그리고 학생들이 수업 중에 질문을 잘 하도록 하려면 어떻게 해야할까?

1 과학 수업 이야기

초등학교 6학년 '빛과 렌즈' 단원에서는 빛의 굴절 현상을 학습하고 프리즘과 볼록렌즈의 특성을 학습한다. 교육과정에는 '빛이 유리나 물, 볼록렌즈를 통과하면서 굴절되는 현상을 관찰하고 관찰한 내용을 그림으로 표현할 수 있다.'는 성취 기준이 제시되어 있다.

빛이 공기 중에서 나아가다가 물로 진행할 때나, 반대로 물에서 나아가다가 공기로 진행할 때, 빛의 진행 방향이 바뀌는 것을 보이기 위해서 대개 레이저 지시기를 활용한다. 나는 학생들이 레이저 지시기로 장난을 칠까 걱정이 되어 시범 실험으로 수업을 하기로 계획했다. 실험 방법은 다음과 같았다.

우선 수조에 물을 넣고 그 물에 우유 한두 방울을 넣고 저어 주어 물이 약간 뿌옇게 보이도록 한다. 그리고 향을 피워 수조를 채운 후 투명한 아크릴 판으로 수조를 덮는다. 레이저 지시기로 수조 위쪽에서 여러 각도로 비추면서 빛이 나아가는 방향을 관찰하도록 한다. 그리고 수조의 일부가 책상을 벗어나도록 바깥쪽으로 2-3 cm 뺀 다음, 이번엔 수조 아래쪽에서 위로 레이저 지시기로 여러 각도로 비추면서 빛이 나아가는 방향을 관찰하도록 한다.

나는 빛이 비스듬하게 나아갈 때는 공기와 물의 경계면에서 꺾여 나아가지만 수직으로 나아갈 때는 경계면에서 꺾이지 않는다는 것을 여러 번 보여주었다. 그리고 학생들에게 관찰한 내용을 「실험 관찰」 책에 그려 넣도록 했다. 레이저 지시기를 활용해서 빛의 진행과 굴절 현상을 효과적으로 관찰하도록 한 것 같아 내심 수업에 만족하였다.

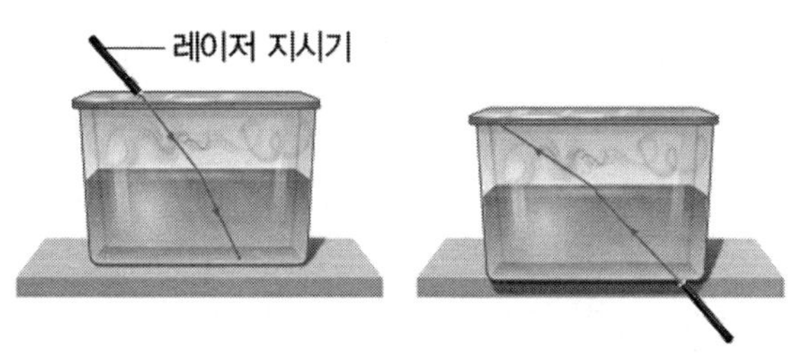

빛의 굴절 실험

과학 수업에서는 학생들이 실험에 참여하는 것도 중요하지만, 실험 후에 발표나 토론에 적극적으로 참여하는 것이 중요하다. 나는 학생들이 신기한 빛의 굴절 현상을 직접 관찰하였으므로 이와 관련해서 궁금한 것이 많을 것이라고 예상했다.

"자, 이제 빛의 굴절 현상을 충분히 관찰했으니, 이것과 관련해서 여러분이 궁금한 것을 질문해 봅시다. "

그런데 어찌된 일인지 손을 들고 질문하는 학생이 하나도 없었다. 평소에도 학생들이 질문을 많이 하는 편은 아니었지만 한 명도 질문하는 학생이 없어 왠지 내가 수업을 잘못하고 있는 것 같은 느낌이 들었다. '수조의 물에 왜 우유를 한두 방울 떨어뜨리는지, 향 연기로 왜 수조를 채우는지, 그리고 아크릴 판으로 수조를 덮는 이유는 무엇인지, 레이저가 아니라 그냥 손전등의 빛으로 실험을 하면 안 되는지, 왜 빛이 경계면에 비스듬하게 진행할 때만 꺾이는지, 빛이 공기 중에서 유리로 들어갈 때도 꺾이는지' 등 질문거리가 많이 있을 것 같은데 학생들은 아무런 말이 없었다. 그래서 한 학생을 직접 호명하여 궁금한 것이 있는지 물어보기로 하였다.

"왜 질문이 없을까? 선생님이 보았을 때 민정이가 실험을 굉장히 열심히 했는데 민정이는 궁금한 것이 하나도 없나요?"

민정이는 머뭇거리다 겨우 작은 목소리로 질문했다.

"선생님, 왜 빛이 꺾이나요?"

나는 마지못한 민정이의 질문을 크게 칭찬해 주었다.

"와, 정말 훌륭한 생각을 했어요. '왜' 그런지 생각하고 그에 대한 답을 찾아가는 것이 진정으로 과학을 하는 마음이에요. 여러분도 왜 그런지 궁금하지 않나요?"

그러나 정작 그 다음에 어떻게 해야 할지 막막했다. 나 자신도 빛이 굴절하는 이유를 정확하게 알지 못했고, 다음 시간에 내가 조사해 와서 알려준다고 해도 그 내용은 초등 교육과정 수준을 훨씬 넘어서는 것이기 때문에 학생들이 잘 이해할 수 있을 것 같지 않았다. 그렇다고 학생이 궁금해하는 것을 아무 말도 없이 그냥 지나치는 것도 바람직하지 않은 것 같았다.

> "과학은 이렇게 민정이처럼 자연 현상을 관찰하면서 생긴 의문을 해결하는 것이지요. 그런데 왜 빛이 꺾이는지 이해하려면 빛에 관해서 더 많이 알아야 해요. 예를 들어, 파동에 대해 알아야 하는데… 중학교나 고등학교에서 그것에 대해 좀 더 많이 공부해야 설명이 가능할 것 같아요. 우선은 빛이 다른 물질로 들어갈 때 꺾이는 현상, 굴절 현상이 일어난다는 것만 잘 알아두도록 합시다."

결국 민정이의 질문을 칭찬하긴 했지만 그 '답'은 피한 채 우물쭈물 얼버무리고 수업을 마무리했다. 학생들의 질문이 좀 더 많았다면 수업이 더 활기찼을 텐데 하는 아쉬움도 있었고, 민정이의 질문을 제대로 다루지 못한 것도 내내 마음에 걸렸다.

이 수업을 하고 나는 다음과 같은 의문이 들었다.

- 빛은 매질이 달라지면 왜 굴절 현상이 일어날까?
- 학생들은 궁금한 것이 있어도 왜 질문을 하지 않을까?
- 질문이 교육과정이나 학생의 지식 수준을 넘는 경우에도 학생의 '왜'라는 질문에 교사가 답을 해 주는 것이 좋을까?

과학적인 생각은 무엇인가?

이 절에서는 빛이 서로 다른 매질을 비스듬하게 통과할 때 왜 굴절하게 되는지를 다양한 비유를 통해 좀 더 심층적으로 살펴볼 것이다.

빛의 굴절

빛은 공기와 같이 그 속력이 빠른 매질에서 물이나 유리와 같이 그 속력이 느린 매질로 진행할 때나 그 반대로 진행할 때, 그 진행 방향이 바뀔 수 있다. 빛이 이렇게 두 매질의 경계면에서 그 진행 방향이 바뀌는 것을 **굴절**이라고 한다. 예를 들어, 빛이 유리창을 통과할 때 어떻게 되는지 살펴보자. 빛이 유리창과 똑바로 수직하게 만나면 빛은 유리를 통과해 똑바로 진행한다. 그러나 빛이 유리창과 비스듬하게 만나면 빛은 직진하지 않고 유리로 들어가거나 통과해 나올 때 그 방향이 바뀐다. 예를 들어, 아래 그림의 왼쪽에서 A점에서 나온 광선이 유리와 비스듬하게 부딪치면 광선은 그 경계점에서 유리면에 수직한 법선[1]에 가깝게 구부러져 유리를 지나간다. 그 광선이 다시

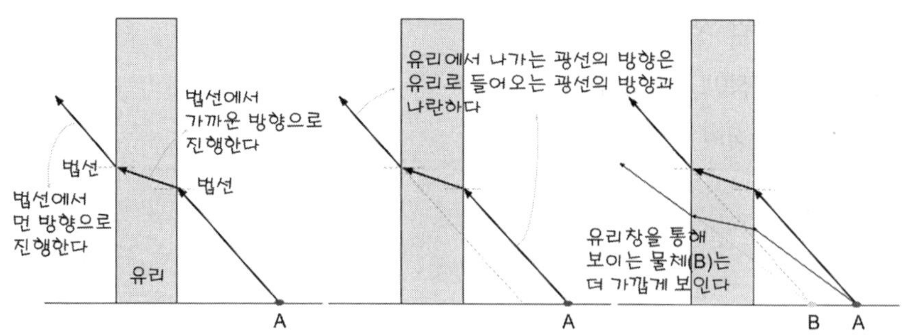

유리창의 경계면에서 방향이 꺾이는 광선

1 입사 광선, 반사 광선 및 굴절 광선을 이야기할 때 접선보다는 법선을 기준으로 하는 이유는 어떤 면에 접하는 접선은 무수히 많지만, 그 면에 수직한 법선은 유일하게 하나이기 때문이다.

유리에서 공기로 통과할 때 광선은 다시 그 경계점에서 방향이 바뀐다. 그러나 이번에는 법선에서 먼 방향으로 광선이 진행한다. 이때 유리에서 나가는 광선의 방향은 중앙에 있는 그림처럼 유리로 들어오는 광선과 평행하다. 그래서 유리에서 나아가는 광선은 유리로 들어오는 광선과 나란하게 약간 이동한다. 따라서 A점에서 나오는 광선들은 유리를 통과하여 모두 왼쪽으로 조금 평행 이동하게 되므로 유리창 밖에서는 광선들이 마치 B점에서 나오는 것처럼 보이게 된다. 그래서 유리창을 통해 물체를 보면 물체가 실제보다 조금 더 가깝게 보이게 된다. 유리의 두께가 얇은 경우에는 그 차이가 거의 나지 않지만, 두꺼운 경우에는 쉽게 알 수 있을 정도로 차이가 난다.

빛이 굴절하는 이유

그러면 빛이 서로 다른 매질을 비스듬하게 통과할 때 굴절하는 이유는 무엇일까? 앞에서 언급한 것처럼 그것은 **빛의 속력**이 **매질**에 따라 달라지기 때문이다. 빛은 진공 중에서 가장 빠르고 다른 물질 속을 지날 때는 빛과 그 물질의 상호작용으로 속력이 느려진다[2]. 빛의 속력은 공기 중에서는 진공과 거의 차이가 나지 않지만, 물속에서는 그 속력이 약 3/4으로 줄고, 유리 속에서는 약 2/3로 줄어든다. 그런데 빛이 물질과 상호작용한다는 뜻은 무엇인가? 그리고 빛의 속력이 달라지면 왜 굴절하는가?

첫 번째 질문에 답하려면 빛이 어떻게 생기는지 알아야 한다. 보통 빛은 물질이 매우 뜨겁게 가열되었을 때 발생한다. 물질은 기본적으로 원자로 이루어져 있는데, 물질이 에너지를 얻어 뜨겁게 가열되면 원자를 이루고 있던 전자들이 높은 에너지 상태에 도달하게 된다. 이렇게 높은 에너지 상태에 있던 전자들이 더 낮은 에너지 상태로 되돌아갈 때, 그 차이에 해당하는 에너지가 빛이 되어 물질로부터 방출된다. 이런 빛은 일종의 파동으로 전자기장의 진동이 공간을 통해 퍼져 나가는 것이다. 그래서 이 빛이 다시 물질과 만나면 전자기적 상호작용으로 빛이 물질에 일부 흡수되거나 반사되기도 하고, 일부는 통과하기도 한다. 빛은 물질을 통과할 때도 일단 물질에 흡수되

2 빛을 입자로 생각한 뉴턴은 빛이 물질을 통과할 때 물질이 빛을 잡아당겨 오히려 그 속력이 증가할 것이라고 잘못 생각했다.

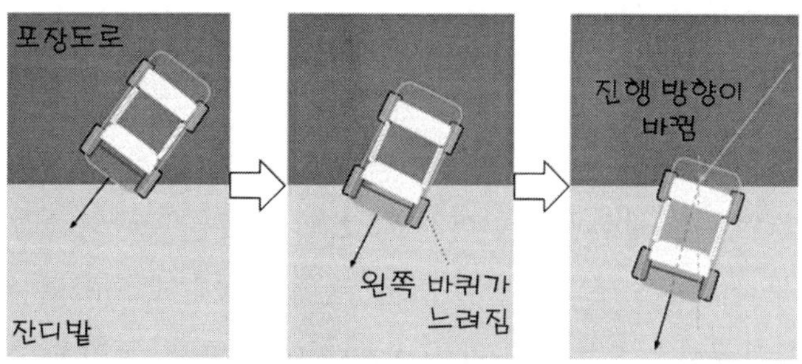

포장도로를 달리던 자동차가 포장도로에서 벗어나 잔디밭으로 비스듬하게 진행하면, 잔디에 닿은 바퀴가 속력이 느려지면서 자동차는 진행 방향이 위와 같이 바뀌게 된다.

굴절에 대한 자동차 비유

어 전자들의 에너지가 높은 상태가 되었다가 다시 낮은 상태로 되면서 빛이 다시 방출된다. 이런 과정은 순간적으로 이루어지지 않기 때문에 빛은 물질을 통과하면서 그 속력이 느려지게 된다.

이번엔 빛의 속력이 달라지면 왜 굴절하는지 두 번째 질문에 답하기 위해 빛을 자동차에 비유하여 설명해 보자. 예를 들어, 포장도로를 일정한 속력으로 달리던 자동차가 도로를 벗어나 위의 그림처럼 잔디밭으로 비스듬하게 진행하는 경우를 생각해 보자. 이때 자동차의 왼쪽 바퀴가 잔디밭에 먼저 닿으면 왼쪽 바퀴는 오른쪽 바퀴보다 속력이 느려지므로 자동차는 진행 방향으로 볼 때 왼쪽으로 그 방향이 구부러지게 된다. 이렇게 자동차가 속력이 느린 곳으로 진행할 때, 맨 오른쪽 그림처럼 자동차는 그 진행 방향이 경계면에 수직한 법선 방향에 가깝도록 꺾인다.

비슷한 원리로 빛도 그 속력이 달라지는 매질을 통과할 때 굴절하는 것이다. 또 다른 비유로 학생들이 대열을 이루어 행진하는 경우를 생각해 보자. 이것은 운동장에서 경계선을 그어놓고 실제로 수행해 볼 수 있다. 학생들이 운동장에서 대열을 이루면서 일정한 속력으로 행진하는 경우, 다음 쪽의 그림과 같이 모래밭과 경계를 이루는 경계선에 비스듬하게 진행한다고 가정한다. 이때 모래밭에 먼저 닿은 학생들은 그 대열 중에서 운동장에 있는 학생보다 행진 속력이 느려지면서 경계선에서 그 대열이 일직선이 되지 못하고 그림처럼 꺾인다는 것을 알 수 있다. 그래서 결국 학생들의 대열은 속력이 느려지는 모래밭으로 들어가면 그 진행 방향이 바뀌게 된다.

그래도 어떤 학생들은 빛이 속력이 달라지는 매질 속에서 왜 그렇게 구부러지는지

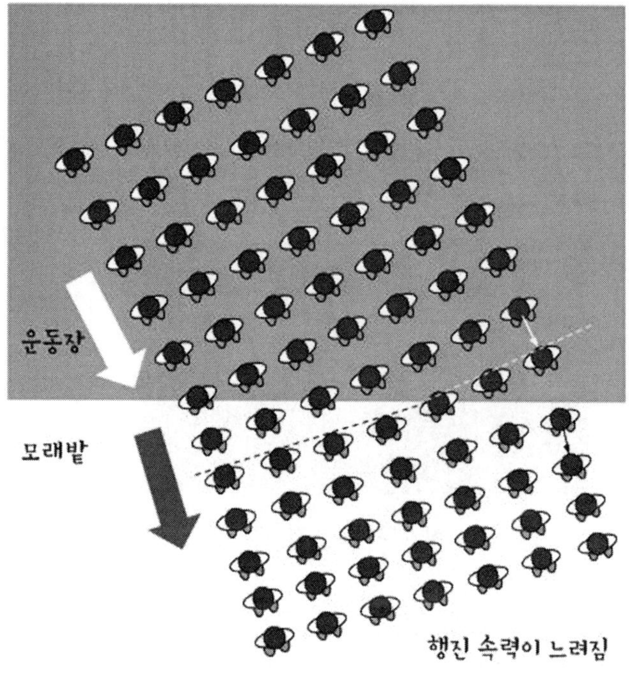

굴절에 대한 행진 대열의 비유

궁금해할지 모른다. 이것을 위해 또 다른 비유를 생각해 볼 수 있다. 예를 들어, 114쪽 그림과 같이 해변가에서 A지점에 있는 사람이 바다의 B지점에 빠진 사람을 보고 가능한 빨리 구해낼 수 있는 경로를 생각해 보자. 이 사람이 모래 사장에서 달릴 수 있는 속력은 3 m/s이고, 바다에서 헤엄치는 속력은 2 m/s라고 해보자. 물에 빠진 사람에게 가능한 한 빨리 접근하기 위해서는 바다 속에서는 모래 사장보다 속력이 느리기 때문에 가능하면 헤엄치는 거리는 짧은 것이 좋을 것이다. A지점에서 바다까지의 최단 거리인 AA'는 400 m이고, B지점에서 육지까지의 최단 거리인 BB'도 400 m이며, A'B'의 거리도 400 m라고 해보자. 이때 A−A'−B로 이동할 때 걸리는 시간을 계산해보면 약 416초(6.9분)가 걸리고, AB'B로 이동할 때 걸리는 시간을 계산해보면 약 389초(6.5분)가 걸린다는 것을 알 수 있다. 역시 헤엄치는 거리가 짧을수록 시간이 적게 걸린다는 것을 알 수 있다. 이번엔 ACB, 즉 A에서 B까지 제일 짧은 거리인 직선 경로를 택하는 경우 걸리는 시간을 계산해보면 372.5초(약 6.2분)이 걸려 이동 시간이 더 짧아진다.

그러면 이것이 제일 시간이 짧은 경로일까? 바다와 육지의 경계선을 따라 C점에

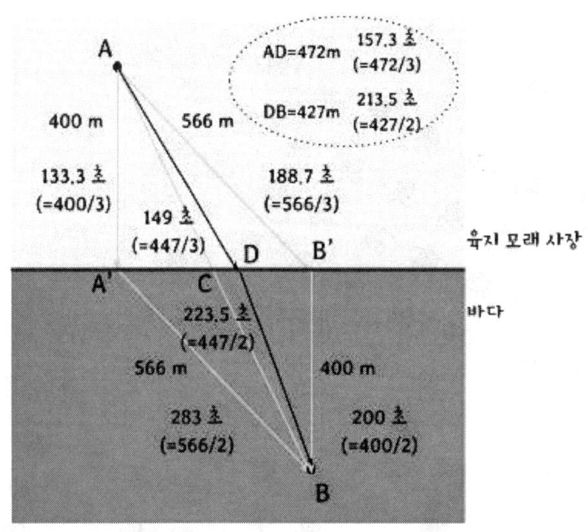

최소 시간이 걸리는 경로

서 조금 더 오른쪽으로 이동하면 모래 사장에서 달리는 거리는 늘지만, 바다에서 헤엄치는 거리가 줄어든다. 따라서 이동 시간을 더 줄일 수 있지 않을까? 예를 들어, C점에서 50 m 이동한 D점을 거쳐 B로 접근하는 경로(ADB)를 살펴보자. 이 경우 육지에서 AD의 거리는 472 m로 AC보다 늘어나고, 바다에서 BD의 거리는 427 m로 BC보다 줄어든다. 이때 이동 시간을 계산하면 약 370.8초로 직선 경로로 이동할 때보다 시간이 약 1.7초 단축된다는 것을 알 수 있다. 사실 바다나 육지에서의 속력이 거의 같다면 AB의 직선 경로를 따라 이동하는 것이 제일 빠르다. 그러나 육지에서의 속력이 바다보다 훨씬 크다면 최단 시간이 되는 D점은 B'쪽으로 이동하게 된다. 그래서 두 지역에서 속력의 차이가 있다면 직선 경로를 택하는 것보다 이동 거리가 길어져도 구부러진 경로를 택하는 것이 이동 시간을 더 줄일 수 있게 된다. 이와 마찬가지로 빛도 어떤 지점 A에서 B로 이동할 때 최대한 빨리 이동할 수 있는 경로를 택한다.[3] 그래서 속력이 다른 두 매질의 경계면에서 빛의 경로가 구부러진다. 이것은 자동차로 도로를 이동할 때 이동 거리가 조금 멀더라도 교통이 막히는 도로보다 빨리 도착할 수 있는 도로를 택하는 경우와 같다. 실제로 빛은 물질과의 작용이 최소가 될 수 있

---

3 이것을 페르마의 원리라고 한다. 이 원리를 이용하여 굴절에 대한 스넬의 법칙을 유도할 수 있다. 이것은 작용량이 극소가 되는 최소 작용의 원리(해밀턴의 원리)로 확장될 수 있다.

는 그런 경로를 택한다는 것이다.

그렇지만 빛은 어떻게 여러 경로 중에서 그 경로가 제일 짧다는 것을 알 수 있는가? 빛이 가보지 않은 길을 미리 아는 것은 아니고, 양자역학적인 관점에서 사실 빛은 A점에서 B점으로 이동할 수 있는 모든 경로를 이동할 수 있다. 다만 이런 관점에서 빛은 입자이면서 파동이기[4] 때문에 그 경로는 의미가 없지만, 최단 시간이 되는 경로를 제외한 다른 모든 경로에서는 파동의 결이 어긋나 서로 소멸 간섭이 일어난다. 따라서 최단 시간이 되는 경로에서만 빛을 검출하게 된다는 것이다.

하위헌스(Christiaan Huygens)의 원리

빛을 입자라고 생각했던 뉴턴과는 달리 네덜란드의 하위헌스는 빛이 **파동**이라고 주장했다. 빛의 굴절은 파동의 관점에서 좀 더 잘 설명된다. 잔잔한 호수에 돌을 던지면 수면파가 생기고 수면파는 동심원 모양으로 퍼져 나간다. 빛도 수면파와 유사한 파동이며 광원에서 빛을 내보내면 빛의 파면은 구면파로 동심원 모양으로 사방으로 퍼져 나간다. 수면파는 물이 진동하는 역학적 파동이고, 빛은 전자기파로 공간에 형성된 전기장과 자기장의 진동이 전달되는 것이지만 파동이라는 점에서는 같다.

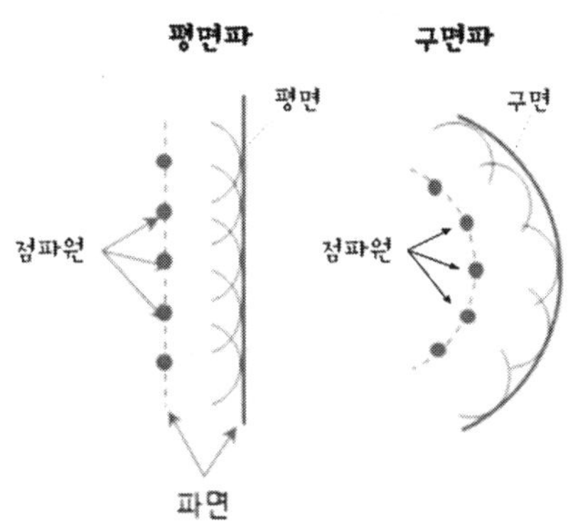

평면파와 구면파의 이차원 표현

파동을 만들어 내는 것을 **파원**이라고 하고, 파동이 진행하면서 진동하는 매질의 변위가 같은 점들로 이루어진 면을 **파면**이라고 한다. 수면파의 경우 진동하는 물의 높이가 같은 면이 파면이라고 할 수 있다. 한 점이 파원인 파동의 파면은 공간 전체로 퍼지면서 공 모양의 표면을 이룬다. 하위헌스의 원리는 파면 위의 모든 점들이 다시 파동이 퍼져나가는 새로운 **점파원**이라고 생각할 수 있다는 것이다. 따라서 파면 위의

---

4 이런 이중적인 성질을 갖는 물질을 양자(quantum)라고 한다. 빛의 경우 광양자라고 한다.

모든 점파원에서 발생한 파동은 서로 결이 맞는 간섭을 통해 앞 쪽의 그림과 같이 평면파는 새로운 평면파를, 구면파는 새로운 구면파를 발생시킨다. 이와 같은 하위헌스의 원리를 이용하면 빛의 굴절 현상이 일어나는 이유를 잘 설명할 수 있다. 한 점이 파원인 경우 파면은 구면이 되지만, 아주 멀리서 온 파동의 파면은 평면을 이룬다. 광원이 태양이라면 지구에서 멀리 떨어져 있어 지구에 도달할 때는 빛의 파면도 평면파[5]에 가깝게 된다. 레이저에 의한 빛의 파면도 평면파에 가깝다고 할 수 있다.

아래 그림은 공기 중에서 물로 입사하는 레이저 광선의 평면파와 빛이 사방으로 퍼지는 광원의 구면파를 평면적으로 표시한 것이다. 빛의 진동수는 매질에 관계없이 변하지 않는다. 빛의 속력이 물속에서 느려지기 때문에 물에서는 파면 사이의 간격, 즉 빛의 파장은 공기 중에서보다 더 짧아진다[6]. 이 왼쪽 그림에서 공기 중에서 진행하는 파면은 일정한 간격으로 수면으로 진행한다. 이때 왼쪽부터 차례로 수면에 먼저 도달한 파면의 일부는 새로운 점파원이 되어 물속으로 파동을 전파한다. 이들 점파원에서 생긴 파동은 결이 맞는 간섭으로 느린 속도로 퍼져나가는 평면파를 형성한다. 따라서 파면 사이의 간격이 공기 중에서보다 좁아지고, 진행하는 방향은 원래의 방향과 달라지게 된다. 오른쪽 그림은 광선이 수면과 어떤 각도로 만나면 어떻게 구부러져 진행하는지 보여준다.

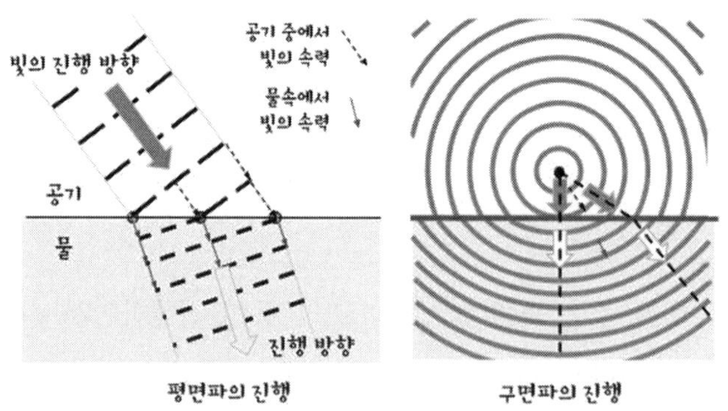

두 매질 속에서 평면파와 구면파의 진행 모양

5 이차원적으로 평면파는 직선으로 표시되고, 구면파는 곡선으로 표시된다.

6 빛의 속력은 빛의 파장과 진동수를 곱한 값과 같다. 따라서 진동수가 변하지 않으면 매질 속에서 빛의 속력은 그 파장으로 알 수 있다.

교수 학습과 관련된 문제는 무엇인가?

이 절에서는 학생의 질문이 교수 학습 과정에서 왜 중요한지, 교사가 어떻게 학생의 질문을 독려할 수 있는지 구체적인 방안을 살펴볼 것이다.

학생 질문의 역할과 중요성

학생의 **질문**은 과학 탐구와 유의미 학습에서 중요한 역할을 한다. “나무들은 왜 그 뿌리의 찬란함을 숨기지?”[7]와 같이 사실 좋은 질문을 생각해내는 일은 일종의 창조적인 행위이고, 매우 중요한 과학 활동이기도 하다. 실제로 질문하기는 문제해결이나 의사결정 과정, 창의적 사고, 비판적 사고 활동 등과 관련된 사고 과정의 일부이다. 그래서 수업 중에 학생이 질문을 한다는 것은 학생이 학습 내용에 대해 생각하고 있고, 그것을 자신들의 지식과 연결짓기 위해 노력하고 있다는 것을 뜻한다. 그것은 지식의 부조화나 불일치를 해결하고 확장하려는 욕구로 주변 세계에 대한 호기심이나 실제적 문제에서 비롯된다. 이러한 학생의 질문은 학습자 자신뿐만 아니라 교사들에게도 여러 측면에서 도움이 된다(Chin & Osborne, 2008)[8]. 그러면 과학을 공부하는데 있어, 그리고 과학을 가르치는데 있어 학생의 질문은 어떤 역할을 하는가?

먼저 학생의 질문은 의미 있는 학습과 사고를 촉진시키는 역할을 할 수 있다. 학습은 학습자에게 전달된 지식을 수동적으로 습득하는 것이라기보다 자신의 의미를 능동적으로 구성하는 과정이다. 예를 들어, ‘왜 물에 우유 방울을 떨어뜨리지?’와 같이 학습 과정에서 학생이 제기한 질문은 빛에 대한 자신의 이해를 점검하고 평가하며, ‘빛을 본다’는 것의 의미를 정교하게 다듬도록 도와준다. 질문을 통해 학생은 자신이

7 파블로 네루다(2013). 질문의 책(정현종, 역). 파주: 문학동네.

8 Chin, C. & Osborne, J. (2008). Students' questions: a potential resource for teaching and learning science. Studies in Science Education, 44(1), 1-39.

이해한 것을 표현하고, 답을 추구하는 과정에서, 예를 들어, 반사 개념이나 어두운 교실에서 본 햇살과 같이 자신의 경험이나 다른 생각과 연관을 지으며, 자신이 무엇을 아는지 모르는지 깨닫게 된다. 다시 말해, 학습 과정에서 스스로 질문하는 행위는 자신의 생각을 준비하기 위한 디딤돌이 되어 깊이 있는 사고를 촉발하도록 도와준다. 따라서 질문은 학생들의 마음을 학습에 적극적으로 끌어들이는 중요한 역할을 한다. 또한, 질문을 던지는 행위는 학생의 호기심을 불러일으키고 탐구 중인 활동에 동기와 관심을 일깨운다. 그래서 학생들은 우유 방울을 떨어뜨리지 않고 실험해 보거나, 주스나 잉크를 떨어뜨리면 어떻게 될지 궁금해한다.

또한, 발화된 학생의 질문은 자신뿐만 아니라 학급의 다른 학생들을 자극하여 교실 담화에서 토의와 논쟁을 증진시킬 수 있다. 예를 들어, "선생님, 레이저 빛은 물에서 반사도 되나요?"와 같은 질문은 빛이 거울이 아닌 다른 물질에서도 반사가 되는지와 같은 논쟁을 촉발시킬 수 있다. 또한, 협업을 통해 과제를 해결하기 위해 친구들과 이야기하는 과정에서 생긴 질문은 학습자가 공동으로 지식을 구성하도록 돕고, 그에 따라 생산적 토의가 이루어지도록 한다. 예를 들어, 학생들이 '벽에 걸린 거울이 왜 흰 벽보다 어둡게 보일까?'라는 과제를 해결하기 위해 벽과 거울에서 반사된 빛의 세기를 측정하였다. 그런데 빛의 세기는 측정 방향과 위치에 따라 달라졌고, 거울보다 흰 벽에서 나온 빛이 더 밝은 경우가 많았다. '손전등을 비추면 어떨까?'라는 한 학생의 질문에서 출발한 반사에 대한 논쟁을 통해 학생들은 자신들의 생각을 정리할 수 있었고, 두 종류의 반사가 있다는 것과 물체와 상을 보는 것 사이의 차이를 깨닫게 되었다.

학생의 질문은 또한 교사들에게 학생의 생각을 이해하고 진단하도록 도와주고, 자신의 수업에 대한 비판적 성찰을 유발한다. 예를 들어, 레이저 빛은 물에서 반사가 되냐고 묻는 학생의 질문을 통해 교사는 학생들이 빛의 반사를 단지 거울에 한정하여 관련짓는다는 것을 깨달을 수 있었고, 자신의 수업에서 반사의 다양한 사례나 '보는 것'에 대한 지도가 미흡했다는 것을 알게 되었다. 또한, 교사는 학생의 질문을 활용하여 추가적인 탐구를 자극하거나 자신의 수업에 통합할 수 있고, 토론을 자극하는 '사고 촉진제'로서 그런 질문을 사용할 수 있다. 예를 들어, '벽에 걸린 거울이 왜 어둡게 보이지요?'라는 학생의 질문을 토대로 교사는 흰 벽과 거울 중 어느 것이 반사를 잘하는지 토론을 유도할 수 있을 것이다. 앞에서 언급했던 것처럼 질문은 또한 상위 수준의 사고와 관련이 있다. 따라서 교사는 상위 수준의 사고를 평가하는 수단으로 제시된 과제에서 학생들의 질문 제기 능력을 활용할 수 있다.

학생이 질문하지 않는 이유

학생의 질문은 수업을 생동감 있게 만든다. 학생의 질문 행위는 단순히 교사로부터 '정보'를 얻는 것뿐만 아니라, 교사의 관심을 받고 싶기 때문일지도 모른다. 더구나 협업 과제에서 나타나는 질문은 학생이 공동체와 소통하고, 공동체의 지식 구성 과정에 적극적으로 참여하고 있다는 것을 보여주는 긍정적 신호이다. 학생의 질문은 학생의 이해 수준이나 인식을 반영하기 때문에, 교사가 학생의 질문을 잘 이해하고 그에 적절한 도움말(피드백)을 제공하거나 그에 따른 후속 활동을 이어가는 것은 수업의 핵심이다.

그러나 과학 수업 중 학생들이 질문을 활발하게 하는 경우는 많지 않다. 특히 3, 4학년보다 5, 6학년 고학년이 되면서 학생의 질문은 매우 줄어든다. 왜 학생들은 질문을 하지 않을까? 거기에는 질문을 방해하는 몇 가지 개인적, 심리적, 사회적 장애물이 있기 때문일 것이다. 예를 들어, 개인적인 차이에 따라 어떤 학생은 쉽게 질문을 하지만, 질문하는 것을 어렵게 생각하는 학생도 있을 수 있다. 또한, 어떤 주제에 대한 호기심도 개별적으로 다를 수 있다. 그리고 어떤 학생은 궁금한 것을 참을 수 없어서 질문하지만, 어떤 학생은 잘 모르더라도 불편하지 않기 때문에 질문의 필요성을 느끼지 않을 수 있다. 그렇지만 앞의 수업 사례와 같이 학생들이 모두 입을 다물고 있는 경우에는 개인적인 것보다는 심리적이거나 사회적인 장애가 있기 때문일 것이다. 학생들은 질문을 하고 싶지만, 학급의 분위기나 상호작용 형태에서 교사나 다른 학생으로부터 비난이나 조롱을 받기 쉽기 때문에 그것을 피하려고 하는지 모른다. 그렇지 않다면 학생들이 주제와 관련하여 어떤 종류의 질문을 어떻게 해야 하는지 모르기 때문일 수도 있다.

예를 들어, 인지적인 측면에서 수업 내용이 너무 쉽거나 너무 어려운 경우에 질문이 없을 수 있다. 보통 성취 수준이 너무 낮거나 높은 학생보다 평균적인 학생이 질문을 더 많이 하기 쉽다(Good 등, 1987)[9]. 너무 쉬우면 질문할 만큼 학습 의욕이 없거나 다른 학생으로부터 무시 받을까 두려워서 피하기 쉽고, 또 너무 어려우면 어떤 질문을 해야 할지 모르기 때문이다. 학생의 흥미와 지식 수준에 적절한 수업 내용이나 학습 주제를 다루는 것은 학생의 질문을 촉진하기 위한 첫 번째 조건이다. 특히 초등학교에서는 다양한 사물, 동식물, 자연 현상을 다루게 되는데 학생들에게 생소한 것보다는 익숙한 것을 새로운 관점에서 관찰하거나 생각해 볼 수 있도록 하는 것이 질문을 끌어내는데 효과적이다. 예를 들어, 앞의 수업 사례에서 레이저를 사용하기 전에 먼저 학생들에게 물이 든 유리컵 속에 넣은 젓가락을 관찰하도록 할 수 있다. 더불어 교사가 본보기로 "젓가락이 왜 끊어졌지?"라는 질문과 함께 궁금한 것이 무엇인지 물었다면 관찰 현상에 대한 여러 질문을 학생들이 쏟아냈을 것이다.

학생들이 질문을 하지 않는 이유는 심리적 혹은 정의적인 측면에서도 생각해 볼 수 있다. 앞에서 언급한 것처럼 학생들은 질문하는 것에 익숙하거나 편안하지 않을 수 있다. 예를 들어, 이전에 질문을 했을 때 교사로부터 적절한 피드백을 받지 못했거나, 오히려 자신의 질문이 무시된 경험이 있다면 학생은 질문하기를 망설일 것이다. 내가 하는 질문이 교사나 다른 학생들에게 '시시한 것'으로 보일까 봐 두려울 수도 있다. 또, 모두가 조용한 분위기에서 질문을 하는 것이 다른 학생의 눈에 '튀는' 행동으로 인식될 수도 있다. 이럴 경우 그 학생은 다른 학생들에게 주목받기 싫어서 질문을 하지 않을 수 있다. 그래서 학급의 사회적 분위기, 교사의 태도나 질문에 대한 통제가 학생들을 질문에 대해 수동적으로 만들기 쉽다.

따라서 학생의 질문을 이끌어 내기 위해서는 교사가 학생의 질문에 정서적인 지원을 제공하고, 적절한 피드백을 제공하는 것이 무엇보다 중요하다. 학생이 제기한 질문을 교사가 존중하고 다른 학생도 친구의 질문을 존중하는 교실 문화가 이루어져야 누구나 쉽게 질문할 수 있을 것이다. 그러한 교실 문화는 단기간에 형성되지 않기 때문에, 교사는 학생이 질문하는 것을 격려하고 지원하는 노력을 지속하는 것이 중요하다.

---

9 Good, T. L., Slavins, R. L., Hobson Harel, K., & Emerson, H. (1987). Student passivity: A study of question asking in K-12 classrooms. Sociology of Education, 60, 181 - 199.

학생의 질문을 격려하기

교사가 권위적이거나 정답만을 강조하는 수업에서 학생은 질문할 용기를 내기 어렵다. 그럴 경우 학생들은 친구나 스스로에게 질문할지 모르지만, 교실에서 공개적으로 질문을 드러내지 않을 것이다. 그러나 교사가 허용적인 태도로 학생의 질문을 격려한다고 해도 학생들은 처음에는 무엇을, 어떻게 질문해야 할지 막막하고 어려울 수 있다. 그래서 학생이 '**질문하는 방법**'을 익히도록 교사가 도와야 할 필요가 있다. 학생들이 좀 더 용기를 내어 자신의 생각을 질문으로 드러내도록 돕기 위해 교사는 무엇을 할 수 있을까?

친과 오스본(Chin & Osborne, 2008)은 학생의 질문을 격려하는 방법으로 교사의 본보기와 적절한 자극을 제공하기, 질문을 중심으로 학생의 활동이나 과제를 구조화하기, 적절한 수업 방식과 분위기를 조성하기 등 세 가지 방안을 제안하였다. 학생은 자신의 질문하기 습관을 교사로부터 배운다. 탐구로 이끄는 질문을 제기하도록 학생을 격려하려면 평소 교사가 생산적인 질문을 좀 더 많이 하고 비생산적인 질문을 적게 하려고 노력해야 한다.[10] 학생들이 질문을 하는데 서툴다면 교사는 어떤 질문이 좋은지, 어떻게 질문해야 하는지 분명하게 가르치는 것이 필요하다. 예를 들어, 생산적 질문의 유형이나 질문의 수준을 나타내는 질문 분류체계를 활용할 수 있다. 아울러 교사가 질문하기의 적절한 본보기를 보여주는 것이 바람직하다. 예를 들어, 변인을 확인하고 조작할 수 있도록 돕는 조작적 질문이나 조사 가능한 질문 사례를 제시하는 것이다. 또한, 질문을 자극하는 적절한 자극제와 질문 도우미를 제공하면 학생들은 질문 만들기가 좀 더 쉬울 것이다. 예를 들어, 질문의 바탕이 될 수 있는 현상이나 사건, 이야기, 표나 도표 등을 학생들에게 제시하고, "만약 ~하면 어떻게 될까?", "~할 방법을 찾을 수 있는가?"와 같이 그에 따른 적절한 질문 도우미를 제공하는 것이다.

두 번째 방안으로 질문을 중심으로 학생의 활동이나 과제를 구조화하는 방법으로는 학습 일지, 주간 보고서, '이번 주의 질문'과 질문 게시판의 활용, 질문 상자 또는 온라인 컴퓨터 시스템을 통한 질문하기, 수업 활동에 '자유 질문 시간'과 '궁리하기'

---

10 '초등 과학교육에 뛰어들기'(Harlen, 장병기와 윤혜경 역, 2011, 북스힐) 3장과 4장(p. 25-48)을 참고한다.

시간을 늘 포함시키기, '질문 만들기' 숙제를 부여하기, 평가에 '질문하기'를 포함시키기 등이 있을 수 있다. 예를 들어, 질문하는 것을 두려워하는 학생들이 많다면 질문하는 사람의 이름을 드러내지 않고 학급의 질문을 모으는 방법을 생각해 볼 수 있다. 메모지에 모든 학생이 질문을 하나씩 써서 상자에 넣은 다음, 교사가 메모지를 꺼내서 내용을 확인하면서 학생들과 함께 비슷한 질문끼리 모아 보는 활동을 하는 것이다. 교사는 칠판에 메모지를 붙이면서 비슷한 질문끼리 범주를 나누어 게시할 수 있다. 또, 놀이 형식을 접목해서 메모지를 상자에서 꺼낼 때 학생들이 가위, 바위, 보를 통해 추첨하도록 하거나 팀을 나누어 질문을 많이 한 팀이 이기는 게임을 할 수도 있을 것이다. 이 과정에서 교사는 학생의 질문을 예시로 하여 질문을 좀 더 명확하게 수정하는 과정을 지도할 수 있다.

또는, 수업 중에 학생이 질문을 『실험 관찰』 책이나 활동지에 적는 것을 규칙으로 정할 수도 있다. 매 시간 하는 것이 어렵다면 일주일에 한 번, 혹은 단원 학습이 끝나는 시점에서 충분한 시간을 가지고 질문 목록을 만들어 보도록 하는 것도 좋다. 아니면 학습 일지나 주간 학습 보고서를 통해 궁금한 것을 질문하도록 할 수 있다. 이때 교사는 다음과 같은 세 가지 질문을 포함시킬 수 있다.

(가) 여러분은 오늘(또는 이번 주) 무엇을 배웠는가?
(나) 불확실하여 질문하고자 하는 것에는 어떤 것이 있는가?
(다) 여러분이 선생님이라면, 학생들이 배웠던 가장 중요한 내용을 이해했는지 알아보기 위해 어떤 질문을 할 것인가?

또 다른 방법으로 수업 활동에 5분 동안 '자유 질문 시간'을 제공하거나 어떤 주제를 시작할 때 '궁리하기' 질문을 하도록 하거나, 모둠 활동에서 각각의 학생이나 모둠이 다른 학생에게 묻기 위한 질문을 만들고 수업에서 '차례로 질문하기' 시간을 제공한다. 이때 교사는 학생들이 질문의 답을 찾아갈 수 있도록 다양한 자원과 방법을 안내하도록 한다.

세 번째 방안으로 적절한 수업 방식과 분위기를 조성하는 방법에는 학생들이 협업 집단에서 활동하면서 질문을 할 수 있도록 상호작용적 수업 방식을 사용하거나, 학생들이 자유롭게 질문할 수 있도록 위협적이지 않은 교실 분위기를 조성하는 일이다.

예를 들어, 모둠 내에서 서로 질문하고 답하기를 통해 학습 활동이 일어나도록 수업을 구성하는 것도 질문을 촉진하는 방법일 것이다. 특히 어린 학생들이 학급 전체에서 공개적으로 질문하려면 용기가 필요할지 모른다. 자신의 질문을 다른 학생이 비웃거나 멍청한 것으로 간주한다면 질문을 하지 않는 것이 현명한 일이다. 그래서 학생들의 질문을 촉진하려면 비난이나 조롱을 하지 않는 수용적인 교실 분위기가 필요하다. 더구나 교사가 엉뚱하거나 멍청한 질문을 용납하지 않는다면 학생들은 감히 질문을 던질 엄두를 내지 못할 것이다.

그렇지만 단순히 학생들에게 질문하도록 격려하거나 질문하는 법을 가르친다고 의미 있는 학습이 이루어지는 것은 아니다. 학생들이 자신의 질문에 대해 적극적으로 생각하지 않고 단지 질문하는 시늉만 한다면 그것은 학습에 별로 도움이 되지 않을 것이다. 중요한 것은 학생들이 이해를 탐색하는 과정에서 어떤 관계나 일관성을 찾기 위한 노력의 일환으로 질문이 이루어져야 한다는 것이다.

학생의 질문 다루기[11]

질문하지 않는 학생들을 질문하도록 하는 것이 일차적인 어려움이라면 학생이 자발적으로 만들어 내는 많은 유형의 질문을 적절하게 다루는 것이 교사에게는 더 어려운 일일 수 있다. 학생의 질문은 너무나 다양하고 때로는 상황에 맞지 않는 엉뚱한 것일 수 있다. 학생은 단지 교사나 다른 학생에게 '주목받기'를 원해서 질문하는 경우도 있다. 이런 경우 학생이 원하는 것은 교사의 답이 아니라 교사의 관심과 격려이다. 또 학생의 질문은 교육과정이나 교사의 지식 수준을 넘어서는 경우도 많다. 특히 '왜'라는 질문은 이런 경우가 많고 교사가 다루기 곤란한 경우가 많다. 그렇지만, 학생의 질문이 교육과정이나 학생의 지식 수준을 넘어서도 수업에서 당장 무시하거나 피하는 것은 바람직하지 못하다.

"빛은 왜 꺾이나요?"라는 민정이의 질문에 교사가 2절에서 다루었던 과학적 설명

11 '함께 생각해보는 과학 수업의 딜레마'(윤혜경 등, 2020, 북스힐) 딜레마 사례 05 '눈사람의 코트'(p 94-97)를 참고한다.

을 모두 그대로 이야기한다면 아마 대부분의 6학년 학생은 교사의 설명을 이해하지 못할 것이다. 교사가 판단하기에 학생의 배경 지식이 아직 설명을 이해하기에 적합하지 않다면, 교사는 학생들이 이해할 수 있는 경험이나 비유를 사용할 수 있다. 예를 들어, 장난감 자동차나 행진 대열을 실행해 보도록 한다. 그래서 학생의 질문에 답을 직접 주기보다는 스스로 답을 얻을 수 있도록 탐색적 질문을 던진다. '자동차나 행진 대열이 모래밭에 들어갈 때 속력은 어떻게 될까?', '자동차나 행진 대열의 진행 방향은 왜 바뀌었다고 생각하는가?' 등의 질문을 던지고, 그것을 빛의 굴절 현상과 비교해 보도록 한다. 물론 이 과정에서 어떤 학생은 왜 빛의 속력이 물이나 유리에서 느려지는지[12], 빛의 속력을 어떻게 알 수 있는지 궁금해 할 수 있다. 학생들이 그렇게 궁금해 한다면 사실 수업은 성공적인 것이 아닌가? 학생들이 그런 질문으로 수업에 대한 흥미와 관심을 보여주기 때문이다.

---

12 물질은 빛에 대해 고속도로의 톨게이트나 검문소 역할을 하는 것으로 생각해 보도록 한다.

실제로 어떻게 가르칠까?

이 절에서는 앞의 수업 이야기와 같은 상황에서 구체적으로 학생의 질문을 촉진할 수 있는 몇 가지 방안을 제안할 것이다.

수업 전 준비

수업을 시작할 때 학생들에게 어떤 것이 궁금할 때뿐만 아니라, 어떤 일이 일어날지 알고 싶거나, 분명하게 잘 이해가 되지 않는 것에 대해서 질문을 하도록 한다. 가능하면 빛 단원을 시작할 때 '빛에 대해 궁금해!'라는 게시판을 교실에 설치하고 질문을 메모지에 적어 붙이게 한다. 이것은 학생들이 궁금해하는 것을 교사가 미리 파악할 수 있도록 한다. 게시판을 활용하는 또 다른 방법은 아래 그림과 같이 교사가 답을 제공하고 학생들에게 그에 대한 질문을 궁리해 내도록 하는 것이다. 이것은 단원

맞춤형 질문 게시판

을 도입할 때 학생들이 얼마나 알고 있는지 알아보거나, 단원 마지막에 학습 내용을 복습하는데 사용할 수 있다. 교사는 이것을 통해 학생들이 질문하는 법을 배우도록 안내할 수 있다.

또한, 패들렛(Padlet)과 같은 가상 게시판을 이용할 수 있다면, 빛과 관련하여 학생들이 찍은 사진이나 동영상도 첨부할 수 있고, 질문을 음성 파일로 올리도록 할 수도 있다. 이것은 내성적이거나 수줍음이 많은 학생들에게 **질문하는 연습**을 할 수 있도록 기회를 제공할 것이다.

굴절의 행진 대열 모형

굴절에 대한 **몸짓 역할놀이**[13]는 학생들에게 신체 감각적인 경험을 제공하여 빛이 다른 매질을 통과할 때 일어나는 현상을 이해하는데 도움을 줄 수 있다. 먼저 운동장에서 학급의 학생들에게 행진 대열을 만들어 일정한 보폭으로 발을 맞추어 행진하는 법을 가르친다. 이때 '큰 걸음으로 가'는 50 cm 정도의 보폭으로, '작은 걸음으로 가'는 25 cm 정도의 보폭으로 행진할 수 있도록 한다. 지휘자는 학생들이 일정한 박자로 행진할 수 있도록 '왼발-오른발, 왼발-오른발' 구령을 붙여준다. 운동장에 다음 쪽 그림과 같이 금을 그어 경계선을 만들어 놓는다. 그리고 한 쪽 구역은 모래밭이라는 팻말을 써붙인다. 운동장에 실제로 모래밭이 있는 경우에는 직선 경계가 있는 운동장을 이용하면 바람직하다. 그리고 학생들에게, 예를 들어 5줄 3열의 행진 대열을 만들도록 한다. 이때 학생들에게 운동장에 있을 때는 '큰 걸음'으로 행진하고, '모래밭' 팻말이 있는 구역에서는 '작은 걸음'으로 행진해야 한다고 알려준다. 행진할 때는 옆 사람과 열을 맞추고 시선은 정면을 보도록 한다. 준비가 되었으면 지휘자 한 사람을 정하고, 학급의 나머지 학생들은 학생들의 행진을 관찰하도록 한다. 지휘자는 학생들을 구령에 맞추어 행진하도록 한다.

---

13 이 책의 딜레마 사례 03 '전구의 밝기'를 참고한다.

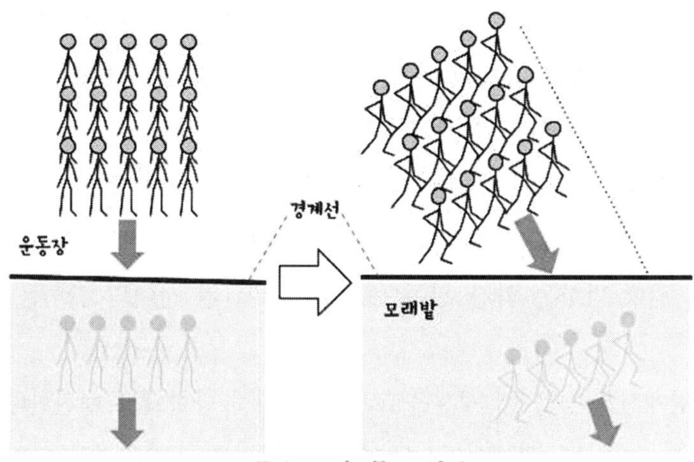

빛의 굴절에 대한 몸짓 역할놀이

- 학생들의 대열을 운동장에서 모래밭으로 똑바로 행진시킨다. 이때 행진 방향은 운동장에 그어놓은 경계선에 수직한 방향이다.
- 이번엔 반대로 대열을 모래밭에서 경계선에 수직하게 운동장으로 똑바로 행진시킨다.
- 다시 학생들을 운동장과 모래밭이 만나는 경계선에 비스듬하게 행진시킨다. (위 그림의 오른쪽과 같이 미리 경계선에 비스듬하게 줄을 지면에 표시해 두면 좋을 것이다.) 경계선을 넘어 모래밭으로 들어간 사람은 개별적으로 작은 걸음으로 행진해야 할 것이다.
- 이번에 반대로 대열을 모래밭에서 경계선에 비스듬하게 운동장으로 행진시킨다.

어린 학생들은 열을 맞추면서 행진하는 것이 쉽지 않겠지만, 조금 연습을 하면 잘 할 수 있을 것이다. 익숙해질 수 있도록 위와 같은 활동을 여러 번 반복할 수 있다. 이 활동은 비나 눈이 온다면 강당이나 체육관에서도 수행할 수 있다. 학생들에게는 미리 빛과 관련된 활동이라고 말해주지 않도록 한다. 활동이 끝난 후 학생들이 경계선을 넘을 때 대열이 어떻게 되는지 이야기해 보도록 한다. 실제로 수행한 학생과 관찰한 학생들이 서로 이야기를 통해 다음과 같은 사실을 끌어내도록 한다.

- 운동장에서 모래밭으로 수직하게 들어가면 열과 열 사이의 간격이 좁아지고, 진행 방향은 그대로 유지된다. 반대로 운동장으로 수직하게 행진하면 진행 방향은 그대로 유지되나 열 사이의 간격이 넓어진다.
- 그러나 비스듬하게 모래밭으로 행진하면, 진행 방향이 약간 오른쪽으로 휘어지고 열 사이의 간격도 좁아진다. 반대로 모래밭에서 운동장으로 비스듬하게 행진하면, 진행 방향은 약간 왼쪽으로 휘어지고 열 사이의 간격은 넓어진다.

학생들이 경계선을 넘을 때 시선을 고정하고 시선 방향으로 행진한다면 진행 방향이 바뀌지 않을 수 있고, 경계선에서도 열을 일직선으로 맞추려고 하면 보폭이 흐트러질 수 있다. 열은 같은 구역의 학생들과 맞추고 시선 방향은 열에 수직하게 향하도록 지도한다. 학생들이 열을 맞추기 어려워한다면, 서로 손을 잡고 행진하도록 할 수 있다. 또한, 이 활동을 지면에 볼록렌즈나 오목렌즈를 크게 그려놓고 수행할 수도 있다. 또는 공기 중에서 파장이 다른 파동을 표현하기 위해 보폭과 구령을 붙이는 속도를 다르게 하면 프리즘 현상도 시늉낼 수 있을 것이다. 이 활동 결과는 빛의 굴절과 렌즈 수업에서 비유로 활용하도록 한다.

수업 도입을 위한 시범

수업 사례에서 교사는 학생들의 장난이 염려되어 빛의 굴절 실험을 직접 **시범 실험**으로 시작한다. 교사는 시범 실험을 통해 학생들을 통제하기는 쉽지만, 그것만으로는 학생들의 창의적인 생각이나 다양한 궁금거리를 끌어내기는 미흡할 수 있다. 또한, 교사는 빛의 굴절에 초점을 맞추고 있기 때문에, 빛을 수면에 비추었을 때 일어나는 여러 현상을 탐색할 수 있는 기회를 제한하고 있다. 그런 의미에서 시범 실험보다는 학생들이 직접 레이저 지시기로 수면에 빛을 비출 때 일어나는 현상을 탐색하고, 궁금한 것을 질문해 볼 수 있는 실험을 계획하고 수행해 보도록 하는 것이 보다 바람직할 것이다. 그러나 우선 학생들이 빛을 직접 관찰하기 힘들기 때문에, 빛을 어떻게 관찰할 수 있는지 이해할 수 있도록 하는 것이 중요하다. 더구나 학생들은 빛을 볼 수 있다고 생각하기 쉽기 때문에, 빛이 눈에 보이지 않는다는 것을 보여주어야 할 것이

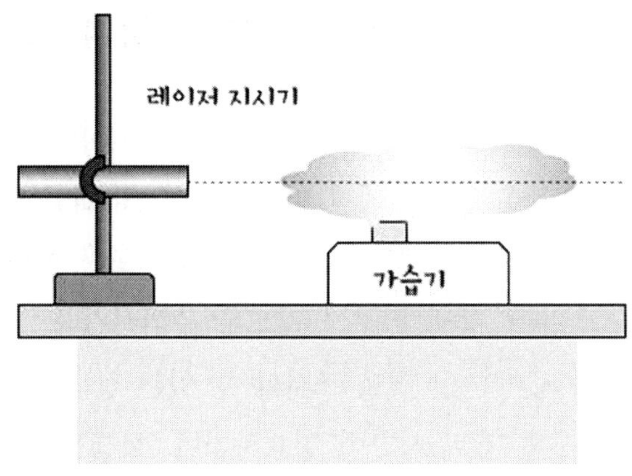

레이저 광선의 경로 찾기

다. 이것을 위해 다음과 같이 시범을 진행할 수 있다.

수업 전에 위의 그림과 같이 교탁 위에 레이저 지시기를 설치해 놓고 레이저를 켜 놓는다. 레이저 빛이 벽에 부딪혀 붉게 빛나는 점을 학생들이 볼 수 없도록 가린다. 그리고 레이저 지시기 앞 쪽에 가습기[14]를 올려놓는다. 가습기를 작동시킬 때 레이저가 지나는 경로로 물안개가 퍼져나가는지 미리 확인해 두도록 한다. 그리고 교사는 흰색 카드를 한 장 준비해 둔다. 수업을 시작할 때 학생들에게 빛이 나아가는 것을 볼 수 있는지 물어보고, 교탁 위에 있는 레이저 지시기에서 지금 레이저 빛이 나아가는지 물어본다. 그리고 다시 레이저 빛이 나아가는 것을 보려면 어떻게 해야 하는지 학생들에게 묻는다. '교실을 어둡게 해야 한다'는 것과 같은 학생들의 의견을 들어 가능한 것은 실제로 수행해 본다. 좋은 방안이 없을 때 교사는 흰색 카드를 레이저 빛이 지나는 경로를 따라 놓으면서 학생들이 흰색 카드에 생긴 붉은 점을 보고 빛이 직진한다는 것을 알 수 있도록 한다. 학생들에게 또 다른 방법을 생각해 보도록 한다. 이번엔 가습기를 작동시켜 물안개가 나오도록 하면 어떻게 될지 예상해 보도록 하고, 실제로 가습기를 작동시켜 레이저 빛의 경로가 보이도록 한다. 이때 학생들에게 레이저 빛이 나아가는 모습을 어떻게 볼 수 있는지 토의해 보도록 한다.

---

14 가습기를 준비할 수 없으면 분필가루가 묻은 칠판 지우개를 사용하여 분필가루가 레이저가 지나는 경로 위에 떨어지도록 지우개를 가볍게 살짝 두드린다.

수면에 레이저를 비출 때 일어나는 현상을 탐색하고 조사하기

물과 공기 중에서 레이저 빛이 나아가는 모습을 보기 위하여 우유 몇 방울과 향의 연기를 이용할 수 있다는 것을 학생들에게 이야기해 주고, 물을 부은 수조에 레이저 지시기로 빛을 비출 때 어떤 일이 일어나는지 탐색해 보도록 한다. 이때 학생들에게 레이저 지시기를 사람의 눈을 향해 비추지 않도록 주의시킨다. 그리고 관찰을 통해 학생들이 본 것을 토의하고, 궁금한 것을 조사할 수 있는 질문을 모둠별로 만들어 보도록 한다. 이런 접근방식은 많은 시간이 필요하지만, 학생들에게 단지 무미건조한 지식을 받아들이도록 하는 것보다 유의미한 학습 경험을 갖도록 할 수 있다. 학생들이 선행 학습을 통해 빛의 굴절에만 초점을 맞춘 관찰을 한다면, 교사는 "레이저 빛은 수면에서 어떤 방향으로 반사될까?", "수면에 비친 레이저 빛을 수면 바로 위에서 내려다 보면 어떻게 보일까?", "레이저 빛을 수면과 거의 나란하게 비추면 어떻게 될까?" 등과 같이 아동의 관찰을 북돋아주는 질문을 던질 수 있다. 교사는 레이저 빛을 수면에 비출 때 빛이 통과하여 굴절하는 것뿐만 아니라 일부가 반사된다는 것을 학생들이 관찰할 수 있도록 도와줄 필요가 있다. 학생들이 만일 레이저 지시기로 벽이나 유리창 또는 거울에 비추면서 장난을 친다면, 야단치기보다는 빛이 물체에 부딪칠 때 어떤 점에서 차이가 나는지 살펴보도록 격려하는 것이 더 바람직한 일이다. 이때 정반사와 난반사의 개념을 자연스럽게 익힐 수 있을 뿐만 아니라, 빛이 물질에 부딪치는 경우 언제나 반사나 흡수 또는 굴절이 일어난다는 것을 이해하도록 도와줄 수 있을 것이다.

30분 정도의 탐색 활동이 끝나면 모둠별로 자신들이 조사하고 싶은 질문을 만들고, 질문의 답을 찾을 수 있는 실험을 계획하여 수행하도록 한다. 이때 교사는 모둠을 순회하면서, 예를 들어, "레이저 빛은 수면에서 얼마나 꺾일 수 있을까?", "레이저 빛을 비출 때 반사하는 빛과 굴절하는 빛의 세기는 어떻게 달라질까?", "수면 위에서 내려다 본 레이저 빛은 왜 굴절하지 않고 똑바로 진행하는 것처럼 보일까?", "레이저 빛은 유리에서도 물과 비슷할까?", "레이저 빛은 굴절할 때 항상 오른쪽으로 휘어질까?" 등과 같은 질문을 학생들이 생각해 볼 수 있도록 부추기는 실마리를 제공해 줄 필요가 있다. 예를 들어, 교사는 반사 광선과 굴절 광선을 관찰하는 학생에게 '두 빛의 세기는 똑같을까?'라고 물어보거나, 굴절 현상을 관찰하는 학생에게 '빛이 꺾이는 정도가 항상 같은가?'라고 물을 수 있다. 많은 경우 교사는 학생들을 집단으로 취급하여 일괄적으로 다루기 쉽지만, 학생들은 이와 같은 교사와의 개별적인 상호작용에서 학습에 더 용기를 얻을 수 있다.

또한, 교사는 학생들의 질문을 좀 더 구체적으로 조사 가능한 질문으로 바꾸도록 도와줄 수 있다. 예를 들면, "레이저 빛을 비추는 각도에 따라 반사하는 빛과 굴절하는 빛의 세기는 어떻게 달라질까?", "레이저 빛이 반대쪽에서 비스듬하게 물속으로 진행할 때도 그 진행 방향이 오른쪽으로 휘어질까?"와 같이 질문에서 조사하는 조건이 분명하게 드러나도록 한다. 또한, 학생들이 실제로 실험하는데 필요한 장치가 없거나 사용하는데 어려움이 있다면, PhET의 '빛의 굴절(Bending Light)' 시늉내기[15]를 사용하여 실험을 진행할 수 있도록 도와줄 수 있다. 또한, 이 시늉내기는 수업 후에 학생들이 추가로 빛의 굴절에 대해 깊이 있게 탐색하는 과제로 제공될 수도 있다. 예를 들어, 입사 및 굴절 각도, 빛의 세기, 매질의 종류, 다른 색깔의 빛 등에 대한 다양한 상황을 관찰하고 탐구할 수 있다.

탐색 활동 후 많은 학생이 빛이 왜 다른 물질로 통과할 때 굴절하는지 궁금해 한다면, 교사는 앞에서 언급한 행진 대열의 경험을 비유로 사용하여 빛의 굴절 현상을 설명하는 활동을 고안할 수 있다.[16] 그리고 렌즈 수업과 관련지어 볼록렌즈나 오목렌즈에 대한 몸짓 역할 놀이를 수행하는 것을 학생들과 함께 계획해 볼 수 있다.

얕은 질문과 깊은 질문의 차이를 가르치기

학생들에게 질문하는 습관을 갖게 하는 것도 중요하지만, 자신이 던지는 질문이 어떤 유형인지 알게 하는 것도 정말 중요하다. 학생들이 단지 지식을 묻거나, '예'나 '아니오'로 답할 수 있는 질문을 하지 않고, 상위 수준의 사고를 촉진하는 질문을 하도록 하려면 학생들이 그것을 구별할 수 있어야 하기 때문이다. 초등학생이 사용할 수 있는 간단한 구분은 얕은 질문과 깊은 질문으로 나누는 것이다. 학생들에게 얕은

---

15 가상실험의 구체적인 활용 예시는 이 책의 딜레마 사례 10 '전구의 연결'을 참고한다.

16 비유 수업 모형은 이 책의 딜레마 사례 03 '전구의 밝기'를 참고한다.

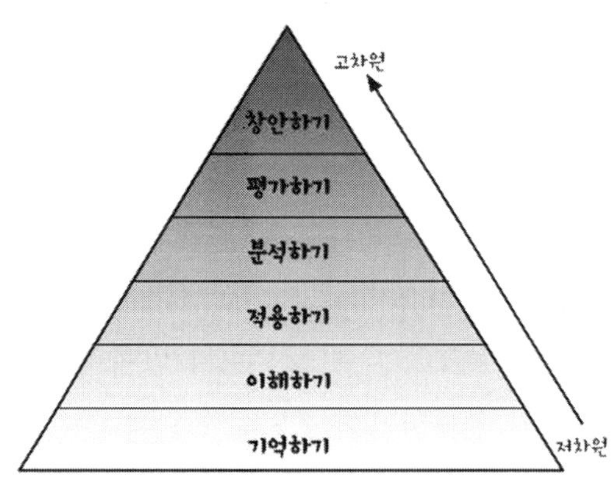

블룸(Bloom)의 교육목표 분류체계

질문은 인터넷이나 책에서 그 답을 쉽게 찾을 수 있는 물음을 뜻하고, 깊은 질문은 더 많은 생각이 필요하고 종종 하나의 정답이 주어지지 않는 그런 물음을 뜻하는 것이라고 설명할 수 있다. 예를 들어, 이유나 근거, 또는 증거를 요구하거나 설명을 요구하고 가정이나 성찰 또는 시사점을 찾는 물음 등을 제시할 수 있다.

특히, 수업 후에 교사는 학생들에게 위의 그림과 같은 블룸의 분류체계, 즉 기억하기, 이해하기, 적용하기, 분석하기, 평가하기, 창안하기와 관련하여 성찰적인 질문을 생각해 보도록 할 수 있다. 예를 들어, "빛의 굴절 실험에서 난 무엇을 어떻게 했나?", "빛의 굴절 현상에서 알게 된 중요한 것은 무엇인가?", "내가 실험했던 것에서 어떤 규칙성을 보았는가?", "나는 실험을 어떻게 잘 수행했는가?", "전반사 현상을 어떻게 이용할 수 있을까?" 등 활동 내용과 관련된 질문을 만들고 그에 대한 자신의 답을 찾아보도록 할 수 있다.

PART 3

과학교육에서의 가치, 융합, 창의성

딜레마 사례 06

온실가스와 지구 온난화

과학 시간에 가치를 가르치는 것이 바람직한가?

환경 오염이나 감염병, 또는 지구 온난화에 의한 기상 이변 문제 등으로 미래를 위한 환경교육이 점차 중요해지고 있다. 하지만 환경 관련 주제들은 과학교육의 핵심 학습 주제가 아니라 부가적으로 시간이 허락하는 범위에서 다루어지는 경우가 많다. 이러한 현상은 한국의 과학교육 현장뿐 아니라 다른 나라의 경우에서도 흔히 볼 수 있다. 본 수업의 이야기는 캐나다 과학 교실에서 한 교사가 경험한 것으로 이야기의 세부적인 맥락이나 상황은 한국과 다를 수 있겠지만, 유사한 딜레마가 한국의 과학 교실에서도 충분히 일어날 수 있다. 캐나다의 A 교사는 신임교사로 환경 문제에 관심을 가지고 학교에서 환경교육의 중요성을 늘 강조하여 왔다. 자신의 과학 수업에서도 A 교사는 과학 개념을 환경 문제와 접목하여 도입하려고 노력해 왔다. 그 날도 이 교사는 연소에 대한 학습 과정에서 석탄이나 석유 사용으로 인한 온실가스와 지구 온난화에 관련된 내용을 소개하였다. 그러던 중 교사는 한 학생이 혼란을 겪는 것을 보았고, 이 후 많은 학생의 부모가 석유 관련 직종에 종사하고 있어 그러한 혼란이 일어난다는 것을 알게 되었다. 그래서 교사는 과학 지식이 어떻게 개인, 사회, 환경과 복잡하게 관련되는지 고민하기 시작하였다. 이 이야기는 캐나다의 상황에 국한된 것이 아니다. 우리나라의 경우 역시 탄소를 많이 배출하는 산업, 예를 들어 화력 발전소 폐기 등을 둘러싼 사회 문제가 제기된 바 있으며[1] 이로 인해 학생, 학부모들은 가족이 처한 상황 속에서 개인의 가치와 신념이 기후 변화를 둘러싼 과학 지식과 관련하여 갈등을 겪을 수 있다. 이런 상황 속에서 교사는 환경의 중요성에 대해 어떻게 가르쳐야 할까?

---

1 경향신문, 2021년 6월 4일자, 곧 사라질 직장에 다니는 석탄 노동자들 [기후위기 시대, 정의로운 전환을 위하여(2)]

1 과학 수업 이야기

환경 오염과 생태계 파괴에 관련된 문제는 늘 나를 걱정하게 한다. 지구의 온도가 빠른 속도로 상승하고 빙하가 녹아 내려 바다 수면이 상승한다. 무분별한 자원 활용으로 지구 곳곳의 생태계가 교란되기도 하고, 온난화로 인해 이상 기후가 발생하는 빈도도 점점 늘어나고 있다. 나는 교육자로서 미래를 준비하는 학생들에게 환경의 소중함과 지구 온난화에 대한 이해와 행동에 대해 생각해 볼 기회를 제공하는 것이 매우 중요하다고 생각한다. 그래서 과학 시간 중 환경과 관련된 주제가 나오면 과학 지식과 환경 문제를 연관시켜 가르치려고 노력한다. 생태계 관련 단원에서는 물론이고 강, 바다, 산과 염기, 에너지 등의 단원에서도 과학 지식을 통해 환경을 더 잘 이해하고 지속 가능한 발전을 이룰 수 있는 방안에 대해 설명하고 논의하려고 한다. 그러던 중에 재생 가능한 에너지원와 재생 불가능한 에너지원에 관한 단원을 가르치게 되었고, 나는 이 단원에서 화석 연료와 지구 온난화 내용을 다루어야겠다고 생각하였다.

단원 초기에 학생들에게 에너지 자원의 종류에 대해 소개하였고 석탄, 석유 등의 화석 연료가 왜 재생 불가능한 에너지원으로 구분되는지 살펴보고, 화석 연료의 연소 과정, 에너지 변환 과정 등의 과학 지식을 중요하게 다루었다. 이 날 수업에서는 화석 연료가 지구 온난화에 미치는 영향과 예상되는 결과를 다음과 같이 요약하였다.

- 빙하, 해빙, 빙상이 빠르게 녹는다.
- 해수면 상승으로 해안가 땅이 물에 잠긴다.
- 생태계 혼란을 초래하여 생물 종이 감소한다.
- 농경 조건의 변화로 식량 생산이 감소한다.
- 새로운 질병이 생겨 인간 건강을 위협한다.

마지막으로, 화석 연료 사용에 대한 책임있는 행동에 대해 중점적으로 알아보려고 하였다. 그래서 나는 학생들에게 다음과 같은 질문을 던졌다.

> "여러분, 지난 시간에 화석 연료들이 이산화탄소를 배출하는 과정을 학습했지요. 이산화탄소는 온실가스로 지구 온난화의 주범이에요. 우리는 앞으로 어떤 에너지원을 더 개발해야 할까요? 일상생활에서 우리는 어떻게 하면 온실가스를 줄일 수 있을까요?"

> "온실가스를 줄이기 위해 에너지 절약을 해야 해요."
> "풍력이나 태양열 에너지를 개발해야 해야 해요."

> "맞아요. 석탄, 석유가 아닌 대체 에너지원을 개발해야 해요. 석탄이나 석유는 지구 온난화의 주범이예요. 지구를 지키기 위해서 우리는 화석 연료 사용을 줄이기 위해 노력해야 해요."

나는 학생들이 우리가 일상 생활에서 석유를 얼마나 많이 사용하고 있는지 생각해 보도록 하기 위해서 가정 냉난방, 주방, 교통 수단 등의 다양한 예를 제공하면서 지구 온난화 속도를 늦출 수 있는 방법에 대해 토론해 보도록 하였다. 학생들은 모둠별 토론을 통해 온실가스, 대체 에너지, 환경 문제에 대한 나의 다짐과 행동 등에 대해 논의하였다. 화석 연료가 우리 생활과 얼마나 밀접한 연관이 있는지, 이의 사용을 줄이기 위해서는 어떤 불편을 감수해야 하는지에 대해서도 논의하였다. 모둠별 활동을 둘러보면서 나는 학생들이 화석 연료와 지구 온난화의 관련성을 잘 이해하고 이에 따른 책임 있는 행동에 대해서도 충분한 공감이 형성되었을 거라 생각하였다. 학생들의 활동을 계속해서 둘러보던 중 나는 교실 한 켠에서 한 학생이 마치 혼잣말처럼 중얼거리는 목소리를 들었다.

> "석유가 지구 온난화에 주범이라고 하고. 석유 생산도 사용도 다 줄여야 한다고 하고. 다들 나쁘다고만 하네. 우리 아빠는 석유 개발 회사에 일하고 있는데..."

학생의 얼굴 표정과 목소리에는 복잡 미묘한 감정이 보였다. 어쩌면 그 학생은 담담하게 이 말을 했을 수도 있으나 순간 나에게 너무나 많은 생각이 스쳐갔다. 못 들은 척 지나칠 수가 없었던 나는 어떻게든 적절한 대응을 해 주어야 할 것 같았다. 하지만 무슨 말을 할지 몰라서 우물쭈물하다가 기회를 놓쳐 버렸다. 수업은 계속 진행되었고 모둠별 발표와 함께 끝이 났다. 학생이 어떤 마음이었을까, 이런 상황에서 지구 온난화를 어떻게 설명해 주어야 했을까 여러 가지 생각이 들었다. 하지만, 난 바쁜 수업 일정에 쫓기듯 진도를 나갔고 그 수업을 금방 잊어버리고 지냈다. 며칠이 지난 어느 날 학부모 회의가 있었고, 회의가 끝나고 돌아가던 중 학부형 몇몇이 남아 나와 담화를 나누게 되었다.

> "아이가 집에 와서 아빠 회사는 지구에 나쁜 가스를 발생시킨다고 하면서 속상해 해요. 아이가 아빠는 왜 나쁜 석유 회사에 다니냐면서… 아이가 아빠 직업에 대해 부끄러워할까 봐 걱정이에요."

> "우리 지역은 사실 석유 회사를 중심으로 지역 경제가 돌아가고 있거든요. 온실가스나 지구 온난화 문제가 중요하긴 하지만 이 지역에서는 무조건 부정적으로 설명하기엔 무리가 있죠. 석유 회사가 복지 관련 기부도 많이 하거든요. "

수업 중 혼란스럽고 의기소침해 보였던 학생이 집에 가서 가족과 이야기를 나누었다는 것을 알 수 있었다. 그 학생의 어머니가 이야기를 시작하자, 옆에 있던 몇몇 학부형이 의견을 덧붙였다. 나는 학부형들로부터 우리 지역의 주요 산업이 석유 생산 산업이고, 학부모의 대부분이 석유 생산과 관련된 일에 종사하고 있다는 것을 알게 되었다. 또 온실가스와 지구 온난화라는 어찌 보면 당연한 인과관계에 놓인 주제가 학생들의 일상, 가정 환경, 사회적 배경 등과 얽히게 되어 생각지도 못했던 복잡미묘한 주제로 발전되었다는 것이 놀라웠다. 그리고 이러한 문제를 다룰 때는 학생들의 주변 상황, 지역 사회, 심리적 영향까지 섬세하게 들여다 볼 수 있는 교수 활동을 해야 함을 배우는 계기가 되었다. 수업의 중심 생각은 '온실가스와 지구 온난화의 이해와 이에 따른 우리의 노력'이었는데 학생들의 상황과 주변 맥락의 복잡성을 미리 고려하지 못한 탓에 수업의 방향은 의도하지 않은 곳으로 흘러갔다는 생각이 들었다.

그러면서 나의 마음 한 켠에 어려운 문제가 여전히 남아 있었다. 온실가스로 인한 지구 온난화의 가속은 우리가 당면한 매우 중요한 문제이고, 이와 관련된 과학 지식을 학생들에게 가르치고, 나아갈 방향에 대해 학생들과 함께 고민하는 시간을 갖는 것은 교사로서 나의 책임이라고 생각한다. 또한, 수업 중 학생들의 가정 배경과 사회적 배경, 그들이 살고 있는 지역 사회에 대한 이해와 배려를 함께 고려하는 것도 역시 매우 중요하다. 하지만, 어떻게 수업에서 이 둘을 조화롭게 다룰 수 있을지에 대해서 나는 순간 자신이 없어졌다.

이 수업을 하고 나는 다음과 같은 의문이 들었다.

- 환경교육은 나만의 신념으로만 간직하고, 교육과정에 제시된 과학 지식만을 가르쳤으면 이런 상황에 부딪히지 않아도 되었을까?
- 과학 시간에 가치를 포함시키는 것이 바람직한 것일까? 학부형들이 원하는 수업이었을까?

2 과학적인 생각은 무엇인가?

이 장에서는 지구 온난화 현상은 무엇이고, 온난화에 따른 기후 변화와 이를 설명할 수 있는 과학적 지식과 증거에 대해서 알아보고자 한다. 또한, 화석 연료와 탄소 배출 및 탄소 발자국에 대해 살펴볼 것이다.

복사 평형과 온실 효과

지구는 태양으로부터 에너지를 받아 지표와 대기를 따뜻하게 만들고, 따뜻해진 지구는 에너지를 다시 우주로 내보낸다. 태양에서 방출되는 **복사 에너지**는 주로 가시광선, 자외선, 적외선 형태이다. 이중 대부분의 햇빛은 가시광선으로 지구 대기권을 통과하여 지표에서 열 에너지로 전환된다. 반면에 에너지를 흡수한 지구는 **적외선** 형태로 에너지를 방출한다. 적외선은 가시광선보다 파장이 긴 빛으로 복사열이라고 부른다.

태양에서 나온 에너지가 지구에 흡수되어 다시 방출되는 과정을 살펴보면 다음 쪽 그림과 같다. 지구로 들어오는 태양의 복사 에너지[2]는 1 m^2당 매초 342 J로 그 중 약 70 %인 235 J만 지구에 의해 흡수된다. 태양 에너지의 약 30 %는 대기, 구름 및 지표면에서 반사되어 다시 우주로 방출되기 때문이다. 만일 지구가 흡수한 에너지를 모두 다시 적외선의 형태로 우주로 내보낸다면 지구는 '**복사 평형**'을 이루고, 평균 기온은 -18 °C를 유지할 것이다.

그러나 지구는 대기가 있기 때문에 실제로 이보다 훨씬 따뜻하다. 대기권에 있는 기체와 입자들은 태양 에너지의 약 20 %를 흡수한다. 예를 들어, 산소, 오존 및 수증

2 표면 온도가 5800 K인 태양에서 방출되는 에너지는 흑체 복사에 대한 스테판-볼츠만의 법칙($E = \sigma T^4$)을 이용하면 구할 수 있다. 342 W/m^2은 지구 궤도 상에서 태양 복사 에너지를 뜻한다.

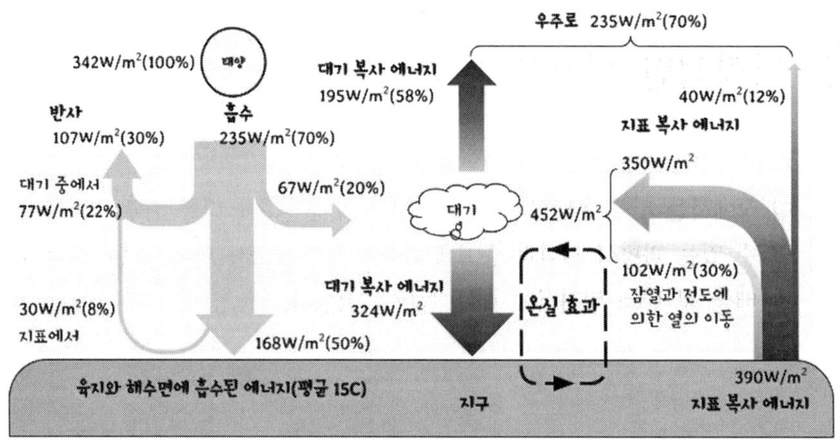

복사 평형을 이루고 있는 지구

기는 태양의 자외선을 흡수하고, 대류권의 물과 이산화탄소는 태양에서 나온 일부 적외선을 흡수한다. 그래서 대략 50 %의 에너지만 지표에 도달한다. 지표는 그것을 흡수하고 그 중 약 60 %는 잠열과 전도를 통해 에너지가 다시 대기로 이동한다. 나머지 40 %는 적외선 형태로 열이 방출되어 그 중 절반 이상은 우주로 방출되지만, 상당량은 다시 대기로 흡수된다. 따라서 에너지를 흡수한 대기는 다시 적외선 형태의 복사 에너지를 사방으로 방출하는데, 우주로 나가는 에너지보다 지표로 되돌아가는 것이 더 많아 지표는 대기가 없는 경우보다 더 따뜻하게 데워진다. 겨울에 담요를 덮었을 때 우리 몸이 따뜻해지는 것과 같은 이와 같은 결과를 **온실 효과**[3]라고 한다. 그래서 지난 수천 년 동안 지구의 평균 온도는 대략 15 °C가 되면서 복사 평형을 이루었다. 지구 전체적으로 태양의 복사 에너지 235 W/m^2를 흡수하고, 대기와 지표에서 총 235 W/m^2의 복사 에너지를 우주로 방출하기 때문이다. 이 과정에서 지표가 흡수한 에너지는 태양과 대기에서 총 492 W/m^2로 15 °C의 지표는 390 W/m^2의 복사열을 방출한다. 지표가 얻은 나머지 21 %의 에너지는 주로 물의 상태 변화를 통한 잠열 및 전도를 통해 대기로 이동한다.

---

3 지구가 따뜻해지는 것은 햇빛을 받아 온실이 따뜻해지는 것과 유사한 결과이지만, 실제로 온실이 작동하는 방식과는 다르다. 대기층은 오히려 우리 몸에 덮은 담요와 유사하다.

온실가스와 지구 온난화

대기 중에서 적외선를 흡수하여 온실 효과를 일으키는 기체를 **온실가스**라고 하는데, 여기에는 수증기(H_2O), 이산화탄소(CO_2), 메탄(CH_4), 오존(O_3), 아산화질소(N_2O) 등이 포함된다. 이들 기체는 자연에서 일어나는 부패와 같은 과정이나 인간 활동에서 나오지만, 그 이외에도 산업 활동이나 제품의 부산물로 나오는 불소화합물 기체도 같은 효과를 가진다. 예를 들어, 세정제, 냉매 및 전기 절연체와 같은 산물에 사용되는 물질로, 대표적으로 냉장고나 에어컨에 사용되는 프레온(CFC)[4] 가스가 그것이다.

대기가 데워지는 것은 주로 대기 중에 포함된 **수증기**(36–72 %)의 영향이 크지만, 인간에 의한 지구 온난화의 가장 중요한 원인(72 %)은 **이산화탄소**(9–26 %) 기체이다[5]. 두 번째 중요한 원인(19 %)으로 **메탄**(4–9 %)은 습지나, 벼 경작지, 가축을 키울 때, 천연가스를 사용할 때, 또는 석탄을 채굴할 때 발생하는 기체이다. 자외선을 차단하는 오존은 주로 성층권에 있지만, 자동차의 연료를 태우거나 공장에서 발생하는 지상 가까이 있는 **오존**(3–7 %)도 온실가스 역할을 한다. 특정한 화학 공장, 발전소 및 비료 등에서 발생하는 아산화질소는 전체적인 효과는 작지만 오존층을 손상시키고 다른 어떤 기체보다 영향력이 강력한 온실가스이다. 예를 들어, 메탄은 이산화탄소보다 23배 더 강력하고, 아산화질소는 296배 더 강력하다. 대기 중에 많이 포함된 이산화탄소 등 온실가스의 증가로 지구 온도가 상승하게 되면 그에 따라 공기 중 수증기의 양이 증가되면서 온난화 효과는 더욱 커진다.

산업 혁명 이후에 화석 연료의 사용으로 지구의 대기는 온실가스의 양이 많아져 지구의 기후가 그 전에 비해 따뜻해졌다. 특히, 최근들어 지구의 평균 기온은 1951–1980 년을 기준(14 °C)으로 했을 때 약 1 °C가 높아졌다. 예전에는 100 년에 1 °C 정도 높아진 반면에, 최근에는 10 년에 약 0.2 °C씩 증가하는 추세이다. 주로 인간 활동에 의한 이런 장기적인 지구의 온도 상승 효과를 '**지구 온난화**(global warming)'라고 한다. 종종 이 용어는 '**기후 변화**(climate change)'라는 말과 뒤섞여 사용되기도 하지만, 기후 변화

---

4 프레온은 상표명으로 염화플루오린화탄소(CFC)가 정식 이름이다. 주로 냉매나 분무제로 사용되는 기체로 몬트리올 의정서(1987년)에 의해 2010년부터 전면적으로 사용이 금지되었다.

5 이 자료는 다음 누리방 자료를 참고하였다: https://en.wikipedia.org/wiki/Greenhouse_gas

는 인간적인 영향뿐만 아니라 자연적인 온난화와 지구에 미치는 효과를 모두 포함한다[6]. 온실 효과는 자연스러운 현상으로 수십억 년 동안 지구를 따뜻하게 하여 생명이 지속될 수 있도록 했지만, 최근 들어 인간 활동에 의한 많은 온실가스의 발생으로 지구의 기후가 예전과 달라지고 있다는 증거가 드러나고 있다.

기후 변화의 증거

지난 65만 년 동안에 빙하가 7번 주기로 확장과 축소를 되풀이했던 것처럼 지구의 기후는 계속 변해 왔지만, 이런 기후 변화는 주로 지구 공전 궤도의 변화에 따른 것이었다. 그러나 현재의 지구 온난화 경향은 21C 중반 이후에 급격히 늘어난 인간 활동의 결과로 지난 수천 년 동안 전례가 없는 급격한 변화를 보이고 있다. 예를 들어, 현재의 온난화는 빙하기가 회복되는 평균 속도보다 대략 10배나 더 빠르다. 또한, 인간 활동으로 생긴 이산화탄소는 마지막 빙하기 이후에 자연적으로 발생한 이산화탄소보다 250배 이상이나 빠르게 증가하고 있다. 그 결과 기후가 급격하게 변하고 있다는 증거는 다음과 같다[7]:

- **지구의 평균 기온 상승:** 지구 표면의 평균 기온은 19세기 이래로 1.18 °C가 증가했고, 지난 40년 동안의 영향이 가장 컸다.
- **해수 온도 상승:** 지구는 흡수한 여분 에너지의 90 %를 해양에 저장한다. 깊이 100 m 이내의 해양 상층부의 온도가 1969년 이래로 0.33 °C가 증가했다.
- **해수면의 상승:** 지구의 해수면은 지난 세기에 약 20 cm 상승했다. 지난 20년 동안의 상승 속도는 지난 세기에 비해 거의 두 배이고, 매년 증가하고 있다[8].

---

6 기후 변화는 지구의 국지적, 지역적 및 지구 전체 기후를 정의하는 평균적인 날씨나 기상 양상의 장기적인 변화를 말한다.

7 이 자료는 다음 누리방 자료를 참고하였다: https://climate.nasa.gov/evidence/

8 해수면의 상승은 주로 빙상과 빙하가 녹은 것과 수온의 상승에 따른 부피 팽창에 의한다. 위성 관측에 의하면 1993년에서 2021년 사이에 매년 평균 3.4 mm가 상승했다.

- **해양의 산성화:** 산업혁명 이후로 표층 해수의 산성도가 약 30 % 증가했다[9]. 해양은 최근 수십 년 동안 인위적인 이산화탄소 총 배출량의 20 %에서 30 % 사이를 흡수했다.
- **빙상(Ice Sheets)의 감소:** 그린란드와 남극에 있는 빙상의 질량이 급격히 감소하고 있다. 남극은 매년 140억 톤의 얼음이 소실되고, 그린란드는 1993년 2019년 사이에 매년 약 2790억 톤의 얼음이 소실되었다.
- **북극 해빙의 감소:** 북극 해빙의 두께와 넓이가 지난 수십 년 동안 급격히 감소했다.
- **빙하의 후퇴:** 알프스, 히말라야, 안데스 산맥, 로키 산맥, 알래스카, 아프리카 등에서 빙하가 후퇴하고 있다.
- **만년설의 감소:** 위성 관찰로 북반구에서 봄철에 눈이 덮인 양이 지난 50년 동안 감소하였고, 더 빨리 녹는다는 것을 알았다.
- **극단적인 기상 현상:** 세계 도처에서 최근에 기록적인 폭염, 가뭄, 산불, 홍수 등이 빈번하게 발생한다.

화석 연료와 에너지

퇴적층과 암석층 밑에 묻혀 있는 식물이나 기타 유기물은 오랜 시간에 걸쳐 탄소가 풍부한 퇴적물이 되었다. **화석 연료**라고 부르는 그런 퇴적물은 석탄, 석유 및 천연가스를 포함하는 재생 불가능한 연료로 전 세계 에너지의 약 80 %를 공급한다. 이들 화석 연료는 전기나 열을 생산하거나 운송 과정에 공급되지만, 또한 철강에서 플라스틱에 이르기까지 광범위한 제품을 만드는 공정에도 기여한다. 이들 화석 연료는 탄소와 수소를 가지고 있어 연소될 때 공기 중의 산소와 결합하여 이산화탄소와 수증기가 발생한다. 올리버와 피터스(Oliver & Peters, 2020)[10]에 따르면 화석 연료의 연소에 따른 이산화탄소 배출은 전체 배출량의 약 89 %로 주요 원인으로 석탄 43.8 %, 석유 34.6

9 이런 증가는 대기 중으로 더 많이 방출된 이산화탄소가 바다로 더 많이 흡수되기 때문이다.

10 Olivier, J. G., Schure, K. M., & Peters, J. A. H. W. (2017). Trends in global CO_2 and total greenhouse gas emissions. PBL Netherlands Environmental Assessment Agency, 5, 1-11.

%, 천연가스 21.6 %가 제시되었다[11]. 그 중에서 40 %는 발전, 22 %는 운송, 19 %는 산업, 10 %는 생활 공간 등에 사용되었다.

- **석탄:** 석탄은 약 3억년에서 3억 6천만 년 전에 늪지의 숲에 있던 식물이 진흙층에 가라앉으면서 만들어졌다. 석탄은 무연탄, 역청탄, 갈탄 등으로 구분된다. 무연탄은 탄소 성분이 90 % 이상인 석탄이고, 역청탄은 무연탄보다 탄화가 덜 되었지만 유질이 풍부한 석탄으로 도시가스나 코크스 등을 만드는데 사용된다. 갈탄은 탄화가 불충분한 갈색의 석탄으로 탈 때 그을음과 나쁜 냄새가 많이 난다. 석탄은 전 세계 에너지의 약 1/3을 공급한다. 특히, 전세계적으로 생산된 전기의 1/3 이상을 석탄이 공급하고, 철강 산업에서 석탄은 아주 중요한 역할을 한다. 2016년 자료에 의하면 주요 생산국은 중국, 인도, 미국 및 호주로 전 세계 생산량의 약 70 %을 차지하고, 주요 수입국은 중국, 인도, 일본, 한국 등이 포함된다[12]. 2020년에 석탄 수요는 2차 세계대전 이후 가장 큰 4 %가 감소되었다. 대기 오염과 온실가스의 배출에 대한 염려에도 불구하고, 석탄은 전세계적인 정책의 도입이 없으면 계속해서 앞으로도 중요한 자원이 될 것이다. 그래서 정부와 산업이 오염을 덜 시키고 좀 더 효율적인 기술을 개발하고 채택하기 위해 노력할 필요가 있다.
- **석유:** 주로 탄소와 수소로 구성된 액체인 원유는 대개 검은색이지만, 그 화학 성분에 따라 색깔과 점도가 다양하다. 석유는 대부분 2억 5천 2백만 년에서 6천 6백만 년 전 사이의 중생대 기간에 만들어졌다. 고대의 바다에 가라앉은 플랑크톤이나 조류 등의 물질로부터 생겨났다. 유정에서 추출된 원유는 정제 과정을 거쳐 휘발유, 등유, 경유, 중유, 윤활유, LPG(액화석유가스), 나프타, 아스팔트 등의 형태로 사용된다. 또한, 플라스틱을 포함하여 각종 생활필수품을 만드

11 그에 따른 화석 연료의 소비는 석탄 32 %, 석유 39 %, 천연가스 29 %이었다. 이런 차이는 석탄이 다른 연료보다 이산화탄소 배출량이 많기 때문이다.

12 이 자료는 다음 누리방 자료를 참고하였다:
https://www.weforum.org/agenda/2018/01/these-are-the-worlds-biggest-coal-producers/

는 제품의 기초 소재를 제공하기 때문에 우리 생활과 밀접한 연관을 맺고 있다. 주요 생산국은 미국, 사우디 아라비아, 러시아, 캐나다 등으로 전세계 공급의 약 48 %를 차지한다. 석유 사용은 전세계 이산화탄소 배출량의 약 1/3을 차지한다. 또한, 시추나 운송 과정에서 일어나는 여러 사고가 환경에 커다란 영향을 준다[13]. 그러나 석유 수요는 석유화학 제품 및 운송 연료에 대한 필요성으로 계속 증가하고 있다.

- **천연가스:** 주로 메탄으로 구성된 천연가스는 석탄, 석유와 마찬가지로 수백만 년 전에 식물과 유기체가 썩어서 형성된 퇴적물에 있다. 천연가스와 석유는 시추 기술의 발전으로 지난 20년 동안 생산량이 급증하고 있다. 주요 생산국은 미국, 러시아, 이란 등이다. 천연가스는 석탄과 석유보다 더 깨끗한 연료이지만, 그래도 총 이산화탄소 배출량의 약 1/5을 차지한다. 현재 세계의 모든 천연가스 공급원은 활발하게 채굴되고 있지 않다. 예를 들어, 해저에 묻혀 있는 메탄 하이드레이트는 잠재적인 자원으로 주목받고 있다. 메탄 기체가 얼어붙은 물에 갇혀 있는 메탄 하이드레이트는 소위 '불타는 얼음'이라고 부른다.

미국 EIA(Energy Information Administration)의 자료에 의하면 2020년 전세계적으로 에너지 소비는 액체 연료가 30.3 %로 가장 많았고, 석탄은 25.9 %, 천연 가스는 24.5 %, 기타 대체 에너지 14.8 %, 원자력 에너지 4.6 % 순이었다. 이것은 우리가 여전히 에너지를 주로 화석 연료에 의존할 수 밖에 없다는 것을 보여준다. 전세계 국가들은 기후 변화의 악영향을 줄이기 위해 화석 연료로 인한 온실가스 배출을 줄이는 노력에 참여하고 있다. 2015년 파리 협정의 일환으로 세계 국가들은 탄소 배출량 감소 목표를 달성하기로 했다. 그래서 화석 연료를 재생 가능한 에너지원으로 대체하고, 에너지 효율성을 높이며 운송과 근린 시설에서 사용하는 에너지를 전기로 전환하려고 한다. 또한, 대기에서 탄소를 제거하는 탄소 포집과 같은 기술을 이용하여 발전소의 배

13 1989년 엑손 발데즈(Exxon Valdez) 유조선 유출 사건, 2010년 딥워터 호라이즌(Deepwater Horizon) 시추시설 폭발 사고, 2013년 라크 메간틱(Lac Megantic) 유조열차 탈선 참사, 및 송유관 사고 등이 있다.

출물이 대기로 들어가기 전에 지하 저장소로 보내거나 재활용하려고 한다. 한편, 영국의 글래스고에서 2021년 11월에 제26차 유엔 기후변화회의 당사국 총회(COP26)가 열렸다. 세계 국가들은 앞으로 10년 동안 기후 변화를 의제로 결정하고, 지구 온난화는 1.5 °C를 유지하며, 탄소 배출과 석탄 사용을 줄이기로 재차 합의했다. 많은 국가는 2050년까지 온실가스가 증가하지 않도록 하겠다고 선언했지만, 이를 위해 정부, 기업 및 개인은 커다란 변화를 시도해야 할 것이다. 주로 정부와 기업에서 더 큰 변화가 요구되지만, 개인적 영역에서 다음과 같은 우리 삶의 작은 변화도 기후에 미치는 영향을 줄일 수 있다고 과학자들은 말한다.

- 자신의 주택을 최대로 단열한다.
- 가능한 한 항공편을 적게 이용한다.
- 에너지 효율적인 가전 제품을 구입한다.
- 자동차 없이 생활하거나, 전기차를 이용한다.
- 가스 난방 체제에서 전기 히트펌프로 전환한다.

탄소 배출을 줄이려는 노력으로 이산화탄소의 발생량을 재는 하나의 척도로서 **탄소 발자국**[14]이라는 개념을 사용한다. 탄소 발자국은 이산화탄소가 인간의 모든 활동에서 발생한다는 것을 모래밭의 발자국처럼 비유로 표현한 것으로 발생하는 총 온실가스 배출량을 측정한 것이다. 여러 인간 활동으로 인한 기후 변화의 영향을 주로 이산화탄소와 메탄을 포함하여 탄소 발자국을 계산하고 산정한다. 탄소 발자국은 개인, 조직이나 기관 또는 국가 전체에 대해 계산하거나 추정할 수 있다[15].

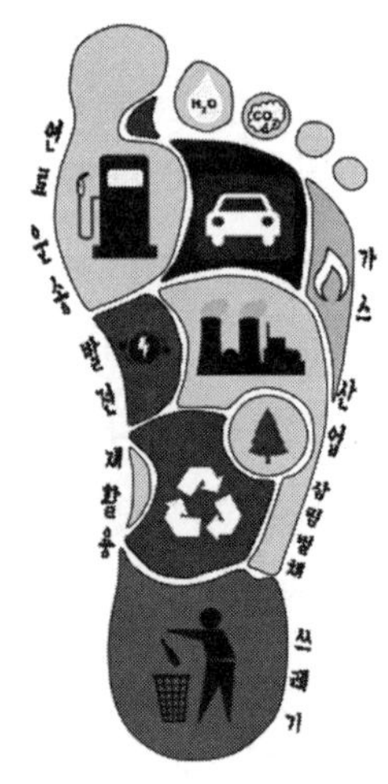

탄소 발자국

14 탄소 발자국(Carbon Footprint)은 캐나다의 웨커네이겔(M. Wakernagel)과 리스(W. Rees)가 1996년에 쓴 책 'Our Ecological Footprint'에서 나왔다.

15 탄소 발자국 계산기는 다음 누리방을 참고한다: http://www.kcen.kr/tanso/intro.green

교수 학습과 관련된 문제는 무엇인가?

과학교육자 중 일부는 과학은 자연 현상과 사실에 기반한 학문으로서 과학은 인간의 주관적 가치나 감정이 들어가서는 안 된다고 생각하는 반면에, 일부는 과학 역시 인간이 추구하는 학문의 하나로 인간 사회 분야와 밀접한 관계가 있으며 이를 과학교육에 반영해야 한다고 생각한다. 이 장에서는 가치가 반영된 과학교육에 대해 고찰해 보고자 한다.

과학과 가치

사람들은 흔히 과학이 가치와 무관하고 객관적인 사실을 다루는 학문이라고 생각한다. 그러나 과학 활동도 다른 학문들과 마찬가지로 인간적인 품이 드는 활동으로 도덕적 문제나 가치를 배제하기 어렵다. 과학은 실제로 문화적 가치를 포함하고 있으며, 인간의 과학 활동 추구는 그 자체가 물질 세계에 대한 지식의 가치를 암묵적으로 내포하고 있다. 또한, 과학 지식을 평가할 때 사용하는 통제된 실험 관찰, 반복성, 예상의 확인, 및 통계 분석 등에 대한 가치도 절대적이라기보다는 과학 활동에 대한 인간적 경험에서 얻어진 것이다.

그리고 과학자도 자신의 과학 활동을 통해 자신의 문화와 특정한 개인적 삶의 가치를 드러낸다. 그래서 인간 진화의 문제, 핵폭탄이나 화학무기의 개발, 실험 동물, 유전체 변형, 환경 문제 등과 관련하여 사회적이거나 윤리적인 가치의 문제가 종종 제기되어 왔다. 과학 연구 결과의 사용이나 주제, 과학적 방법이나 실행도 마찬가지로 윤리나 사회적 가치와 연관이 있기 때문이다. 따라서 과학자들은 객관성, 합리성, 실용성, 정직성 및 정확성 등과 같은 과학 본래의 가치와 더불어 윤리적이거나 사회적인 가치를 통합하거나 고려해야 한다. 예를 들어, 유전자 조작 등과 같은 과학 활동에서 연구의 우선 순위를 정하거나 그 쓰임을 결정할 때 인도주의적 가치가 매우 중요할 수 있다. 아울러 기후 파괴처럼 과학을 통해 인식한 위험 조차도 그 위험을 수용할 수 있는지 평가할 때는 과학 이외의 다른 가치가 사회적, 윤리적 맥락에서 고려

된다. 이와 같은 의미에서 실제로 과학은 가치로부터 벗어날 수 없고, 그 발달 과정에서 윤리적 가치나 사회적 가치를 소홀히 할 수 없다. 더구나 과학, 기술, 사회 및 환경과의 관계 속에서 과학적 소양을 육성하려는 **STSE**(Science-Technology-Society and Environment) **교육**의 입장에서는 문제해결이나 의사소통 과정에서 가치의 문제를 다루지 않을 수 없다. 다시 말해, 과학을 지식 위주의 별개의 학문으로 가르치기보다는 인간의 삶과 사회 문화의 맥락 안에서 지식의 가치와 적용에 대해 가르치고 비판적이며 책임있는 시민으로서 문제해결력을 키우도록 해야 한다.

STSE 중심의 과학교육

과학, 기술, 사회, 환경을 뜻하는 STSE 교육은 과학교육에서 1980년대부터 강조된 **STS**(Science-Technology-Society) **교육**에서 출발하여 1992년 리우 선언을 계기로 환경문제가 부각되면서 STSE라는 용어로 발전되었다. 당시 학문 중심 교육사조와 과학·기술로 인한 부정적 사회 문제를 해결하기 위한 STS/STSE 교육은 학생들의 실제적 삶과 관련하여 과학 및 기술적 소양을 육성하여 사회 변화에 대응할 수 있는 과학교육의 새로운 방향을 제시하였다. 과학·기술의 발달 방식에 대한 사회적 가치, 신념의 영향을 탐구하고, 과학·기술의 본성을 이해하여 과학에 내재된 가치, 윤리 및 세계관을 헤아릴 수 있도록 한다는 것이다. 그래서 과학교육은 단순한 지식의 전달뿐만 아니라, 그와 관련된 사회적, 윤리적, 가치적 측면을 포함시켜야 한다(Yager, 1990)[16]는 것이다. 개인과 사회의 맥락과 연관성이 없이 과학 교과서에 제시된 과학개념 위주의 과학교육은 암기된 학문 이상의 의미가 없다는 것이다. 아이켄헤드(Aikenhead, 1994)[17]는 과학 지식의 기술적 적용, 사회와의 연계성을 함께 강조하면서 과학교육에서 STS 교육의 방향을 다음 그림과 같이 제시하였다.

---

16 Yager, R.E. (1990). STS: Thinking over the years. The Science Teacher, 57(3), 52-53.

17 Aikenhead, G. (1994). What is STS Science Teaching? In J. Solomon & G. Aikenhead (Eds.), STS education: International perspectives on reform (pp. 47-59). New York & London: Teachers College Columbia University.

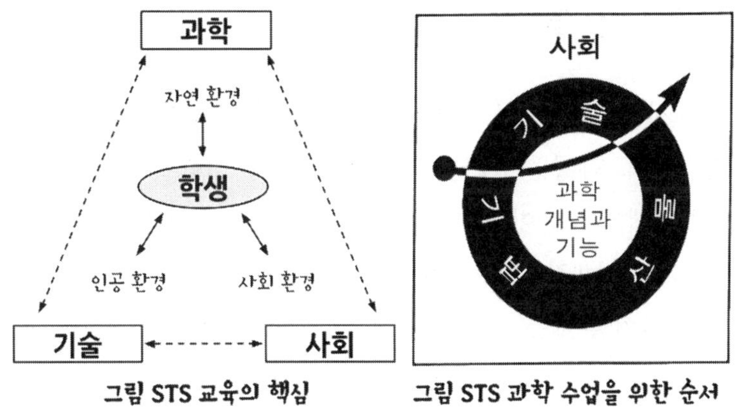

STS 교육(Aikenhead, 1994)

한편, 21C에 들어서며 유전공학, 기후 변화, 동물 실험 등과 같이 과학과 관련된 사회적 논란거리가 증폭되면서, 그와 같은 사회-과학적 논쟁을 통해 적극적으로 과학적 소양을 증진시키려는 시도도 이루어지고 있다. 이러한 **SSI**(Socio-Scientific Issues) **교육**도 개념적으로 STS와 관련이 있지만, SSI는 그 내용 지식뿐만 아니라 감성이나 도덕 발달을 좀 더 강조한다. 그래서 SSI 중심의 과학교육은 학생들의 믿음과 가치가 상충할 수 있는 주장을 제시하여 **인지적 부조화**를 유발하고 도덕적 추론을 발달시키려고 한다.[18] 특히, 사회적 문제에서 문제해결이나 의사 결정 능력이 중요하게 부각되면서 그런 과정에서 발생하는 가치와 갈등을 다루게 되었다. 또한, 과학 기술의 발전과 함께 제기되는 사회적인 문제가 집단에 따라 첨예하게 대립하게 되는 상황이 발생하면서 양심과 정의의 문제가 대두되었다. 예를 들어, 줄기세포 연구를 통해 치료법을 개발하여 삶의 질을 향상시키려고 하지만, 인간 배아의 사용에 대한 인권이나 윤리적 문제가 제기될 수 있다. 미래의 삶은 이런 문제가 점점 더 증가할 것이고, 그에 따라 학생들은 과학 지식의 역할과 적용, 인권과 윤리, 집단 가치, 문화 등의 복잡한 끝열린 문제에 대해 다양한 맥락에서 고찰하는 기회가 필요하다. 이런 접근을 SSI 중심 또는 사회적 논쟁에 바탕을 둔 과학교육이라 한다.

18 Zeidler, D. L. & Nichols, B. H. (2009). Socioscientific Issues: Theory and Practice. Journal of Elementary Science Education, 21(2), 49-58.

가치 교육을 위한 몇 가지 방안

일반적으로 교사는 앞의 수업 사례와 같이 자신의 가치를 학생들에게 전달하기 쉽다. 물론 이런 방법도 학생들이 가치를 발달시키는데 영향을 주지만, 그것은 개인의 책임 있는 가치 선택에 도움이 되지 않는다. 도덕적 추론을 할 수 없는 학생은 아마도 가치를 결정하기 위해서 계속 권위에 의존할 것이다. 따라서 적절하게 학생들을 지도하려면 그런 가치 문제를 다루는 방법을 찾도록 해야 한다. 학생들이 그런 문제에 대한 자신의 믿음을 조사하고, 정보를 바탕으로 그에 대한 결정을 내릴 수 있도록 하는 수업 방안이 필요하다. 그 한 가지 예는 콜버그(Kohlberg, 1974)의 **도덕 발달 모형**[19]을 기반으로 하는 것이다. 학생들의 도덕적 추론을 발달시키기 위하여 **도덕적 갈등**(moral dilemma) 일화를 사용하는 것이다. 예를 들어, 자신의 믿음에 반하는 낙태 결정을 위한 정보를 당사자에게 제공하는 문제나 일자리 창출을 위한 화력 발전소 유치 문제 등을 학생들에게 제기하고 모둠별로 토론하게 함으로써 과학·기술이 사회에 제기할 수 있는 몇 가지 윤리적 의미를 고찰하도록 할 수 있다.

또 다른 방안은 학생들의 가치화 과정을 발달시키도록 돕기 위해 **가치 명료화**(values clarification) 기회를 제공하는 것이다. 이 방안은 선택하기, 평가하기, 행동하기라는 가치화 과정을 통해 학생이 어떤 상황에 대한 자신의 생각과 느낌을 명확하게 하는 것이다. 이것은 특정한 가치를 가르치는 것이 아니라, 학생들이 개인적으로 갖고 있는 자신의 가치를 인식하고, 그것을 다른 사람이나 집단 또는 다른 시대와 비교하는 방식을 인식하도록 한다. 보통 학생은 자신의 기본 가치를 결정하거나 확인하는데 어려움을 느낄 수 있다. 이때 교사는 활동지와 궁리하기 활동을 사용할 수 있다. 가치 명료화 방안을 실행하기 위해 다음과 같은 절차를 취할 수 있다(Mary & Suganya, 2016)[20].

- 교사는 위험성이 적은 문제에 초점을 맞추어 "열린" 활동으로 수업을 시작한다.

---

19 콜버그의 도덕 발달 단계는 전-관습 단계(벌과 복종 지향; 사익 지향), 관습 단계(대인 조화; 사회 질서), 후-관습 단계(사회 계약; 보편 양심)로 도덕성이 순차적으로 발달한다고 말한다.

20 Mary, P.J., & Suganya, D. (2016). Value Clarification in Education. International journal of advance research and innovative ideas in education, conference issues 1(2), 42-45.

- 그 문제에 대한 학생들의 입장이 명확하고 공개적인 방식으로 드러나도록 한다.
- 교사는 판단이나 평가를 하지 않고 학생의 반응을 수용하고, 학생들이 서로의 입장을 조롱하거나 자극하는 시도를 하지 못하도록 한다.
- 학생들에게 자신의 가치가 소중한 이유를 제시하거나 명확하게 설명하도록 한다.
- 역사적으로 중요한 사건이나 현재의 사회적 또는 정치적 관심사와 관련된 문제와 이 활동을 관련시킨다.

학생들은 모둠 활동이나 협동 학습, 토론, 역할놀이 등과 같은 활동을 통해 가치를 명료화하는 기회를 갖고, 자신들의 생각, 감정 및 행동에 대해 더 잘 이해하며 자신들의 가치를 재고하고 수정하는 기회를 갖게 된다.

가치를 분명하게 다루는 또 다른 방안은 **가치 분석하기** 방안이다. 이것은 뉴스 자료나 지역의 논쟁거리 등을 사용하여 학생들이 학습 활동의 문제나 목적을 확인하고, 그 상황에 대한 긍정적 혹은 부정적인 입장에 대한 증거를 수집하며, 가치 학습 상황에 대하여 추론하고 결론을 내리는 문제해결 유형의 방안이다[21]. 이를 통해 학생들에게 특정한 가치 문제를 비판적으로 분석할 수 있는 학습 경험을 제공하는 것이다. 예를 들어, 인간, 생명, 죽음 등을 정의하는 것과 관련하여 과학·기술에 의해 초래된 몇 가지 문제를 검토하도록 할 수 있다. 이와 같은 분석을 통해 학생들은 현재의 전통적인 정의가 더 이상 앞으로의 과학·기술 사회에 적합하지 않다는 것을 이해할 수 있다.

또 다른 방안은 학생들이 자신의 가치에 따라 행동을 실천할 수 있는 기회를 제공하는 것이다. 가치 명료화와 마찬가지로 **가치 실천하기** 방안은 역할놀이, 시늉내기, 또는 집단 토의 활동 등을 사용할 수 있다. 그러나 실천하기 방안은 학교 밖에서 지역사회의 개인적 또는 집단적 프로그램에 참여하여 어떤 활동을 실행하는 데 중점을 둘 수 있다. 예를 들어, 생태 조사나 환경 프로그램에 참여하여 문제를 찾고 해결 방안을 제안하거나 실천하도록 하는 것이다. 이 방안은 학생들이 최종 행동에 대한 결정을 내리기 전에 어떤 가능한 행동의 장단점과 그에 따른 결과를 탐색하도록 한다.

---

21 UNESCO(1993). Strategies and Methods for Teaching Values in the Context of Science and Technology. UNESCO Principal Regional Office for Asia and the Pacific, Bangkok.

가치가 포함된 좀 더 종합적인 활동은 **의사 결정 모형**[22]을 활용하여 환경 문제에 대한 윤리적 결정을 내리기 위해 고려할 다양한 요인을 생각하도록 하는 것이다. 이 모형의 일반적인 단계는 분석하기(Analysis), 평가하기(Assessment) 및 행동하기(Action)의 세 가지가 있다. 다음과 같은 세 단계를 통해 학생들이 자신의 생각을 정리하고 경험적인 것을 규범적이거나 도덕적인 것과 혼동하지 않도록 도와준다.

1단계 분석하기: 문제를 인식하기

- **개인적 요인:** 이 사례를 보는 방식에 영향을 미친 자신의 개인적인 경험이 있는가?
- **이해관계자:** 이 사례의 모든 이해관계자는 의사결정 측면에서 모두 동등한 권한을 가지고 있는가? 그렇지 않다면, 그 이유는 무엇인가?
- **과학적 정보:** 이 사례의 핵심 사실은 무엇인가? 그 사실이 무엇인지에 대해 논란이 있는가? 사실에 대한 가장 그럴듯한 설명은 무엇인가? 과학적 자료가 편파적으로 제시되고 있다는 징후가 있는가?
- **복잡한 요인:** 이 사례에 복잡하거나 특이한 점이 있는가? 과학적인 면? 법적인 면?
- **대인 관계:** 주요 이해관계자 중 어떤 사람이 이 사례를 바라보는 방식에 영향을 미칠 수 있는가? 그 사람은 이 문제에 개인적으로 중요한 관계를 가지고 있는가?
- **윤리적 문제:** 이 사례의 주요 윤리 문제와 이차적인 윤리 문제는 각각 무엇인가?
- **대안 및 결과:** 행동의 주요 대안은 무엇인가? 이 대안들은 사례의 주요 윤리 문제를 어떻게 처리하는가? 이들 대안의 긍정적 결과와 부정적 결과는 무엇인가?

2단계 평가하기: 규범을 사용하여 대안을 평가하기

- **윤리적 전망:** 이들 문제에 대한 정당한 해결책은 무엇일까? 윤리는 금지된 일에 관한 것만이 아니라, 우리가 이루어야 할 것을 어떻게 상상하는지에 관한 것이다.
- **불완전한 환경 지식에 대처하기:** 여러분은 제시된 대안의 확실성을 어떻게 평가하나? 환경 영향의 불확실한 위험은 얼마나 크고, 누가 그 위험 부담을 지는가?

---

22 환경 윤리 의사 결정 지침은 다음 누리방을 참고한다:
https://www.scu.edu/environmental-ethics/short-course-in-environmental-ethics/lesson-twelve/

- **윤리적 추론:** 명령이나 의무, 공리적인 결과, 품성에 의한 추론 중 어떤 양식이 가장 적절해 보이는가?
- **도덕적 원칙:** 어떤 핵심 윤리 원칙이 적절한가?

  예 정의, 충분성, 지속 가능성, 연대, 참여 및 예방
- **미덕:** 여러분은 자신의 결정에 어떤 성격 특성이 반영되기를 원하는가?

  예 신중함, 예방 조치, 용기

3단계 행동하기: 결정을 내리고 실천하기

- **결정하기:** 도덕적으로 어떤 대안을 더 선호하는가?
- **정당화:** 도덕적 원칙과 도덕적 추론의 관점에서 여러분은 어떻게 정당화하는가?
- **더불어 말하기:** 여러분은 이 정보를 다양한 청중에게 어떻게 전달하여, 도덕적으로 합당하게 할 것인가?
- **성찰하기:** 이 사례를 돌이켜볼 때, 특별히 깨달았거나 아쉬웠던 부분이 있는가? 어떤 새로운 발달이 여러분 자신의 결정을 재고하도록 할 수 있을까?

과학교육이 실천을 바탕으로 한다면 그 판단의 근거가 되고 개인적이나 사회적인 행동을 길잡아주는 가치를 수업에서 배제하는 것은 바람직하지 않을 것이다. 기후 변화 문제는 단지 과학적인 것뿐만 아니라 경제적이고, 정치적이며 윤리적인 측면과도 관계가 있기 때문에 그 문제를 제대로 인식하는 일이 쉽지 않다. 특히, 이산화탄소는 눈에 보이지 않을 뿐만 아니라 우리 주변에 흔히 있는 자연스러운 물질로 기후 파괴에 대한 영향을 우리가 직접 관찰하기가 어렵기 때문이다. 또한, 우리는 저렴한 화석 연료를 사용하여 손쉽게 에너지를 얻을 수 있고, 그것으로 이익을 얻는 사람들에게도 기후 파괴의 영향은 직접적인 해를 끼치지 않는다. 따라서 이 문제가 심각하다는 것을 학생들에게 확신하게 하는 일은 매우 어려운 과제이다. 기후 파괴에 대처하는 일은 불균등하고 불공평한 세계 경제 발달과 불가피하게 연결되어 있기 때문이다. 국제 환경회의에서 나타나는 것처럼 이 문제와 관련하여 많은 이해 당사자들이 서로 대립한다. 우리는 부자와 가난한 사람 사이의 격차가 점점 더 가속되는 현실, 비인간적인 빈곤으로 고통받고 있는 사람, 그리고 파괴된 기후로 고통받을 가능성이 가장 높은

사람들을 고려해야 한다. 따라서 단순히 과학 지식을 가르치는 것만으로 우리가 필요하다고 생각하는 중요한 가치를 학생들에게 내면화시킬 수 없다. 예를 들어, 앞의 수업 사례와 같이 일방적으로 학생들에게 그것을 전달하기보다는 좀 더 적극적으로 그 문제에 대해 고민하고 도덕적 추론을 할 수 있는 기회를 제공하는 일이 필요하다.

그래서 가능하다면 학생 주변에서 일어나고 있는, 자연 보존과 지역 개발이나 화력 발전소 유치와 같이 지역 사회에서 논쟁이 되고 있는 실제적 문제를 조사하고 토의하는 것이 바람직하다. 다만, 초등학생의 경우 학생들에게 친숙하지 않은 문제보다는 학생들의 생활과 관련이 있는 소재가 더 바람직할 것이다. 예를 들어, 앞 절에서 언급했던 탄소 발자국 계산기를 활용하여 학생들의 생활에서 발생하는 이산화탄소의 양을 계산하고 국가나 세계 평균과 비교해 보는 활동을 고안할 수 있다. 또는 식습관, 플라스틱 사용이나 의류 구입에 대한 학생들의 태도나 습관에 주목하도록 할 수 있다. 그래서 학생들의 식습관, 일회용 플라스틱 제품의 사용, 의류 구입이 탄소 발자국에 얼마나 영향을 주는지 따져보는 활동을 고안할 수 있다[23]. 음식, 플라스틱, 의류 등은 이차적인 발생원으로 그 생산이나 폐기 과정에서 이산화탄소를 발생한다.

---

23 플라스틱, 의류, 한끼 밥상의 탄소 발자국 계산은 다음 누리방을 참고한다:
플라스틱 사용: https://www.khan.co.kr/kh_storytelling/2021/carbonprint/index.html
의류 구입: https://www.thredup.com/fashionfootprint
한끼 밥상: https://interactive.hankookilbo.com/v/co2e/

실제로 어떻게 가르칠까?

이 장에서는 환경 문제와 같이 학생들의 주관적인 가치, 경험, 생각 등이 포함된 과학 주제를 가르칠 때 교사가 활용할 수 있는 정보와 교수 방법의 예시를 다루어 보고자 한다.

기후 변화에 대한 생각 나누기

기후 변화를 우리의 일상 생활 습관과 관련짓는 일은 그 직접적인 영향을 보기 어렵기 때문에 그에 대한 이해와 가치를 증진시키기 어려운 주제이다. 그렇지만 학생들이 그와 관련된 문제를 조사하고, 자신들이 생각하는 가치를 분명하게 인식하도록 하는 것은 중요한 일이다. 특히, 도덕적 추론은 사회적 상황 속에서 갈등을 해결하려는 과정을 통해 발달한다는 것을 고려할 때, 도덕적 갈등 일화나 가치 명료화 활동을 수업에 직접 도입하여 가치에 대해 생각해 보는 기회를 제공하는 것은 바람직하다. 그것은 도덕이나 사회 교과와 연관하여 통합적인 주제로 고려할 수도 있다. 예를 들어, 앞의 수업 사례의 경우에 과거에서 현재까지 석탄이나 석유 산업이 국가 경제 발전에 미친 성과와 개인적 삶의 질을 향상시켜 온 것에 대한 의미, 그리고 석탄 산업이 당면한 문제와 이에 대한 미래의 대처 방안 등을 조사하고 논의할 수 있다. 또한, 학생들이 지구 온난화 문제와 관련된 이해관계자를 조사하고 토의하는 과정에서 교사는 미래 세대나 다른 생물, 또는 다른 국가나 사회 집단을 이해관계자로 소개하고 도입할 수도 있다.

교사는 우선 가치 문제를 도입하는 수업을 시작하기 전에 다음과 같은 글쓰기 과제를 통해 '지구 온난화'에 대한 학생들의 생각을 파악하는 것이 좋다. 그리고 수업을 시작할 때 이 과제의 마지막 두 문제에 대한 학생들의 생각을 토의하는 시간을 15~20분 동안 갖도록 한다. 교사는 토의를 통해 정해진 답을 찾기보다는 그와 관련된 여러 가지 생각이 있다는 것을 학생들이 이해할 수 있도록 한다.

과제 : 지구 온난화

- 지구 온난화에 대해 조사하고 다음과 같은 내용의 글을 A4 용지 3쪽 이내로 작성한다.
- 여러분은 지구 온난화를 어떻게 생각하는가?
- 자신이 지구 온난화로 영향을 받았다고 생각하는 경험은 무엇인가?
- 어떤 사람은 '지구 온난화'가 아니라, '기후 위기'라고 불러야 한다고 생각한다. 여러분은 이것에 동의하는가? 이들 용어의 장단점은 무엇일까?
- 어떤 사람들은 이 문제가 주로 기술 혁신에 의해 해결될 것이라고 믿는다. 여러분은 이 말에 동의하는가? 그렇지 않다면 어떻게 생각하는가?

앞의 수업 사례와 같은 화석 연료와 온실가스 배출에 관한 수업 이후에 교사는 다음과 같이 화력 발전소 건설에 대한 주민 투표에서 일어날 수 있는 도덕적 갈등 일화를 소개할 수 있다. 이 가상 사례에 대한 탐구를 통해 학생들은 서로 다른 이해관계자의 입장과 제기될 수 있는 몇 가지 윤리적 의미를 고찰할 수 있다.

화력 발전소 건설과 주민 투표

시우는 현재 인구가 6만 명인 동해의 지방 도시에 산다. 그의 부모님은 작은 어항에서 식당 일을 하고 있지만, 그는 별다른 직업이 없이 간혹 부모나 친구들의 일을 임시로 도와주고 있다. 그리고 틈이 나면 환경 단체에서 자연 보호 운동을 하고 있다. 지방 정부는 한때 인구가 30만 명이었던 이 곳의 침체된 지역 경제를 활성화하기 위해 해안가에 있는 산업 단지에 석탄을 연료로 하는 최신식 화력 발전소를 건설하려고 한다고 발표했다. 지방 정부는 발전소 건설로 1만 명 이상의 취업이 예상되고 이에 따라 건설 경기의 활성화, 인구 유입과 소비 지출의 증가, 지방 세수의 확대가 기대된다고 말한다.

시우의 부모님은 발전소가 들어서면 경기가 좋아질 것이라고 은근히 발전소가 빨리 건설되기를 바라는 눈치다. 그러나 환경 단체에서는 발전소의 건설로 해안 침식이 심각해지고, 환경 오염의 우려가 크다고 반대의 목소리를 높이고 있다. 사실 해안 침식은 벌써 오래 전부터 이 지역의 골칫거리였다. 발전소를 건설하려는 기업에서는 미세먼지 저감시설과 탄소 포획 저장 장치를 마련한 최신식 화력 발전소로 발전 효율이 커서 온실가스 배출도 줄일 수 있다고 한다. 또한 10여 명의 환경 안전 직원을 선발할 예정이라고 한다. 하지만 환경 단체에서는 2030년까지 석탄 발전소를 완전히 폐지해야 하고, 화력 발전 이용률이 매년 줄어 경제성이 없다고 주장한다. 지역의 주민들도 이 문제와 관련하여 찬성과 반대로 나뉘어져 팽팽하게 다투고 있어 지방 정부는 이에 대한 주민 투표를 실시한다고 한다.

환경 단체 활동 관련 경력이 있는 시우는 발전소가 건설되면 취업을 하기 쉬울 것이라고 기대하지만, 환경 단체의 반대 주장에 마음이 편하지 않다. 시우는 화력 발전소 건설에 대한 주민 투표에서 어떻게 행동해야 할까?

❶ 모둠별로 이 문제를 함께 토의한 다음에 자신이 시우라면 어떻게 할 것인지 설명한다. 자신의 선택에 대한 근거를 준비한다.

❷ 이 문제와 관련하여 행동하기 앞서 시우가 알아야 할 정보는 또 어떤 것들이 있을지 살펴보자.

교사는 이 사례에 대한 토의 과정에서 학생들이 찬성이나 반대를 선택하는 이유에 대해 생각해 볼 수 있도록 한다. 개인 이익, 사회 질서, 권위, 또는 신념이나 도덕적 원칙 등을 어떻게 다룰지 이야기해 볼 수 있다. 또한, 정부, 기업, 환경 단체, 주민, 생태계 및 다른 지역 사회나 미래 주민 등의 입장을 고려해 보도록 할 수 있다. 그래서 교사는 학생들에게 윤리가 개인에 관한 것만이 아니라, 오히려 집단이 그 구성원을 어떻게 대하는지, 또는 국가들이 서로를 어떻게 대하는지에 관한 것일 수 있다는 것을 일깨울 수 있다. 그리고 더 나아가 윤리는 우리 자신과 타인뿐만 아니라 자연 세계 자체에 대해서도 우리가 어떻게 행동하는지에 관한 것이라는 점을 생각하도록 할 수 있다.

그리고 교사는 전체 학급 토의를 통해 자신의 가치를 명료화하는 기회를 갖도록 할 수 있다. 예를 들어, 학생들의 입장을 찬성이나 반대 또는 중립 등으로 나누어 자신들의 입장을 대변하는 자료를 만들어 발표하도록 할 수 있다. 이때 다음과 같은 정보를 활용하도록 할 수 있다.

- 현재 석탄에 의한 온실가스 배출이 가장 크다.
- 화력 발전소의 냉각탑은 많은 양의 물이 필요하다.
- 석탄은 철강 산업에 중요한 코크스를 만드는 원료이다.
- 화석 연료는 현재 전 세계 에너지의 약 80 %를 제공하고 있다.
- 이산화탄소와 메탄은 지구 온난화와 기후 변화에 큰 영향을 준다.

- 석탄은 가장 풍부한 자원으로 가격이 다른 에너지원보다 싸고 안전하다.
- 석탄은 채굴로 인한 환경 피해가 심각하고 그 주변에서 사람이 살기 어렵다.
- 우리나라의 석탄 발전은 40 %이고 2030년까지 30 % 이하로 줄이려고 한다.
- 풍력이나 태양광과 같은 신재생 에너지는 지속적으로 에너지를 공급하기 어렵다.
- 발전소 건설로 해안 침식 등 환경 훼손 우려가 크고, 그 배출물은 대기를 오염시킨다.

교사는 학생들의 발표 과정에서 다음과 같은 일련의 도움말을 제공하여 학생들이 자신들의 생각을 분명하게 다듬을 수 있도록 도와줄 수 있다.

- 무엇이 논쟁거리인지 자신의 말로 서술하는가?
- 예를 들어, 일자리 창출이나 해안 침식 문제, 온실가스 감소, 화력 발전소의 경제성 등 논쟁의 각 부분에 대해 '예'나 '찬성' 입장을 설명하는가?
- 논쟁의 각 부분에 대해 '아니오'나 '반대' 입장을 설명하는가?
- 각각의 '찬성'과 '반대'를 뒷받침하는 일련의 증거나 사실은 무엇인가?
- 여러분의 결정이나 모둠의 입장은 무엇이고, 그 이유는 무엇인가?
- 그 증거는 믿을만한 사실인가, 아니면 의견인가, 또는 사실에 대한 해석인가?
- 두 입장 사이에 최소한 두 가지가 중요하게 불일치하는 사실이나 영역은 무엇인가?
- 두 입장 사이에 어떤 합의가 있을 수 있는가?

역할놀이를 통한 의사결정

학생들이 가치를 명료화하거나 실천하도록 도와주는 방안으로 교사는 **역할놀이** 활동을 사용할 수 있다. 그래서 그 활동을 통해 어떤 문제에 대한 개인이 처한 다양한 상황을 이해하고 고려하도록 할 수 있다. 예를 들어, 발전소 건설 문제를 다룰 때 시청 관계자, 발전소 건설 노동자, 지역의 상인, 일반 시민, 환경 운동가 등에 따라 입장이 다를 수 있다. 그런 경우에 직접적인 찬성과 반대 입장의 토론보다는 개인적 상황에 따른 서로 다른 입장을 이해하고, 각 주장의 차이가 어디에 있는지 알아보는 것도 중요하다. 더 나아가 현대 과학을 둘러싼 인간 사회의 복잡성, 그리고 과학적 가치의 절대성이나 상대성 또는 가치 중립이나 가치 의존 입장에 대해 알아보고 과학의 발전 방향에 대해 논의해 보는 것도 중요하다.

그래서 앞에서 소개한 일화를 바탕으로 시청 관계자, 지역의 상인, 일반 시민, 과학자, 발전소 건설 및 운영자, 발전소 건설 노동자, 발전소 근로자, 환경 운동가, 해수면 상승을 우려하는 해안가 주민, 대체에너지 개발자, 에너지 관련법 제안 시의원 등의 역할을 준비하고 학생들에게 특정한 역할을 주어 화력 발전소 건설에 대해 자신의 입장을 생각해 보도록 할 수 있다. 학생들의 수준이나 학급 여건에 따라 역할놀이의 등장인물을 3~4명으로 제한할 수도 있다. 각각의 역할을 맡은 학생들은 앞 절에서 서술한 의사 결정 모형을 바탕으로 자신의 생각을 정리하여 발표하도록 한다. 경우에 따라서는 역할을 개인이 아니라 모둠별로 부여하여 발표 자료를 함께 만들어 발표하도록 한다. 필요한 경우 교사는 구체적으로 각 역할에 다음과 같이 조건을 제시할 수 있다.

- **시청 관계자:** 취약한 지역 경제를 활성화시키는 방안을 강구해야 한다.
- **건설 노동자:** 지역에서 일자리를 찾기 어려워 다른 지방을 찾아 돌아다닌다.
- **지역 상인:** 경기가 좋지 않아 휴업 신고를 할까 고민 중이다.
- **해안가 주민:** 해수면 상승, 수온 상승, 해안 침식 등에 대한 뉴스를 자주 접한다.
- **일반 시민:** 미세 먼지, 전기료 인상, 이상 기후 등의 뉴스로 걱정이 많다.
- **발전소 근로자:** 화력 발전에 대한 지식과 기술을 갖고 있고, 근처 화력 발전소에 근무한다.
- **에너지 과학자:** 에너지 문제와 에너지 효율성에 대한 전문가이다.
- **환경 운동가:** 지구 온난화에 대한 지식과 그 심각성을 인지하고, 환경 캠페인과 정책 제안에 적극적으로 참여한다.
- **대체에너지 개발자:** 에너지 공사에 근무, 대체에너지 개발에 대한 연구를 진행 중이다.
- **시의원:** 기후 변화에 대비한 에너지 개발 및 이용에 관한 관련법을 기안 중이다.

역할놀이를 준비하기 위해서는 많은 사전 준비가 필요하다. 논쟁 중심의 수업에서는 역할놀이의 내용 전개나 역할극 자체보다는 그 안에서 학생들이 과학 지식과 다른 개념, 가치들의 상충, 의사 결정의 복잡성을 경험해 보는 것이 중요하다. 따라서 문제의 주제, 등장하는 역할이 당면한 조건과 상황 등을 제시하고 각각의 역할이 어떤 이야기를 펼쳐 나갈지는 미리 정해 놓지 않는 것이 좋다. 학생들은 맡은 역할의 입장에서 자신의 주장을 발표하고, 서로 다른 쟁점에 대해 토의하며 그 차이점을 이해할 것이다.

● 딜레마 사례 07

물 부족 장치 설계하기

엉뚱한 창의성과 구현 가능한 설계, 무엇이 중요할까?

초등학교 4학년 '물의 여행' 단원 성취 기준 중 하나는 '물의 중요성을 알고 물 부족 현상을 해결하기 위해 창의적 방법을 활용한 사례를 조사할 수 있다"이다. 이 성취 기준과 관련된 활동으로 교과서에는 물이 상태 변화를 하면서 순환하는 과정을 이용해 물 모으는 장치를 설계하는 활동이 있다.

나는 이 활동을 위해 응결 현상을 이용해 공기 중의 수증기를 물로 모으는 "와카타워" 장치를 소개하고 과학적 원리도 함께 설명하였다. 이후 모둠별로 물 모으는 장치를 어디에, 어떤 디자인과 재료로 만들고, 어떻게 설치하면 좋을지 이야기를 나누도록 안내하였다. 각 모둠은 자신들의 생각을 충분히 논의한 후, 나누어 준 종이에 물 모으는 장치를 설계하여 글과 그림으로 나타내도록 하였다.

학생들은 열심히 물 모으는 장치에 대해서 의견을 나누었고, 곧 나누어 준 종이에 그림을 그리기 시작하였다. 그러나 순회하며 학생들이 그린 그림을 살펴본 결과, 수업을 시작하며 강조하였던 "물의 순환"의 원리는 온데간데없고, 엉뚱한 그림만 남아있었다.

학생들이 설계한 물 모으는 장치는 '창의적'이었지만, 물의 여행 단원에서 학생들이 학습한 학습 내용과는 다소 동떨어져 있었으며 구현 가능한 설계가 아니었다. 나는 과연 이 활동이 창의적 설계에 방점을 두어야 하는 것인지, 물의 순환이라는 과학적 원리를 활용한 설계에 방점을 두어야 하는 것인지 고민이 되기 시작하였다.

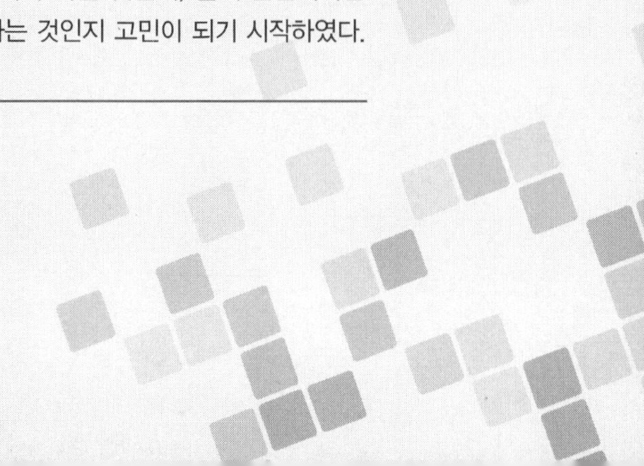

1 과학 수업 이야기

4학년 2학기 '물의 여행' 단원에는 물이 상태 변화를 하면서 순환하는 과정을 이용해 물 모으는 장치를 설계하는 차시가 있다. 나는 앞 차시에 다룬 물 부족 현상과 연계하여 물 모으는 장치를 설계할 수 있도록, 아프리카와 같은 물 부족 국가에서 물을 구하기 위해 먼 길을 매일 걸어가는 한 아이의 이야기를 읽어주었다. 실제로 이탈리아의 건축가인 '아르투로 비토리(Arturo Vittori)'가 에티오피아의 한 마을을 방문했다가 식수를 구하기 위해서 매일 수십 km를 오가는 주민들을 보고 이들을 돕기 위해 '와카타워(Warka Tower)'를 만든 이야기를 동영상으로 소개하였다.

공기 중의 수분을 응결시켜 식수를 만들 수 있는 와카타워의 모습

(출처 wdo.org)

학생들에게 와카타워의 제작과정을 동영상으로 보여주니 매우 흥미롭게 생각하였다. 와카타워의 모습이 9 m로 거대할 뿐 아니라 마치 설치 미술과 같은 꽃병 모습에 학생들은 더욱 감동하였다. 나는 와카타워의 원리가 공기 중의 수증기가 응결하여 물방울이 되는 현상을 이용한 것임을 설명하였다. 그리고 학생들에게 이탈리아의 건축가 '아르투로 비토리'처럼 물을 모으는 장치를 설계하여 물 부족 현상을 겪는 사람들을 도와주자고 이야기하였다.

학생들에게 물 모으는 장치를 설계하는 과정을 상세하게 설명하기 위해 예시 작품으로 내가 설계한 그림과 글을 준비하였다. 와카타워와는 달리 거름의 원리로 고운 모래, 숯 등을 넣어 흙탕물을 깨끗하게 정화하는 장치를 설계한 그림과, 이와 관련된 과학적 원리를 글로 설명한 것을 학생들에게 보여주었다. 그리고 모둠별로 물 모으는 장치 설계를 위한 의견을 나누고, 내가 예시 작품을 그림과 글로 설명한 것처럼 설계하도록 하였다. 물 모으는 장치를 설계하는 과정에서 모든 학생이 자신의 장치를 설계하도록 개인별로 물 모으는 장치를 설계한 뒤에, 이를 모둠원들과 함께 토의하면서 모둠별로 한 가지 구상안을 설계하라고 하였다.

학생들은 개인별로 물 모으는 장치를 설계하여 자신의 장치를 다른 모둠원에게 설명하는 시간을 가졌다. 이 때 한 모둠에서 발길이 멈추었고 나는 학생들의 이야기를 듣기 시작하였다.

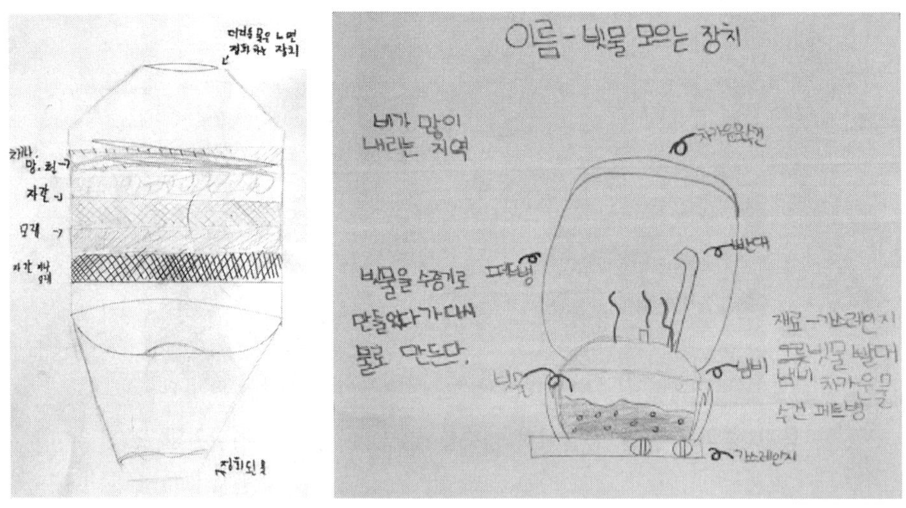

학생2(좌)와 학생4(우)의 물 모으는 장치 설계도

나(교사): “자 각자 자기꺼 설명해보세요.”

(학생 2가 자신의 설계를 설명한다)

학생4: “이분 꺼 거의 저거(선생님꺼)랑 똑같아요.”

학생2: “망했어요.”

학생1: "선생님이랑 똑같은데요."

학생3: "다른 사람꺼 봐봐요."

학생4: "제 꺼는 여기에 비가 오면 빗물이 들어오고 여기서 불을 피워서 여기서 끓음 현상이 나타나면서 수증기로 바뀌면서 이게 차가운 물이 묻은 수건 이거든요. 그 수건에 여기 응결되가지고 여기에 떨어져요. 안에 이게 페트병이거든요."

학생2: "뭔 말인지 모르겠어요."

학생4: "이게 냄비인데요. 냄비 안에 구멍을 하나 뚫어놓고 불을 피워서 수증기가 되잖아요. 불을 피워서 물이 그 수증기가 여기 유리 빨대인가 있잖아요. 여기 들어갔다가 이렇게 나오구요."

학생2: "어떻게 나와요? 너무 엉뚱한거 아닌가요?"

학생4: "님꺼 보다는 낫지 않나요? 님은 선생님 꺼랑 똑같이 했잖아요."

학생2: "똑같은건 아니에요."

학생1: "비슷해요. 비슷해."

학생1, 2, 4: "선생님!"

한 학생의 설계는 내가 보여 준 예시와 너무 유사하였고, 다른 학생의 설계는 언뜻 보기에는 다소 엉뚱한 설계였다. 학생들은 어떤 것을 모둠의 최종 설계안으로 정할지 의견이 분분하였고 결국 나의 도움을 요청하였다. 두 학생의 설계는 응결과 거름이라는 각기 다른 과학적 원리를 활용하고 있어 두 장치를 융합할 수 없는 상황이었으며, 학생들은 나에게 두 장치 중에 한 가지를 정해 달라고 요청하였다.

하지만 나는 둘 중 어떤 것을 선택하라고 말해 줄 수 없었다. 왜냐하면 과연 물 모으기 장치 설계를 평가할 때 학생들이 다소 엉뚱하더라도 창의적으로 설계한 것을 더 높이 평가하여야 할지, 창의성은 다소 떨어지더라도 구현 가능한 설계를 독려해야 할지 교사로서 결정하기가 너무 어려웠기 때문이다.

학생들은 이 둘 중에 어떤 것이 더 나은지 결정해 주기를 요청하였지만, 나는 반드시 어느 하나를 선택할 필요가 없다고 했다. 그리고 한 가지를 선택하여 모둠에서 더 발전시켜도 된다고 말하며, 모둠에서 의논하여 결정하라고 말하고 이 순간을 모면하였다.

이 수업을 하고 나는 다음과 같은 의문이 들었다.

- 물 모으기 장치 설계하기와 같은 활동에서 창의적이지 않더라도, 즉 기존의 예시와 유사하다고 해도 배운 과학적 원리를 적용하여 응용하는 것에 만족해야 할까?
- 다소 엉뚱하더라도, 즉 과학적 원리가 제대로 적용되지 않거나 구현 가능하지 않은 것이라도 기존의 것과 다르게 창의적인 설계를 하였다면 이를 어떻게 지도해야 할까?

과학적인 생각은 무엇인가?

아래에서는 물 부족을 해결하기 위해 설치된 와카타워의 원리를 이해하는데 도움이 되는 응결, 포화 수증기량, 이슬점의 기본 개념을 설명하고 와카타워에 과학 개념이 어떻게 적용되었는지 간단히 살펴볼 것이다.

응결 원리를 이용한 와카타워

공기 중의 **수증기**가 냉각되어 물방울로 변하는 현상을 **응결**이라고 한다. 기온이 높은 낮에는 공기 중에 기체 상태의 수증기가 많이 존재하지만 이 수증기는 밤이 되어 기온이 낮아지면 차가운 물체를 만나 액체인 물방울로 응결하게 된다. 우리가 새벽에 볼 수 있는 풀잎에 맺힌 이슬이 바로 응결 현상의 전형적인 예이다. 이처럼 응결의 원리를 이용하여 자연에서 물을 얻기 위해 이탈리아 건축가 아르투로 비토리는 에디오피아에 다음 사진과 같은 인공 건축물을 세웠으며, 이를 **와카타워**라고 불렀다. 와카타워를 통해 모은 물을 와카워터라 불렀다.

와카타워의 모습

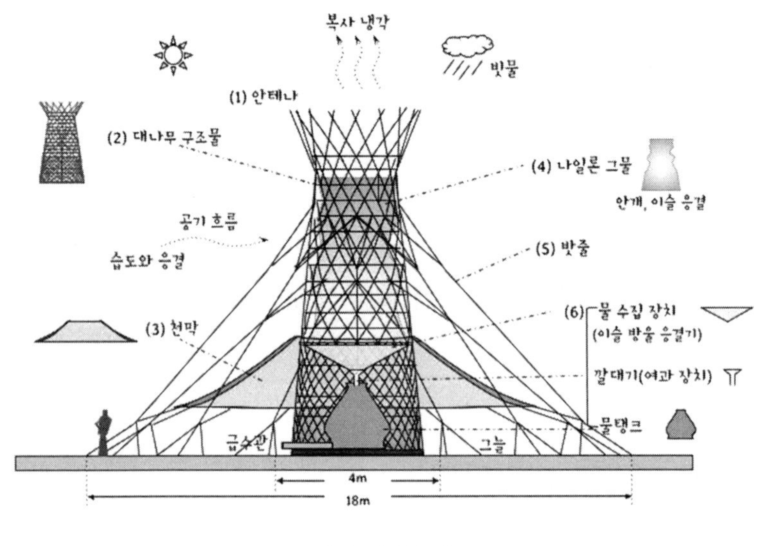

와카타워의 구조

와카타워는 나무로 마치 정글짐처럼 골격을 세우고, 대나무나 골풀 등 식물의 줄기를 엮어 그물처럼 틀을 만들어 응결 현상이 잘 일어나도록 만든 구조물이다. 아프리카는 낮과 밤의 기온 차가 커서 응결 현상이 잘 일어나며, 이러한 응결 현상을 이용하여 하루에 100 L의 물을 모을 수 있다고 한다. 또한 식물의 줄기로 엮어 만들었기 때문에 가볍고 탄력이 좋을 뿐 아니라 저렴하면서도 제작이 간단하다는 장점이 있다. 더불어 바람이 불어도 공기가 틀의 틈 사이로 통과하도록 설계되어 강한 바람도 버틸 수 있다고 한다.

❶ 와카타워의 가장 위쪽에 설치한 안테나 모양의 구조물은 그 끝에 금속으로 된 장식을 붙여 햇빛을 반사시키도록 하였다. 그래서 새들이 구조물 안에 들어오지 못하도록 하였다.

❷ 위로 길쭉한 탑 모양의 구조물은 가볍고 튼튼하게 만들기 위해 대나무 줄기를 삼각형 모양으로 엮어 골격을 세웠다.

❸ 중간에 설치된 천막은 물을 얻으러 온 사람들뿐 아니라 마을 사람들이 그늘에서 쉴 공간을 마련해준다.

❹ 탑 모양의 구조물 안에는 나일론 그물망을 설치하여, 공기 중의 수증기가 그물

망에 맺혀 응결하여 중력으로 물방울이 아래로 떨어지도록 했고, 공기가 그물 사이로 통할 수 있도록 하여 강한 바람도 버틸 수 있도록 하였다.

❺ 천막 아래에 삼각 구조로 연결된 밧줄은 위로 길쭉한 탑이 쓰러지지 않도록 지지해 주는 기능을 한다.

❻ 그물망에 맺힌 물이 아래로 떨어질 때, 이를 수집할 수 있도록 물 수집 장치를 설치하고, 여과장치를 부착한 깔대기로 응결된 물이나 빗물을 물탱크에 수집한다.

포화 수증기량과 이슬점

과연 우리나라에 와카타워를 설치한다면 에디오피아에 설치한 와카타워와 같이 많은 양의 물을 언제나 얻을 수 있을까? 와카타워는 어떤 조건을 가진 지역에 적합한 구조물일까? 우리나라에 와카타워를 설치한다면 언제, 어느 지역에 설치하여야 가장 많은 물을 얻을 수 있을까?

이에 대답하기 위해서는 **포화 수증기량**과 **이슬점**에 대해 이해하는 것이 필요하다. 포화 수증기량이란 공기 1 m^{3}에 최대한 포함될 수 있는 수증기량(g)을 의미한다. 포화 수증기량은 온도에 따라 달라지는데, 온도가 높으면 포화 수증기량도 많아진다. 예컨대, 겨울보다 여름에 포화 수증기량이 많고, 밤보다 낮에 포화 수증기량이 많다. 이슬점은 공기가 냉각되어 수증기의 응결이 일어나기 시작할 때의 온도를 말한다. 다시 말해, 온도가 내려가면서 공기 중 수증기량이 포화 상태에 도달할 때의 온도라고 말할 수 있으며, 이 때 상대 습도는 100 %이다.

다음 그림은 기온에 따른 포화 수증기량 곡선을 나타낸 그래프이다. 포화 수증기량 곡선을 통해 응결이 시작되는 이슬점과 응결량, 습도 등을 계산할 수 있다. 예를 들어, 오늘 낮에는 온도가 약 20 ℃였으며, 공기 중 수증기량은 9.4 g/m^{3}였다면(A), 공기 중 수증기를 응결시키려면 밤에 적어도 몇 도까지 온도가 내려가야 할까? 그림의 A 위치에서 포화 수증기량 곡선과 만나는 지점(B)이 10 ℃이므로 적어도 10 ℃까지 내려가야 응결이 일어난다. 만약 밤에 0 ℃까지 온도가 내려간다면, 과연 얼마나 물을 얻을 수 있을까? 현재 공기 중의 수증기량에서 0 ℃에서의 포화 수증기량을 빼면 우리가 얻을 수 있는 물의 응결량이 나오게 된다. 즉, 0 ℃에서의 포화 수증기량은

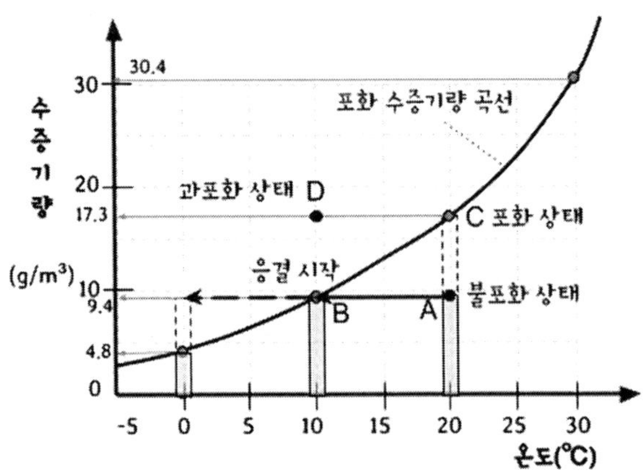

기온에 따른 포화 수증기량 곡선

4.8 g/m^3이므로 우리가 얻을 수 있는 응결량은 9.4 g/m^3−4.8 g/m^3 = 4.6 g/m^3 이다. 그러므로 공기 중에 수증기량이 9.4 g인 공기 1 m^3를 0 ℃까지 냉각시키면 응결되는 수증기의 양은 4.6 g이 된다. 그래서 만일 구조물의 부피가 250 m^3이고, 그 속의 모든 공기에서 물을 얻는다면 대략 1 L의 물을 얻을 수 있다. 그리고 바람이 불어 공기가 이동한다면 새로운 공기에서 물을 더 얻을 수 있다.

우리나라는 낮과 밤의 기온차가 큰 봄(10~15 ℃ 정도)에는 공기 중 수증기량이 적은 비교적 건조한 날씨가 많으며, 공기 중 수증기량이 높은 여름(7~10 ℃ 정도)에는 낮과 밤의 기온차가 크지 않아 응결시켜 얻을 수 있는 물의 양이 많지 않다. 따라서 우리나라에 이 장치를 설치한다면 비교적 낮과 밤의 기온차가 크며, 공기 중 수증기량이 많은, 그리고 바람이 많이 부는 계절과 지역에 설치하는 것이 응결된 물을 얻기에 유리할 것이다.

교수 학습과 관련된 문제는 무엇인가?

아래에서는 공학적 설계의 의미를 설명하고 공학적 설계 교육과 지도 방법에 대해 알아볼 것이다. 또한, 창의적 사고에 대해 간략하게 살펴볼 것이다.

공학적 설계

초중고 학생들에게 **공학**이라는 단어는 다소 낯설게 느껴질 수 있다. 학생들에게는 공학이라는 단어보다는 과학이 더 친숙하고 과학과 공학은 유사한 느낌을 주는 단어일 것이다. 공학에서 과학은 하나의 주요한 구성 요소로서 역할을 하고 있으며, 이러한 과학 지식을 사용하여 우리에게 의미 있는 문제들을 해결하려는 학문이다. 우리 주변의 문제를 발견하고, 이에 대한 해결책을 제시하는 과정에서 공학은 과학과 더불어 다양한 학문을 응용한다. 그렇다면 공학이 다른 학문과 구별되는 가장 큰 특징은 무엇일까? 빈센티(Vincenti, 1991)[1]는 공학이 다른 학문과 구별되는 특징으로 '설계'를 꼽았다.

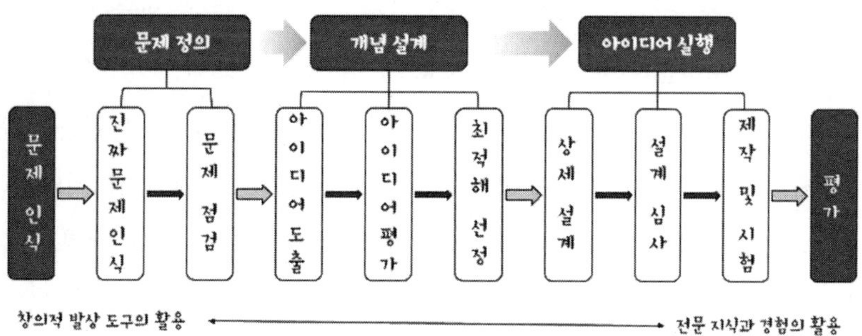

창의적 공학 설계 과정(김은경, 2002)

---

1 Vincenti, W. G. (1991). What engineers know and how they know it: Analytical studies from aeronautical history. Johns Hopkins University Press.

좁은 의미의 **공학적 설계**(engineering design)는 문제 해결을 위한 아이디어 도출 단계만을 의미하지만, 넓은 의미에서는 문제 인식부터 문제 해결까지의 전 과정을 의미한다. 공학적 설계는 앞 쪽의 그림과 같이 대체로 문제를 인식하고, 문제를 정의하는 단계를 거쳐, 아이디어를 도출하고 평가하여 최적의 해결책을 선정하는 과정을 거친다. 이후 아이디어를 상세하게 설계하고 제작하는 실행의 단계를 거쳐 최종적으로 이를 평가하는 과정으로 이어진다. 이러한 공학적 설계는 특정 분야의 공학자들이 그들의 지식과 경험을 활용하여 전문적으로 문제를 해결하는 과정을 잘 보여준다. 과연 이러한 접근 방식이 반드시 공학자만의 방식이며, 공학자들에게만 유용한 방식일까? 학생들이 공학자들의 방식, 즉 공학적 설계를 왜 배워야 하는 것인가에 대해서 살펴보자.

공학적 설계 교육

우리는 매일 문제를 해결하며 살아간다. 우리 아이들도 그러하다. 공학자들이 문제를 인식하고 해결해 가는 과정과 경험의 폭과 깊이와는 다르지만, 학생들도 비공식적으로 공학적 문제 해결 과정을 경험하며 살아간다. 예를 들어, 책상 위와 서랍 속에 가득한 물건과 학용품을 어떻게 효과적으로 정리해야 할지, 화분에 물주는 것을 깜빡 잊어 아끼는 식물이 말라죽는 것을 어떻게 방지할 수 있을지 고민하고 해결하게 된다. 다시 말해, 학생들은 공학자라는 진로를 선택하는 것과 관계없이 다양한 문제를 해결해야 하기 때문에, 공학적 설계 과정을 거쳐 체계적으로 문제를 접근하고 해결하는 과정을 경험하는 것은 문제 해결에 도움이 될 수 있다.

이 외에도 공학적 설계의 경험은 우리 생활 곳곳에서 살펴볼 수 있는 많은 공학적 산물이 어떻게 우리 삶을 풍요롭게 하고 있는지 이해하는데 도움이 된다. 더 나아가 공학적 설계 과정에서의 선택이 미치는 영향을 윤리적인 측면에서 살펴볼 수도 있다. 이는 학생들이 책임감 있는 공학자로서, 또는 비판적이고 합리적인 시민으로 성장하는데 도움을 줄 수 있다. 간단한 예로 공기청정기가 왜 우리 일상에 필요한 물건이 되었는지, 이를 실현, 발전, 보급시키기 위해서는 어떤 과학적, 공학적, 사회적 논의가 필요한지 생각해 보면 공학적 설계가 우리 삶과 얼마나 밀접한 관련이 있는지 알 수 있다.

또, 공학적 설계는 과학 지식을 적용할 기회를 준다는 측면에서 과학 교과에서도 적극적으로 활용할 수 있다. 예컨대 과학 시간에 열의 이동에 대해서 배운 후, 효과적인 태양열 조리기를 설계하는 공학적 설계 활동을 계획할 수 있다. 이때 태양열 조리기 설계 활동은 배운 과학 지식을 적용하는 기회를 제공하여, 과학 지식에 대한 학습 효과를 높일 뿐 아니라 실생활과 연계하여 학습에 대한 흥미를 높이는 효과도 기대할 수 있다.

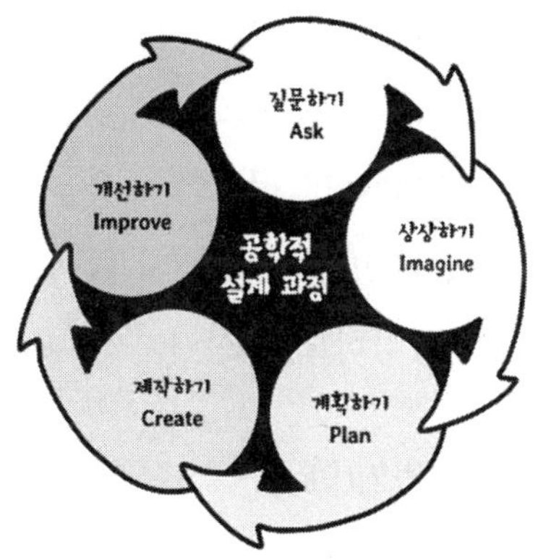

커닝햄의 공학적 설계 과정

초등학교에서 공학적 설계 수업은 어떻게 할 수 있을까? 초등학교에서의 공학적 설계 수업은 이미 미국에서는 활성화되어 있다. 미국 차세대 과학교육 표준(NGSS: Next Generation Science Standards)은 공학 활동(engineering practices)을 포함하고 있으며, 미국 보스턴 과학 박물관의 EiE(Engineering is Elementary) 프로그램은 초등학생을 대상으로 하는 대표적인 공학교육 프로그램으로 널리 보급되어 있다.

EiE의 프로그램을 이끌었던 커닝햄(Cunningham, 2017)[2]은 초등학생도 할 수 있는 **공학적 설계 과정**을 위의 그림과 같이 5단계로 제시하고 있다. 그녀는 학생들의 인지 발달 단계에 맞추어 얼마든지 공학적 설계의 수준은 조절될 수 있다고 보았으며, 다음과 같이 각 단계를 설명한다.

질문하기(Ask)

모든 것은 질문에서 시작된다. 하지만, 해결책을 얻기 위해서는 문제와 주어진 조건을 파악하고 적절한 질문을 던지는 것에서 시작해야 할 것이다. "이 질문에 정답이 무엇일까?"라고 접근하기보다는 "어떻게 하면~을 찾을 수 있을까?"라는 질문으로 시작한다.

---

2 Cunningham, C. M. (2017). Engineering in elementary STEM education: Curriculum design, instruction, learning and assessment. Teachers College Press.

상상하기(Imagine)

궁리하기(브레인스토밍)는 문제를 해결하는데 매우 유용하다. 이를 위해서는 문제와 관련된 여러 정보와 내용을 조사하고 수집해야 할 것이다. 문제에 접근할 때, 어떤 다양한 방법이 있을지 탐색할 필요가 있다. 어떤 해결 방법이 있을지 가능한 한 많이 상상하도록 한다.

계획하기(Plan)

모든 가능한 해결책의 조건과 장단점을 고려하여 그럴듯한 해결책을 선택한다. 문제에 어떻게 접근할지 정했다면, 그것을 작은 부분으로 나누고 각 단계에 맞는 계획을 세운다. 간단하게 개요를 짜보는 것은 시작을 순조롭게 하는데 도움이 된다. 이렇게 함으로써 불필요한 실수나 일을 복잡하고 어렵게 하지 않고 성공적으로 나아갈 수 있다. 문제를 해결하기 위한 계획을 구체적으로 세우도록 한다.

제작하기(Create)

계획을 실행에 옮기는 단계이다. 설계를 시험해보고, 직접 실험을 통해 설계한 것이 예상대로 되는지 확인해 본다. 가능한 재료들을 활용해서 시험 모형이나 본보기 또는 시제품(프로토타입)을 제작하고 잘 작동하는지 살펴보도록 한다.

개선하기(Improve)

제작한 시험 모형이나 본보기는 설계 의도와 기준에 부합해야 하며, 문제를 해결할 수 있어야 한다. 그래서 그것이 잘 작동하는지 시험 결과를 관찰하는 것이 전체 설계 과정에서 매우 중요하다. '우리가 설계한 것이 성공이라는 것을 어떻게 알 수 있을까? 제작한 것을 더 개선시킬 수는 없을까?' 시험한 결과를 살펴보고 위의 과정을 다시 반복해 보도록 한다.

커닝햄(Cunningham, 2017)은 초등학교 1학년 학생들을 대상으로 한 수업 사례를 소개하고 있다. 일부 식물은 꽃가루가 암술머리로 옮겨 붙어 수분이 일어나야 열매를 맺을 수 있다. 대체로 나비나 벌과 같은 곤충 또는 바람이 수분을 돕는 매개체 역할을 한다. 이 수업 사례에서는 이러한 곤충이나 바람과 같은 자연적 매개체가 부족하

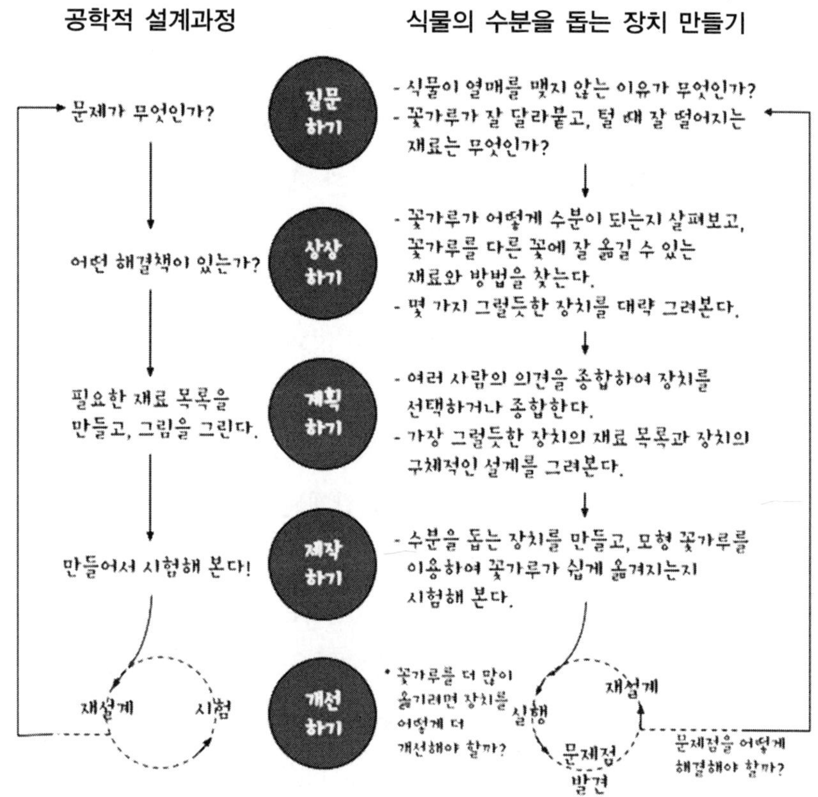

여 식물의 열매가 잘 열리지 않는 문제가 이야기로 제시되면서 활동이 진행된다. 이 수업 사례를 공학적 설계 단계에 맞추어 요약하면 위의 그림과 같다.

이러한 수업 예시에서도 볼 수 있듯이 공학적 설계 수업은 학생들이 대단한 공학적 발명이나 제작품을 만드는 것이 아니다. 모든 학생을 공학자로 만들려고 하는 것도 아니다. 문제를 발견하고, 이를 체계적으로 해결해 나가는 과정을 가르치고자 하는데 그 목적이 있다. 즉, 단순히 문제를 해결하는데 초점을 두는 것이 아니라, 다양한 해결책을 검토하고, 그에 대해 과학적으로 접근하여 개선을 꾀하는 과정을 강조하고 있다.

창의적 사고의 특징

창의성이란 무엇인가? 다양한 학문에서 여러 학자들에 의해 창의성에 대한 논의가 이루어졌지만, 일반적으로 사람들은 창의성을 보통 상상력, 독창성, 발명이나 발견과 같은 것이나 예술이나 문학과 관련된 것이라고 생각한다. 흔히 사람들이 창의성에 대해 갖고 있는 오해는 창의성은 특정한 사람만 갖는 특별한 능력, 또는 상상력을 발휘하면 이루어지는 것, 무에서 유를 창조하는 일, 한 개인의 문제라고 생각한다는 것이다. 그렇지만 창의란 원래 생각(意)을 시작(創)하게 하는 것을 뜻한다. 사람들은 생각하기보다는 몸으로 행하는 것을 좋아해서, 교육은 바로 그런 사람들을 '생각'하도록 만드는 것이 가장 중요한 목표이다. 그런 의미에서 창의성은 문제를 해결하는 과정에서 독창성과 유용성의 관점에서 인간의 지적 능력을 사용하는 것을 말한다.

창의성에 대한 정의는 학자에 따라 다양하지만, 공통적인 주장은 지금까지 존재하지 않았던 새롭고 가치있는 것을 만드는 것과 관계된 현상이라는 것이다. 보통 창의성에서 중요하게 생각하는 것은 새로운 것, 즉 독창적인 것이지만, 그와 함께 그것이 가치가 없으면 창의적이라고 생각하기 어렵다. 가치는 보통 쓸모가 있는 것, 즉 유용성을 통해 판단된다. 다시 말해, 창의성은 상상력만으로 발현될 수 없고, 현실성이 있어야 한다는 것이다. 그런 의미에서 수업 사례에서 교사가 언급한 엉뚱하고 구현이 불가능한 설계는 창의적이라고 말하기 어렵다. 그렇지만 창의성의 두 가지 준거인 새로움과 쓸모는 절대적으로 정의되는 것이 아니라, 문화, 사회, 집단, 시대에 따라 상대적이다. 예를 들어, 하늘을 나는 생각은 예전엔 현실성이 없는 생각이었지만, 지금은 그렇지 않다. 또한, '촛불을 비커로 덮었을 때 촛불이 꺼지는 것이 산소가 고갈되어 꺼지는 것이 아니라는 것'은 교사에게는 별로 새로운 생각이 아닐지 모르지만, 그것을 처음으로 생각한 학생에게는 독창적인 생각일 수 있다. 따라서 교사는 학생의 생각이나 작품이 사회나 교사의 관점에서 새로운 것이라고 보기 어렵더라도, 어떤 학생이 다른 학생과는 다른, 지금까지의 생각을 벗어나는 새로운 것을 제안하거나 만든다면 그것을 의미 있게 받아들여야 할 것이다.

다음 그림은 창의성을 발현시키기 위해 필요한 두 가지 준거, 즉 **새로움**(독창성)과 **쓸모**(현실성)를 성취하기 위해 상상력을 발휘하여 기존의 체계에서 벗어나서, 그것을 쓸모 있는 것으로 바꾸고, 기존의 체계와 새로운 체계를 하나로 통합하여 아우르는 과정을 보여준다. 새로운 지식을 만들어내기 위해 벗어나고(상상), 바꾸며(변형), 아우르는(통합) 사고의 이러한 측면을 **창의적 기능**이라고 한다. 그러한 창의적 기능이 작동하도록 지식을 재조직하는 줄긋기(관계), 드러내기(분석), 헤아리기(평가)와 같은 사고의

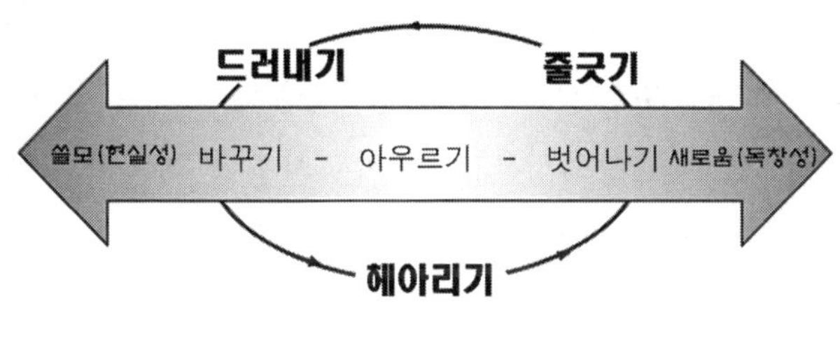

창의성의 준거와 사고 기능

측면을 **비판적 기능**이라고 한다. 창의적 사고는 이런 비판적 기능과의 상호작용을 통해 작동된다. 새로운 생각은 갑자기 홀로 드러나는 것이 아니고 옛것에서 나오기 때문에, 생각 사이의 관계를 찾는 것은 매우 중요하다. 또한 모든 새로운 생각이 똑같은 것은 아니다. 아무리 새로운 것이라도 현실성이 없다면 우리는 그것을 가치 있게 생각하지 않는다. 따라서 그것이 쓸모가 있는지 분석하고 평가하는 것이 중요하다. 인간의 두뇌는 좌뇌의 비판적 기능과 우뇌의 창의적 기능을 조화롭게 균형을 잡아 창의적 활동을 지향한다. 그래서 창의적 인재는 쓸모 있는 새로운 것을 만들어내기 위해 세상의 상식에서 벗어나서, 세상을 뒤바꾸고, 세상을 하나로 아우른다.

학교 현장에서 창의성은 보통 유의미한 학습이나 탐구 과정에서, 놀이나 표현 활동에서, 그리고 만들기 과정에서 요구된다. 수업에서 창의성을 고무하기 위해 교사는 학생의 사고에서 줄긋기, 벗어나기, 바꾸기, 드러내기, 헤아리기, 아우르기 기능을 적극적으로 활성화하도록 지도해야 할 것이다. 그리고 그와 같은 사고 과정에서 새롭고 쓸모 있는 것을 만들어 내도록 격려해야 할 것이다. 그런 의미에서 교사는 학생을 직접 가르치기보다는 학생이 자신의 마음과 머리를 사용하여 의미 있는 것을 만들고 구성하도록 도와주어야 할 것이다. 이런 의미에서 공학적 설계 과정은 학생들의 창의성을 자극하는 좋은 기회를 제공할 수 있다. 따라서 교사는 설계 과정에서 학생들의 생각을 학습한 내용과 연관시킬 수 있도록 도와주고, 자신들의 생각을 실제로 구현할 수 있는지 확인하도록 하여야 할 것이다. 그것이 구현 가능한 것이 아니라면 자신들의 활동에 대한 성찰을 통해 문제점을 찾아내고 쓸모 있는 것으로 바꿀 수 있도록 도와주어야 할 것이다. 예를 들어, 문제의 조건이나 필요한 준거를 고려했는지, 재료 선택은 제대로 했는지, 관련된 다른 유사한 생각이나 작품은 모두 조사했는지, 실제로 만들고 시험해 보았는지, 다른 대안은 고려했는지, 다른 사람의 의견은 들어봤는지 등 문제 해결을 위한 성찰 과정을 안내해야 할 것이다. 이와 같은 일은 실제로 한 번의 과정을 통해 완성될 수 있는 것은 아니다. 반복적인 과정을 통해 학생들은 점진적으로 발달할 수 있을 것이다. 창의성은 변화하는 환경에 계속 적응하기 위한 우리 인간 능력에 있어 핵심 요인이기 때문이다.

실제로 어떻게 가르칠까?

앞의 수업 사례에서 교사는 물 모으는 장치를 다소 황당하게 설계하는 학생을 보며 고민하는 모습을 보였다. 물 모으는 장치 설계와 같은 활동이 단순한 만들기 또는 그림 그리기가 아닌, 배운 과학 지식을 적용하면서 창의적인 설계가 되도록 지도하기 위해 공학적 설계 교육의 과정을 적용해 볼 수 있다.

시행착오를 통한 학습

수업 사례에서 교사는 예시를 제공했기 때문에 학생들이 제대로 장치를 고안할 것이라고 기대했지만, 학생들은 다소 엉뚱하거나 실제로 만들 수 없는 그런 장치를 고안하였다. 많은 경우 어떤 것을 고안하고 설계하거나 계획하는 능력은 그에 대한 관련 경험이 없으면 그런 능력을 갖추기 어렵다. 수업 사례에서는 구체적인 정보가 제시되지 않았지만, 학생들은 지금까지 무언가 설계하고 직접 만들어 본 경험이 없는 것처럼 보인다. 스스로 어떤 것을 설계하고 직접 만들어 본 경험이 없다면, 일종의 각본과 같은 학습된 행동 지침이 없기 때문에 실행이 불가능한 설계를 고안하기 쉽다. 대학생조차도 자신의 생각을 검증하는 실험 설계[3](장병기, 2012)에서 실제로 실행할 수 없는 비현실적인 생각을 표현하는 경우가 상당히 있었다. 따라서 교사는 처음부터 완벽한 설계를 요구하기보다는 학생들이 시행착오를 통해 학습할 수 있는 기회를 제공하는 것이 바람직하다. 학생들은 제작해 본 적 없는 설계안에 대한 피상적인 토의에 앞서 먼저 그것을 실제로 만들어 보는 활동을 통해 필요한 재료나 준비물, 고려 사항, 수정해야 할 부분 등을 탐색하고 점검할 필요가 있었다. 이와 같은 제작 경험을 통해 학생들은 나중에 자신들의 토의에서 고려해야 할 것을 배울 수 있기 때문이다. 특히,

3 장병기(2012). 실험 설계에 나타난 초등 예비교사의 과학적 추론의 특징: 지식과 추론의 상호작용. 초등과학교육, 31(2), 227-242.

초등학생의 경우 어떤 것을 구체적으로 생각하기보다는 행동을 통해 수정하기 쉽기 때문에 시행착오를 통해 설계 과정을 익히도록 하는 것이 한 가지 방안이 될 수 있다. 여기서 교사는 실패가 망해서 끝나는 것이 아니라 그것을 넘어서서 새로운 것을 배우기 위한 소중한 기회가 된다는 것을 학생들이 터득할 수 있도록 안내할 수 있다. 또한, 공학 활동이나 공학적 설계 과정은 그와 같은 반복 활동을 통해 발전한다는 것을 이해하도록 할 수 있다.

문제 인식과 명확한 제약 조건 제시하기

수업 사례에서 교사는 학생들에게 동기유발을 위한 이야기와 예시를 보여주고, 곧바로 물 모으는 장치를 설계하라고 하였다. 학생들이 과제를 정확하게 이해할 수 있도록 하기 위해서는 먼저 문제와 필요한 정보를 탐색할 수 있는 기회가 주어져야 한다. 예를 들어, 와카타워처럼 수증기의 응결 현상을 이용하려는 경우 언제, 어떤 물질에 수증기가 잘 응결하는지, 장치를 만들기 위해 어떤 재료가 필요한지, 장치의 기본적인 요건이나 제한점은 무엇인지 등을 탐색하여야 한다. 따라서 앞 절에서 언급했던 공학적 설계 과정의 질문하기 단계에서 학생들이 주어진 문제를 충분히 탐색할 수 있는 시간을 허용할 필요가 있다. 특히, 이슬이 잘 생기는 물질의 탐색은 과학 탐구와 연계하여 지도할 수 있고, 학생들이 피상적인 사고에서 벗어나 문제 해결을 위해 과학적으로 접근하도록 도와줄 것이다.

또한, 학생들의 관심을 계속 집중시키기 위해서는 상황이 제시되지 않는 일반적인 문제보다 실생활과 관련된 구체적인 상황을 가진 이야기가 효과적이다. 특히, 학생들 주변의 문제와 관련되는 경우 보다 적극적인 참여를 유도할 수 있다. 그리고 이런 구체적인 문제 상황의 제시를 통해 제약 조건을 효과적으로 학생들에게 전달할 수 있다. 즉, 문제 상황을 "물 모으는 장치를 설계해 봅시다"와 같이 단순하게 제시하는 것보다 다음과 같이 이야기를 통해 더 구체적으로 제시하는 것이다.

"어느 한 지역이 근처 공장의 폐수 유출 사건으로 인하여 지하수가 심각하여 오염되어 그 일대 사람들은 심각한 물 부족 사태를 겪게 되었다. 그 지역은 하루에 한 번 또는 이틀에 한 번 꼴로 약 10분 정도 소나기가 내리는 열대 지역이다. 이 지역에서 빗물을 활용하여 물 부족을 해결할 수 있는 방법을 찾으려고 한다. 빗물을 효과적으로 모아서 각 집에서 생활 용수로 사용할 수 있는 방법을 찾아보자."

또는 "와카타워와 같이 응결 현상을 이용해 물을 모으는 장치를 각 집에 설치하려고 한다. 집에서 간편하게 쓸 수 있는 응결 장치를 만들기 위해 전체 크기는 $0.25\ m^3$보다 작게 하고, 우리 주변에서 쉽게 구할 수 있는 재료들을 사용하려고 한다. 가능한 한 적은 비용으로 물을 많이 모을 수 있는 효율이 가장 좋은 응결 장치를 설계해 보자."

더 구체적으로 필요한 재료를 스타킹, 양파망, 알루미늄 포일, 음료수 캔, 유리병, 철삿줄, 종이 상자, 나무 막대(빙과류 손잡이), 물통 등으로 제한하는 조건을 이야기에 제시할 수도 있다. 이처럼 제한된 재료를 제시하면서 설계에 활용할 재료를 선택하게 하는 경우 학생들은 수증기를 잘 응결시킬 재료의 특성과 원리를 생각할 기회를 갖게 된다. 예를 들어, 학생들은 와카타워와 같이 제공된 예시를 모방하기 쉽기 때문에 음료수 캔이나 유리병이 왜 재료에 포함되었는지 궁금하게 여길 것이다. 폭넓은 해석이 가능하지 않도록 이렇게 상황과 재료가 열려 있지 않고 제한되는 경우, 모든 학생이 그 상황과 재료에 대해서 충분히 고민할 수 있기 때문에, 장치의 설계에 대해서 서로 공유하고 토론할 때 의사소통이 보다 원활하게 될 것이다.

공학적 설계는 하나의 정답이 있는 것이 아니며 다양한 해결책을 허용한다. 따라서 모든 학생의 창의적인 생각 하나하나가 매우 중요하다. 하지만 각양각색의 생각을 교사가 모두 파악하고 의미 있는 피드백을 주기란 쉽지 않다. 그래서 문제에 대한 명확한 제약 조건을 제시하는 것은 이러한 어려움을 해결할 수 있는 한 가지 방법이 될 수 있다. 예컨대, 물 수집 장치를 설치할 곳이 일교차가 매우 큰 장소이거나 비가 많이 오지 않는 기후적 특성을 가진 지역과 같이 제한 조건을 제시할 수도 있다. 또한 재료를 제한하여 제시하거나 비용의 절감 등을 제약 조건으로 제시할 수도 있다.

또한, 구체적인 문제 상황과 제약 조건의 제시는 토의 주제에 초점을 맞출 수 있도록 하여 다른 사람의 설계를 큰 어려움 없이 이해할 수 있을 뿐 아니라, 각자의 설계에 대해서 설명하는데 긴 시간이 소요되지 않게 할 수 있다. 학생들은 다른 사람의 설계에 대해서 이해하는데 시간을 보내기보다는 각자의 설계를 공유하고 이에 대해 비판적으로 사고하고 성찰하는 기회를 추가적으로 가질 수 있을 것이다. 예컨대, 각자의 설계의 유사점과 차이점을 찾거나 장·단점을 찾을 수 있다. 또한 각자의 설계

아이디어를 공유한 뒤, 모둠에서 각 설계의 장점을 취하고 단점을 버리고 새롭게 개선된 아이디어를 도출하는 활동을 할 수 있다.

공유를 통한 비판적 사고와 성찰의 기회 제공

과학 수업 이야기에 제시된 사례에서는 한 학생이 자신의 설계를 다른 친구들과 공유하였지만, 그 설계에 대해 다른 친구들은 거의 이해하지 못하였고 다소 황당한 설계에 교사는 어떻게 피드백을 주어야 할지 고민하는 모습을 볼 수 있었다. 구체적인 문제 상황을 제시하거나 재료에 대한 제약 조건을 제시하고 이를 공통의 과제로 제시하는 것은 아래 그림과 같이 학생들의 설계 과정과 결과를 공유하는 과정을 더 의미 있게 해준다.

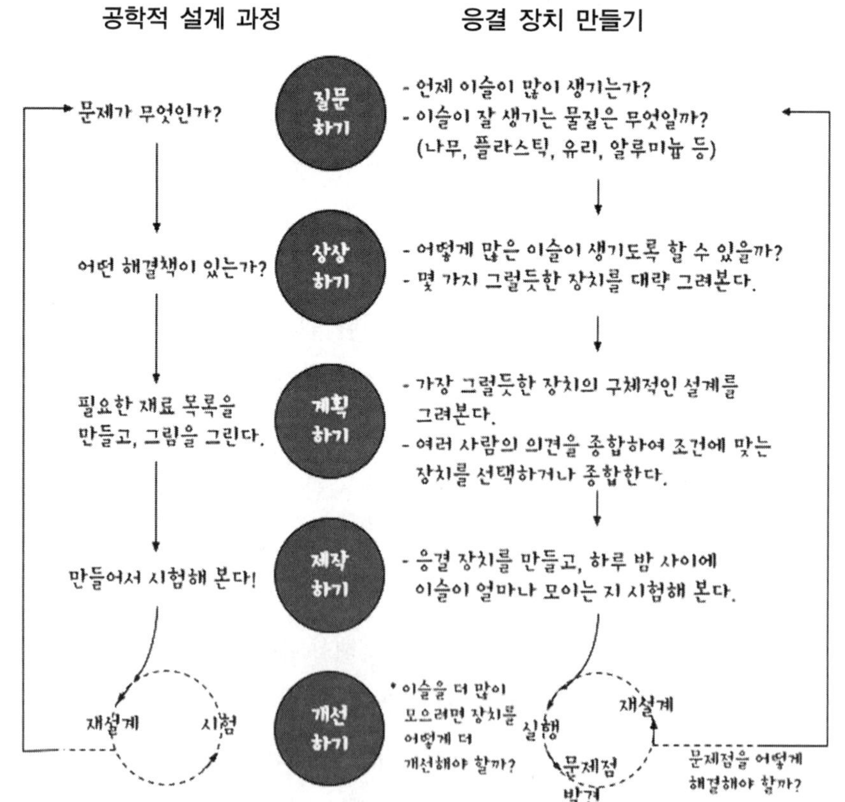

이런 설계 과정이 반복되는 것이라는 것을 이해시키기 위하여 처음 설계를 시작하는 학생들에게 교사는 모둠 활동에 들어가기 전에 각각의 학생이 이런 전체의 과정을 경험할 수 있는 기회를 제공하는 것이 필요할 것이다. 그와 같은 경험을 바탕으로 모둠 활동을 시작한다면, 학생들은 상상하기 단계에서 생각의 공유를 통해 자신이 혼자 하는 것보다 여러 사람이 협력할 때 더 많은 것을 생각해 낼 수 있다는 것을 경험하게 될 것이다. 또한, 계획하기 단계에서도 비판적인 사고 과정을 통해 혼자서는 생각하지 못했던 것을 알게 됨으로써 설계에서 협동적인 작업이 얼마나 중요한지 인식할 수 있을 것이다. 그리고 자신들이 설계한 내용을 실제로 만들고 시험해 보는 과정에서 문제점의 발견을 한 개인의 실패로 간주하기보다는 개선하기 단계를 통해 모둠을 위한 하나의 도전으로 바꾸도록 할 수 있다. 그런 의미에서 수업이 단지 만들기나 그림 그리기에서 끝나지 않도록 하려면 적어도 두 번 이상의 반복적인 설계 과정이 일어날 수 있도록 수업을 고려할 필요가 있다. 그래서 학생들이 자신들의 생각과 행동을 성찰할 수 있는 기회를 제공해야 할 것이다. 이와 같이 체계적인 공학 설계 과정을 이용하면 학생들의 활동을 좀 더 조직적으로 유도할 수 있다.

질문을 이용한 실마리의 제공

교사는 설계를 토의하는 과정에서 학생이 서로 존중하며, 다른 사람의 생각을 이해할 수 있도록 디딤돌을 놓아줄 수 있어야 한다. 수업 사례에서 나타난 학생들의 대화처럼 학생들 사이에 의사소통이 잘 이루어지지 않는 경우에 합의를 이끌어내기가 어렵기 때문이다. 일반적으로 초등학생의 대화는 수업 사례에 나타난 것처럼 타인에 대한 이해를 고려하기보다는 자기중심적으로 표현되기 쉽다. 교사는 이때 학생들의 주장을 재빨리 파악하고 적절한 질문을 통해 실마리를 제공하여 학생들의 이해를 도와줄 수 있다. 예를 들어, “너는(학생 4) 깨끗한 물을 얻기 위해 물을 증류하려고 했구나. 그렇지 않니? 아주 좋은 생각인데, 여기 빨대를 꽂은 이유를 설명해 주겠니?”, “냄비 뚜껑이 덮였으니 끓는 수증기가 나오기 어렵겠구나. 그래서 구멍을 뚫었니?”, “냄비 뚜껑을 씌우지 않으면 안 될까?” 등과 같이 학생의 설명을 도와줄 수 있는 질문을 제공하여 학생들의 의사소통이 원활하게 이루어질 수 있도록 도울 수 있다. 또는 토의 과정에서 학생들이 다른 가능성을 탐색할 수 있도록 안내할 수 있다. 예를 들어, "물을 가스레인지로 끓이지 않고 햇볕이나 바람을 이용하는 방법은 없을까?"라고 제안하여 여러 가지 다른 방법을 생각해 보도록 할 수 있다. 이런 과정을 통해 학생들은 하나의 정답이 아니라 다양한 해결책을 허용하는 것을 배울 수 있을 것이다.

딜레마 사례 08

태양열 조리기 만들기

실패를 통해서 배우게 하려면 어떻게 할까?

에너지 형태와 전환을 다루는 단원에서 태양열 조리기 만들기 수업을 했다. 학생들이 지금까지 배운 열의 이동, 빛의 반사와 굴절, 에너지의 효율적 이용 등을 이용해서 창의적으로 태양열 조리기를 설계하고 만들기를 기대하였다. 그러나 학생들은 소위 '망할까' 두려워하며 내가 예시로 보여준 태양열 조리기를 그대로 본따서 만들려는 경향을 보였다. 학생들이 설계하고 제작한 태양열 조리기를 가지고 계란을 직접 익혀보기로 하였다. 그러나 기대와는 달리 계란이 잘 익지 않아 실패했다고 실망하는 학생들의 모습을 볼 수 있었다. 학생들에게 왜 실패했는지 생각해 보고 다시 개선해 보자고 독려하였지만, 학생들의 반응은 부정적이기만 하였다. 나는 학생들이 시행착오를 겪더라도 직접 설계하고 만드는 과정에서 인지적인 것뿐 아니라 정의적인 측면에서도 학습하기를 기대하였으나, 학생들은 실망하며 더 시도해 보고 싶지 않아 했다. 이렇게 실패를 했다고 풀이 죽어 있는 학생들을 보니 다음에는 키트를 활용해서 실패가 없는 수업을 해야 하나 고민이 되었다.

1 과학 수업 이야기

초등학교 6학년 2학기 5단원 '에너지와 생활'에서는 에너지 형태와 에너지 전환을 다룬다. 나는 이 단원에서 빛 에너지를 이용한 태양열 조리기를 만들기로 계획하였다. 에너지와 생활 단원은 통합 단원이면서 초등학교 과학 교과의 마지막 단원이기에 4학년 2학기에 학습한 빛의 반사, 5학년 1학기에 학습한 열의 이동 방법, 6학년 1학기에 학습한 빛의 굴절 등을 모두 적용하여 에너지를 효율적으로 활용할 수 있는 태양열 조리기를 설계하고 제작하기를 기대하였다.

나는 이 차시를 계획하면서 지난해에 4학년 학생들과 물의 여행 단원을 학습하며 물 부족을 해결하는 장치를 설계했던 활동을 떠올렸다. 그 당시에 물 모으는 장치를 다소 허무맹랑하게 설계하는 학생들을 보며, 어떻게 하면 단순히 그림 그리기가 아닌 과학 지식을 적용하면서 창의적인 설계가 되도록 지도할 수 있을까 고민했었다[1]. 그래서 이번 수업에서는 아래와 같이 구체적인 문제 상황을 제시하고 공학적 설계 과정을 익힐 수 있도록 하였다.

> 무더운 여름, 폭염 주의보가 내렸습니다. 방학을 맞아 시원한 에어컨 바람을 맞으며 수박을 먹고 있는 중에 '까똑' 제주도로 여행을 간 현진이에게 문자 메세지가 옵니다.
>
> "혜진아, 지금 제주도 할머니 댁에 왔는데, 전기가 나갔어. 할머니 댁은 인덕션이라 전기로만 음식을 할 수 있어서 지금 음식을 할 수 없는 상황이야. 배가 너무 고파. 태양열을 이용하는 요리 기구를 이용하면 불 없이 물도 끓일 수 있다는데, 혹시 만드는 방법을 알고 있니? 집에 있는 계란이라도 익혀서 먹어 보려고 해. 혜진아 도와줘."

나는 우리 주변에서 일어날 수 있는 상황을 설정함으로써 학생들이 흥미를 갖고

---

1 이 책의 딜레마 사례 07 '물 부족 장치 설계하기'를 참고한다.

여러 형태의 태양열 조리기

이 과제를 해 나가길 바랬다. 그리고 과학적 원리를 적용하여 설계하기를 바라면서 학생들에게 열의 이동과 빛의 반사와 굴절에 대한 내용들을 상기시켰다. 또한, 위의 그림과 같은 다양한 형태의 태양열 조리기를 소개한 뒤, 자신만의 태양열 조리기를 설계하도록 하였다. 설계한 태양열 조리기를 직접 만들어 본 다음, 실제로 태양열 조리기를 운동장에 한 시간 동안 두면 달걀이 익어 계란프라이가 되는지 확인해 보기로 하였다.

모둠별로 태양열 조리기를 설계하는 시간이 되었다. 학생들은 빛을 반사시키는 판을 상자에 어떻게 설치할지, 어떤 재질로 판을 만들지 등을 이야기하고 있었다. 그러다 한 모둠에서 이러한 이야기를 듣게 되었다.

> "그냥 아까 선생님이 잠깐 보여준 것처럼 만들자. 상자에 알루미늄 포일로 싸서 접시처럼 오목하게 해서 붙이는거야. 그게 안 망하고 제일 안전해. 우리만 망하면 어떻게 해…"
>
> "그래도 우리만의 태양열 조리기를 만들라고 하셨으니까 좀 독특하게 만들자."
>
> "너 그러다가 실패하면 어떡하려고! 그럼 끝이야."

아이들의 이러한 대화를 듣고, 그 모둠으로 가서 학생들에게 실패해도 좋으니 너희가 하고 싶은 방법을 충분히 논의해서 만들어 보라고 독려하였다. 그리고 충분한 시간을 주겠다고 하였다. 그리고 설계가 끝난 뒤, 각 모둠에서 설계한 태양열 조리기를 발표하고 공유하는 시간을 가지며 서로의 설계를 개선하기 위한 의견을 교환하도록 하였다.

다음 시간에 필요한 준비물을 가지고 와서 설계한 대로 태양열 조리기를 제작하는 시간을 가졌다. 그런데 살펴보니, 대부분의 모둠이 내가 예시로 보여준 태양열 조리기와 유사하게 만들었었다. 지난 시간에 내가 실패해도 괜찮으니 너희가 원하는 방법대로 만들어보라고 독려하였던 모둠도 내가 예시로 보여주었던 태양열 조리기와 똑같은 모양으로 제작하고 있었다.

"너희 모둠도 내가 예시로 보여준 태양열 조리기와 같은 모양으로 제작하기로 하였구나? 전에 독특하게 만들어보자고 한 친구도 있지 않았어?"

"애들이 망하면 안 된다고 그냥 이렇게 만들자고 했어요."

아이들은 소위 망할까봐 예시로 보여준 모양대로 만들기로 했다고 했다. 아이들이 좀 더 도전적으로 또는 창의적으로 만들어 보기를 기대하였기에 아쉬운 마음도 들었지만, 초등학생들에게 다소 어려울 수 있기 때문에 참고로 보여준 태양열 조리기와 유사하게 만드는 것은 큰 문제는 아니라고 생각했다.

드디어 제작을 마치고, 각 모둠에서 만든 태양열 조리기를 가지고 밖으로 나갔다. 각 모둠의 태양열 조리기를 운동장에 놓고 체육 수업을 하면서 계란이 익기를 기다렸다. 어느덧 체육시간이 끝나고 학생들과 태양열 조리기로 달려가 계란이 익었는지 살펴보았다. 그러나, 기대와 달리 계란이 완전히 익은 모둠은 한 모둠에 불과하였다.

"아…. 뭐야. 하나도 안 익었잖아. 망했어."

"너네는 다 익었어? 우리는 쬐끔밖에 안 익었는데 …. 선생님 저희 실패했어요…. 아 정말 절망이야…."

"선생님꺼랑 똑같이 만들었는데 왜 망한거야…."

여기저기 실험이 실패했다며 아우성이었다. 좌절하고 있는 아이들에게 왜 실패했는지 원인을 생각해보고 설계를 개선해보자고 하였지만, 아이들의 반응은 부정적일 뿐이었다.

나는 태양열 조리기를 직접 설계하고 제작하는 수업을 하지 말고, 태양열 조리기 만들기 키트를 사용해서 성공하는 경험을 하도록 했어야 했나 조금 후회가 되었다. 시행착오를 겪으면서 실패를 하더라도 아이들이 직접 만들어보는 경험을 하고 그 과정에서 무엇인가를 배우길 바랐는데, 실패를 했다고 풀이 죽어 있는 아이들을 보니 다음 번에 비슷한 수업을 한다면 어떻게 해야 할지 모르겠다. 어떻게 하면 과학적 탐구를 하는 과정에서 발생하는 학생들의 여러 가지 부정적인 감정을 교육적으로 대응하고, 학생들이 끝까지 즐겁게 수업에 참여하게 할 수 있을까?

이 수업을 하고 나는 다음과 같은 의문이 들었다.

- 태양열 조리기 만들기와 같은 과학적 탐구 과정에서 학생들이 실패를 두려워하지 않게 하려면 어떻게 해야 할까?
- 어떻게 하면 학생들의 정의적 영역 특성을 지원하여 학생들이 끝까지 열심히 학습에 임하도록 할 수 있을까?

과학적인 생각은 무엇인가?

이 장에서는 앞서 소개한 태양열 조리기 만들기 활동에 관련된 과학 개념 중 가장 중요한 태양 에너지에 대해 알아보고 태양열 조리기가 어떤 원리로 태양 에너지를 활용하여 그 기능을 할 수 있는지에 대해 소개하고자 한다.

태양 에너지

추운 겨울날이더라도 햇빛이 비추는 양지로 나오면 음지보다 따뜻하게 느껴진다. 태양의 빛을 통해 전달되는 에너지 때문이다. 태양에서 나오는 빛 에너지는 주로 가시광선으로 이루어져 있고 자외선과 적외선도 포함하고 있다. 태양이 방출하는 엄청난 양의 에너지 중의 극히 일부분만 지구에 도달한다. 이렇게 지구에 도달한 에너지도 대기를 통과하면서 일부 반사되거나 흡수되어 지표는 대략 50 % 정도만 흡수하게 된다. 대기층 위에서 태양 빛에 수직으로 노출된 1 m^2의 면적에 1초당 쏟아지는 **복사 에너지**의 양은 약 1,400 J이다. 이 양을 **태양상수**라고 한다. 따라서 태양상수는 1,400 W/m^2가 되며, 공학적인 관점에서는 **일사량**이라고 표현하기도 한다. 가정에서 사용하는 전자레인지의 전력이 대략 1,000 W인 것과 비교될 수 있다. 대기를 통과하면서 실제로 지표에 흡수되는 태양의 복사 에너지는 태양상수의 대략 절반인 700 W/m^2 정도이지만[2], 위도에 따라 달라져서 그 평균은 1/4인 약 170 W/m^2가 된다. 우리나라에서 조사된 연평균 일사량[3]은 서울(북위 37.5°)이 140 W/m^2, 춘천(북위 37.9°)이 151 W/m^2, 부산(북위 35.2°)이 162 W/m^2 정도로 위도뿐만 아니라 지역의 기상 조건에 따라 달라진다.

---

2 1 m^2의 표면이 받은 이 에너지로 1분 동안 물 1 L의 온도를 약 10 °C 올릴 수 있다.

3 수평면 전일사량은 다음 누리방을 참고한다: https://kier-solar.org/user/map.do?type=sl

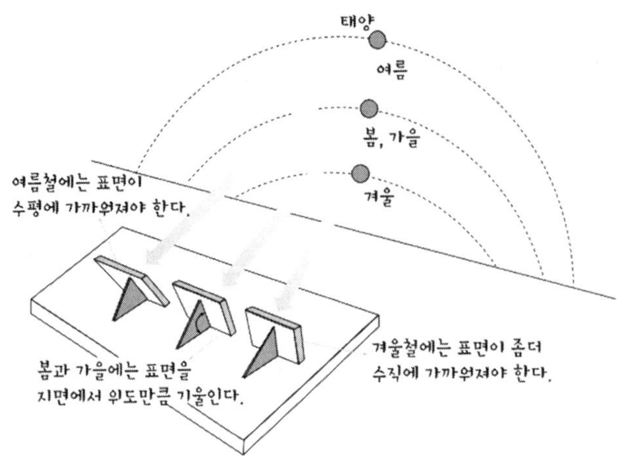

계절에 따른 태양의 고도

태양의 복사 에너지를 최대로 얻기 위해서는 빛이 수직으로 표면에 도달해야 한다. 그리고 빛을 받는 면적을 최대로 크게 해야 한다. 그러나 햇빛은 위도 이외에도 계절 및 시간에 따라 지표에 비추는 각도가 달라지기 때문에 효과적으로 태양의 복사 에너지를 얻을 수 있는 방법은 쉽지 않다. 따라서 위의 그림과 같이 정오 근처에서 봄과 가을에는 표면을 지면에서 해당 지역의 위도만큼 위로 기울이고, 여름에는 봄과 가을보다 약간 적게 기울이며, 겨울에는 봄과 가을보다 더 위로 기울여야 태양의 에너지를 최대로 받을 수 있다.

태양열 조리기

태양열 조리기는 태양의 에너지를 한 곳으로 모아 음식의 온도를 높일 수 있는 장치를 말한다. 물체가 태양에서 **빛 에너지**를 받으면 **열 에너지**로 바뀌면서 물체의 온도가 올라가지만, 물체도 그에 따라 주변으로 열을 방출하기 때문에 쉽게 물체의 온도가 올라가지는 않는다. 예를 들어, 1 m^2의 표면에서 1분 동안 최대로 받은 태양 에너지로 물 1 L의 온도를 약 10 °C 올릴 수 있지만, 실제로는 태양의 복사 에너지가 계절, 시간 및 기상 조건에 따라 달라지고 물 자체도 계속 에너지를 외부로 방출하기 때문에 물의 온도는 그보다 훨씬 낮게 올라간다. 따라서 태양 에너지를 이용하려면,

가능한 햇빛을 받는 면적을 넓게 하여 빛을 많이 받도록 해야 하고, 물체나 음식물이 얻은 열이 외부로 적게 빠져나가도록 하여야 한다.

태양 에너지를 이용하는 가장 간단한 방법은 온도를 올리고 싶은 물체를 햇볕에 놓아두는 것이다. 그러나 햇빛을 받는 물체는 계속 온도가 올라가지 않고 어느 정도 올라가면 평형 상태가 되어 온도가 일정하게 유지된다. 물체가 받는 빛 에너지와 물체에서 방출되는 열 에너지가 평형을 이루기 때문이다. 만일 물체의 온도를 더 올리려고 한다면, 물체에 햇빛을 더 많이 비추거나 물체에서 방출되는 열을 줄여야 할 것이다. 이것과 관련하여 알아야 할 과학 개념은 **빛의 반사**와 **흡수**, 그리고 **열의 이동**에 대한 것이다. 이것을 살펴보면 다음과 같다.

- 빛[4]은 거울과 같이 매끄러운 표면이나 하얀 표면에서 반사가 잘 된다.
- 빛은 표면에 비스듬하게 입사하는 경우보다 수직으로 입사할 때 흡수가 잘 되고, 검은색 표면이나 울퉁불퉁한 표면에서 흡수가 잘 된다.
- 열은 항상 온도가 높은 곳에서 낮은 곳으로 전도, 대류 또는 복사를 통하여 이동한다.
- 접촉한 두 면을 통해 전도되는 열은 두 면의 온도 차에 비례하고, 표면에서 복사되는 열은 표면의 절대온도의 4제곱에 비례한다.
- 공기나 물은 열을 잘 전도하지 못하지만, 대류를 통하여 열을 쉽게 이동시킬 수 있다.
- 단열을 하려면 전도나 대류뿐만 아니라 복사에 의한 열의 이동을 차단해야 한다.

간단한 태양열 조리기는 다음 쪽의 그림과 같이 상자 속에 햇빛을 비추고 열이 빠져나가지 않도록 하는 것이다. 상자 속에 햇빛을 많이 비추기 위하여 거울이나 알루미늄 포일 등을 이용한 반사판을 만들어 상자 옆에 달면 여분의 빛을 더 비출 수 있을 것이다. 상자 속에 들어간 빛이 열 에너지로 바뀌어 상자의 온도가 올라가도 열이

---

4 가시광선뿐만 아니라 자외선이나 적외선을 모두 포함한다. 적외선은 복사열이라고도 한다.

상자형 태양열 조리기 예

외부로 빠져나가지 않도록 하려면 상자를 제대로 단열하는 방법을 찾아야 한다. 상자의 온도가 올라가면 열은 **전도**, **대류**, **복사**를 통해 상자에서 그보다 온도가 낮은 주변으로 빠져나간다. 따라서 상자의 한 면을 햇빛을 받을 수 있도록 열어 놓으면 상자 속 공기의 대류에 의해 열이 외부로 빠져나가기 때문에, 햇빛을 받는 부분을 투명한 비닐막이나 플라스틱 랩, 또는 유리로 덮어 주어야 한다. 이때 이중 창을 만들면 단열 효과를 더 높일 수 있다. 또한 상자의 모서리 부분에 틈이 있으면 데워진 공기가 새어나가 열이 빠져나갈 수 있으므로 틈이 생기지 않도록 해야 한다. 상자 내부를 알루미늄 포일로 두르면 틈도 막을 수 있고, 복사에 의한 열 손실도 막을 수 있다. 또한, 상자의 바닥이나 벽면을 통해 열이 외부로 전도되지 않도록 해야 한다. 이것을 위해 벽면을 신문지나 스타이로폼 등으로 에워쌀 수 있다. 그러면 단열 효과로 상자 외부 표면의 온도를 낮추어 복사에 의한 열 손실도 줄일 수 있다. 일반적으로 물체는 전도보다는 복사에 의한 열손실이 훨씬 크다.

이와 같은 태양열 조리기는 햇빛에서 얻은 열량과 조리기에서 잃어버린 열 손실이 같게 될 때 일정한 조리 온도에 도달하게 된다. 상자 내부에 온도계를 설치하면 조리기의 온도를 얼마까지 올릴 수 있는지 알 수 있다. 일반적으로 물체에 빛이 입사할 때 일부는 흡수되어 물체의 온도를 올리지만 상당한 부분은 반사로 다시 외부로 방출된다. 왼쪽 그림은 조리기에서 어떻게 열 손실이 일어나는지 보여준다. 햇빛은 물체의 표면에 수직하게 비출 때보다 비스듬하게 비출 때 반사가 많이 일어나 물체를 통과할 때 세기가 약해진다. 또한, 빛은 유리나 비닐과 같은 물체를 통과할 때도

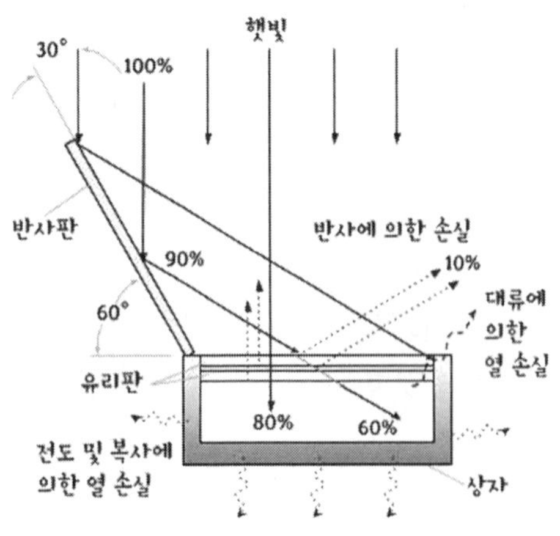

상자형 태양열 조리기의 열 손실

일부 흡수된다. 상자를 제대로 단열한다면 벽면을 통한 전도 및 대류에 의한 열 손실을 줄일 수 있지만, 창을 통하여 빠져나가는 복사 에너지는 막기 어렵다. 그래서 햇빛을 더 많이 받을 수 있도록 상자에 반사판을 추가로 설치하거나, 반사판의 각도나 길이 등을 조정하면 효과적으로 빛을 모을 수 있을 것이다.

상자 속에 비친 햇빛을 잘 흡수하도록 하려면 상자 내부를 검은색으로 칠하거나 검은색 천이나 종이로 바르는 것이 바람직하다. 그리고 알루미늄 접시나 그릇을 이용하여 조리기 속에서 음식을 데울 수 있을 것이다. 이때 음식은 직접적인 햇빛에 의한 복사, 데워진 공기의 대류, 그리고 그릇을 통해 전도된 열로 뜨거워져 조리가 될 것이다.

태양열 조리기는 아래 그림과 같이 크게 3 종류를 생각할 수 있다. 상자형 조리기는 기본적으로 단열을 통해 온실과 같은 효과를 이용한 것이지만, 반사형 조리기나 우산형 조리기는 반사판을 이용하여 빛을 조리용 그릇에 집중시키는 방법을 사용한다. 반사형 조리기는 평면 반사판을 사용하고, 우산형 조리기는 포물선 모양의 반사판을 만들어 초점에 햇빛을 모아주도록 한다. 이런 조리기의 제작은 햇빛이 한 곳에 집중되도록 반사판의 모양이나 배치를 설계해야 하기 때문에 초·중등학생에게는 어려운 과제이다. 상자형 조리기는 온도를 100 °C 이상 올리기 어려워 열효율이 떨어져 다양한 요리를 하기 어렵다는 제한이 있다. 그러나, 상자형 조리기 제작은 반사형이나 우산형 조리기 제작에 비하여 초·중등학생들이 단열 개념을 활용하여 비교적 쉽게 제작할 수 있는 과제이다. 일반적으로 태양열 조리기는 태양의 위치에 따라 효율이 달라지기 때문에, 효율을 올리려면 하루 동안 태양의 위치 변화에 따라 조리기의 방향도 변화시켜야 한다. 센서와 전자회로를 이용하여 태양을 자동으로 추적하는 장치를 이들 조리기에 부착하면 그런 문제를 해결할 수 있지만, 초·중등학생에게 그것은 더 어려운 과제일 것이다.

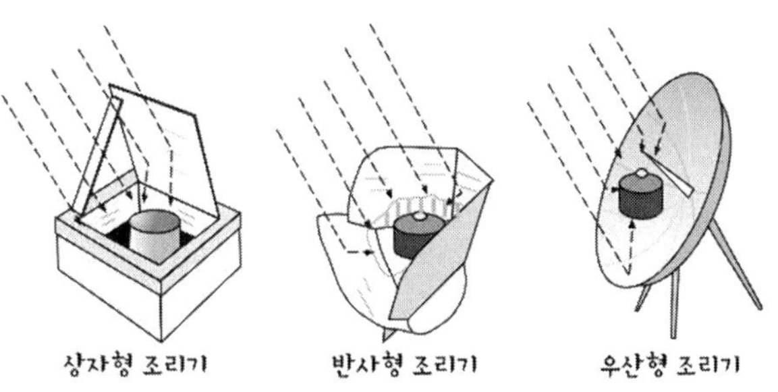

태양열 조리기의 종류

교수 학습과 관련된 문제는 무엇인가?

학교에서 학생들을 가르치려고 하면 학생들이 의외로 배우려고 하지 않거나, 실패를 두려워하며, 학습에 열성적으로 참여하지 않는다는 것을 교사는 발견하게 된다. 이럴 때 교사는 어떻게 해야 할까? 대개 아이들은 실패를 두려워하며 어려운 일을 하는 것을 싫어하기는 하지만, 도전하는 것을 좋아하며 이름이 기억되고 인정 받는 것을 좋아한다. 학생들이 제일 잘하는 것으로부터 학생이 배울 수 있도록 도와줄 방법은 없을까?

게임 바탕 학습과 놀이짓기

요즘 학생 중에는 게임을 하지 않는 학생은 없을 것이다. 거의 모든 학생이 게임을 하고 노는 것을 좋아한다. 그래서 공부하는 것을 게임을 하고 노는 것처럼 만들면 안 될까? 이렇게 학습에 게임 설계의 요소와 원리를 활용하는 것을 **게임 바탕 학습**(GBL: Game-Based Learning)[5]이라고 하고, 게임을 하는 것처럼 놀게 만드는 일을 **놀이짓기**(gamification)라고 한다. 게임은 다음과 같은 중요한 특징이 있다.

- **목표:** 구체적인 목적으로 성취 결과와 방향이 있다.
- **규칙:** 목표를 방해하는 장애물과 제약에 맞서서 도전하도록 한다.
- **되먹임 체제(feedback system):** 점수, 수준(레벨), 순위판, 배지 및 보상의 사용을 통해 즉각적이고 계속적인 그래서 시의적절하게 실시간으로 피드백을 제공한다.

5 게임 바탕 학습은 다음 누리방을 참고한다:
https://www.q2l.org/about/(Quest to Learn)

학습자가 게임을 하는 것처럼 도달할 목표를 인식하고 재미있다고 느낄 때 학습은 극대화될 수 있다. 그래서 학습이 놀이짓기가 될 수 있도록 교실 활동에 게임 요소를 통합시켜 학습자에게 동기를 부여하고 적극적으로 참여시킬 수 있다. 그와 같은 게임 요소에는 이야기, 즉각적인 피드백, 재미, 점점 어려워지는 도전 과제와 도우미, 숙달(예 레벨 향상), 발전 척도(예 점수, 배지, 순위판 등), 사회적 연결, 사용자 통제권 등이 있다(McGonigal, J., 2012)[6]. 이런 게임 요소를 수업에 사용하여 공부가 즐거운 놀이가 되도록 만드는 방법을 살펴보면 다음과 같다.

- **모든 학생이 자발적으로 열중할 수 있도록 만든다:** 활동이 게임과 같이 궁금하고 재미있어야 한다. 특히, 탐구와 창의성을 발휘할 수 있는 경험을 제공하여 몰입할 수 있도록 한다. 학생들은 지속 가능한 몰입 체제에서 자발적으로 활동에 참여하기 때문이다. 예를 들어, 활동과 관련하여 역할을 정하고 그와 관련된 아바타를 선택하거나 고안하도록 할 수 있다. 또는, 보물찾기처럼 학생들이 태양열 조리기를 만드는데 필요한 적절한 물건을 찾을 때마다 점수나 보상을 제공하는 방안을 생각해 볼 수 있다. 자신의 능력이 발달하고 성장하는 것을 학생 자신이 인식하고 볼 수 있을 때 학생은 성취감과 자신감을 가질 수 있다.
- **적절한 장애물과 함께 보상될 수 있는 즐거운 일을 계획한다:** 근접발달영역(ZPD) 내에서 몇 가지 제약이나 장애물은 위험을 감수하는 학생들의 도전 정신을 키울 수 있다. 그리고 노력의 결과로 외적 보상이나 내적 보상을 얻을 수 있도록 고안할 수 있다. 학생들은 의미 있는 보상을 통해 더 노력할 수 있기 때문이다. 외적 보상보다 더 중요한 내적 보상은 성취감을 주는 만족스러운 일, 성공을 경험하거나 희망할 수 있는 일, 사회적 연관으로 경험과 정을 나누는 일, 또는 자신을 뛰어넘는 가치 있거나 의미 있는 일을 경험하도록 하는 것이다. 예를 들면, 태양열 과제를 통해 연료나 전기가 부족한 다른 나라 학생들과 소통하고 그들의 문제를 해결해 주는 경험을 갖도록 할 수 있다.

---

6 제인 맥고니걸(2012). 누구나 게임을 한다: 그동안 우리가 몰랐던 게임에 대한 심층적인 고찰(김고명 역). 서울: 알에이치코리아.

- **명확한 목표와 그것을 위한 행동 절차를 제시하여 만족스럽게 만든다:** 성취 목표는 일을 할 수 있는 추진력이고, 구체적이고 잘 정의될수록 학생들이 더 쉽게 참여할 수 있다. 따라서 목표를 점진적으로 달성 가능한 여러 단계로 나누어 제시하는 것이 좋다. 이때 학생들은 게임 과정에서 점진적으로 수준을 높이는 것과 마찬가지로 성공에 대한 희망을 가질 수 있다. 그렇지만, 경우에 따라서는 정해져 있는 이야기 줄거리가 없는 게임처럼 학생 스스로 자신의 행동을 조율할 수 있을 때 실제 상황을 더 드러내는 모호한 목표가 구체적으로 정해진 목표보다 더 많은 성취감을 줄 수도 있다.
- **즉각적이고 계속적인 그래서 시의적절한 피드백을 사용한다:** 학생들은 관심을 받고 인정해주는 것을 좋아한다. 그러나 학생은 자료나 상황을 대하는 방식이 다르고 배우는 방식도 서로 다르다. 그래서 학생에 따라 적절한 피드백을 하는 것이 중요하다. 한 가지 방안으로 바람직한 학생들의 행동에 점수나 배지를 부여하거나 순위판를 제공할 수 있다. 소크라티브(Socrative)나 클래스도조(ClassDojo)와 같은 앱을 활용하면 손쉽게 피드백을 제공할 수 있다. 특히, 클래스도조는 학생들이 자신의 아바타도 선택할 수 있도록 되어 있다. 교사가 관찰을 통해 학생들의 행동에 대해 즉각적인 피드백을 줄 수도 있고, 학생들의 활동 결과를 프로그램에 올리도록 하고, 학부모와 활동 결과를 공유할 수도 있다.
- **검증과 반복 과정을 통해 성공 가능성을 넓힐 수 있는 실패를 즐길 수 있게 한다:** 게임은 또한 감정적 측면에서 호기심, 좌절 그리고 기쁨에 이르는 강력한 감정을 불러일으킨다. 그것은 부정적인 감정을 극복하고 심지어 긍정적 경험으로 전환하도록 할 수 있다. 그래서 놀이짓기는 게임과 마찬가지로 반복적으로 실패함으로써 매번 무언가를 배우도록 할 수 있다. 그러려면 학습자가 성공할 때까지 계속 시도할 수 있도록 매번 즉각적으로 피드백을 제공하고, 또한 실패 위험 요인을 작게 만들어 불안을 낮추는 것이다. 즉, 성공의 기준을 제공하고 반복을 통해 실패를 배울 수 있는 기회를 제공해야 한다. 이때 학생들의 사전 지식은 학습을 도울 수도 있지만 방해할 수도 있다는 것을 염두에 두고, 융통성 있게 여러 가지 방법을 시도해 볼 수 있도록 한다. 또한, 학생들이 포용적인 분위기에서 자신의 생각을 스스로 시험해 보고, 실패를 극복하여 창의적인 문제 해결

로 나아갈 수 있도록 안내한다. 그래서 실패에 긍정적 관계를 형성하도록 실패를 학습에 필요한 부분으로 재구성하는 것이다. 그리고 숙달보다는 오히려 노력이 보상을 받는 환경을 조성한다. 이때 학생들은 실패를 무서워하거나 두려워하기보다는 기회로 보는 법을 배울 수 있다.

- **삶의 지평을 넓히는 사회적 관계를 강화할 수 있도록 한다:** 놀이는 혼자 노는 것보다 여럿이 노는 것이 훨씬 재미있다. 그래서 사회적 연결성을 증진시키고 활동에서 의미 있는 역할을 수행하도록 하여 자신의 정체성을 발견하도록 하는 것은 참여 동기를 활성화할 수 있다. 이것을 위해 개인 및 모둠별 경쟁을 포함하도록 한다. 이런 경쟁은 타인보다는 자신과의 경쟁으로 유도될 수 있다. 즉, 다른 학생이나 모둠과의 경쟁에서 단지 승리보다는 이전의 기록을 깨는 것처럼 성과와의 경쟁을 설정하도록 하여 협력적인 관계를 촉진하도록 할 수 있다. 예를 들면, 서로의 생각을 공유하여 태양열 조리기의 조리 시간을 10분 더 단축하는 개선책을 고안하도록 하는 것이다. 아울러 활동 결과를 학부모를 포함하여 다른 사람과 공유할 수 있는 기회를 제공함으로써 만족감이나 소속감을 갖도록 할 수 있다.

요약하면, 놀이짓기는 게임과 같은 규칙 체제, 놀이 경험 및 문화적 역할의 사용을 통해 학습자에게 인지적, 감정적, 사회적 측면에서 영향을 주려는 것이다(Lee, J. J. & Hammer, J., 2011)[7]. 게임은 적극적인 실험과 발견을 통해 탐색할 수 있는 규칙 체제를 제공하고, 그 숙달 과정을 통해 잠재적으로 어려운 작업을 계속할 수 있도록 안내한다. 마찬가지로 놀이짓기는 교사의 적절한 디딤돌과 함께 학생들의 수준에 맞는 구체적인 도전 과제를 계속 제공하면서 난이도를 높인다. 조금 어렵지만 구체적이고 즉각적인 목표를 제공하고, 최종 과제에 이르는 여러 하위 목표를 선택할 수 있는 다양한 경로를 제공함으로써, 학습자에게 동기를 부여하여 실패를 극복하고 적극적으로 활동에 참여하도록 하는 것이다.

---

7 Lee, J. J. & Hammer, J. (2011). Gamification in Education: What, How, Why Bother? Academic Exchange Quarterly, 15(2).

과학에 대한 흥미

흥미란 특정 주제나 활동에 대한 선호를 의미하는 것으로, 그동안 과학에 대한 흥미는 개인이 과학에 대한 선호가 높은지 낮은지에 대해서 주로 다루어져 왔다. 그러나 교육 상황에서 흥미는 각 개인의 성향으로서의 흥미뿐만 아니라, 특정 상황에서의 흥미, 즉 '**상황적 흥미**(situational interest)'로 영역이 확장되었다. 개인이 어떤 대상에 흥미가 있다는 것은 특정 상황에 의해 유발되는 것일 수도 있고, 개인 내적인 자발적 경향성에 의한 것일 수도 있다. 최근 교육연구에서는 이를 구별하여 개인적 흥미와 상황적 흥미로 나누고 있다. 예를 들어, 앞서 제시된 수업 사례에서 교사는 주변에서 일어날 수 있는 정전 사태를 설정하여 태양열 조리기를 만드는 활동에 대한 흥미를 유발하려고 했다. 다시 말해, 교사는 준비한 특정 상황으로 학생들의 상황적 흥미를 유발하려고 한 것이다. 이러한 상황적 흥미는 왜 중요한 것일까? 히디와 그의 동료(Hidi, Renninger, & Krapp, 1992)[8]는 학습에 대한 개인적 흥미가 없던 학생이 유발된 상황적 흥미를 개인적 흥미로 발전시킬 수도 있기 때문에 상황적 흥미가 교육에서 갖는 의미가 크다고 보았다. 그런 의미에서 학생들이 선호하는 게임이나 놀이는 상황적 흥미를 유발할 수 있는 좋은 소재가 될 수 있다. 상황적 흥미는 특정 상황에 대한 선호이기 때문에 그 상황에서 학습 참여를 유도하는 데는 효과적일 수 있으나, 시간이 지나 상황이 종료된 후에도 그 참여를 지속할 수 있는 힘은 약하다. 그러나 개인적 흥미는 개인의 성향이기 때문에 시간이 지나도 학습에 참여하는 원동력이 되므로 상황적 흥미를 개인적 흥미로 발전시키는 것이 매우 중요하다. 놀이짓기는 상황적 흥미를 통해 학생의 개인적 흥미를 활성화시킬 수 있는 방안의 하나이다.

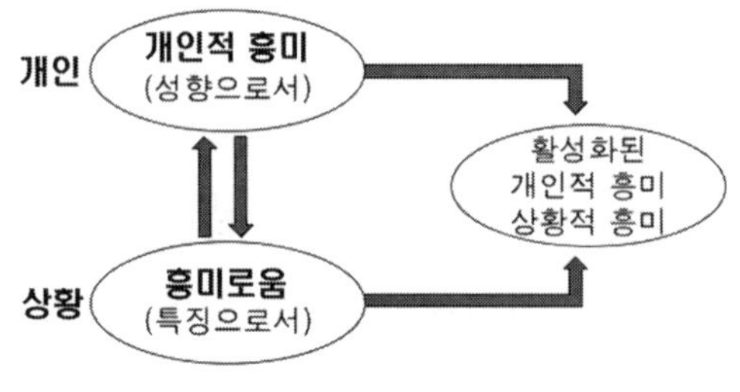

학습 상황에서 나타나는 흥미

8 Hidi, S., Renninger, K. A., & Krapp, A. (1992). The present state of interest research. The role of interest in learning and development, 433-446.

학습 동기

학습 동기란 학습목표를 향하여 학습하도록 하는 개인의 심리적인 상태를 의미한다. 학습 동기에 대한 다양한 이론 중에서 **성취 목표 이론**은 학습자가 어떤 목표를 지향하느냐에 따라 학습 동기가 달라질 수 있다고 설명한다. 이 이론은 성취 목표를 숙달 목표(mastery goal)와 수행 목표(performance goal)로 나눈다. 숙달 목표는 상대적인 기준이 아닌 개인 내적인 기준으로 학습 과정이 숙달하였는지를 판단하고 이를 목표로 삼는다. 반면에, 수행 목표는 자신의 능력이 다른 사람에 의해 어떻게 판단되는지, 그 판단에 가치를 부여하고 그것이 목표가 된다.

오른쪽 그림[9]과 같이 이러한 숙달 목표와 수행 목표는 자신의 능력을 입증하는데 가치를 두느냐, 무능함을 내보이지 않는데에 초점을 두느냐에 따라 접근과 회피로 나누어 설명될 수 있다. 예를 들어, 숙달 접근 목표는 어떤 외적 보상보다는 학습 과정 자체에 가치를 부여하고 과제를 성공적으로 해내는 것을 지향하는 것을 말한다. 숙달 회피 목표는 학습 과정에서 실수나 실패를 하지 않는 것에 집중하여 과제를 해내는 것을 지향하는 유형의 목표이다. 수행 접근 목표는 다른 사람보다 잘할 수 있음을 증명해 보이는 것에 집중하여 성공적으로 과제를 해내는 것을 말한다. 반면에, 수행 회피 목표는 다른 사람에 비해 부족한 것을 드러내지 않는 것에 집중하여 과제를 해내는 것을 의미한다. 예를 들어, 앞의 수업 사례에서 "그냥 아까 선생님이 잠깐 보여준 것처럼 만들자. 박스에 알루미늄 포일로 싸서 접시처럼 오목하게 해서 붙이는거야. 그게 안 망하고 제일 안전해. 우리만 망하면 어떻게 해…."라는 학생의 말은 실패를 하지 않는 것에 집중하고, 다른 모둠과 비교하여 부족한 것을 드러내지 않으려는 수행 회피 목표를 보여주고 있다. 놀이짓기에서는 점진적인 목표와 피

가치 \ 정의	숙달 (절대적/개인 내적)	수행 (규준적)
긍정적 (성공 접근)	숙달 접근 목표	수행 접근 목표
부정적 (실패 회피)	숙달 회피 목표	수행 회피 목표

성취 목표의 4원화 구조[9]
(Elliot & McGregor, 2001)

9 Elliot, A. J., & McGregor, H. A. (2001). A 2×2 achievement goal framework. Journal of personality and social psychology, 80(3), 501.

드백을 통해 실패를 두려워하지 않고 숙달 목표나 수행 목표에 긍정적으로 접근하도록 한다.

자기효능감

자기효능감(self-efficacy)이란 자신의 능력에 대한 신념을 말한다. 반두라(Bandura, 1977)[10]는 개인의 성공적인 수행에 필요한 행동적, 인지적, 정서적 자원을 적절하게 활용하여 행동을 조직하고 실행하는 자신의 능력에 대한 판단 또는 믿음을 자기효능감이라고 보았다. 이러한 자기효능감은 효능 기대와 결과 기대로 나뉘어 설명될 수 있다. 효능 기대란 자신에게 요구되는 행동을 하기 전에 그 행동을 성공적으로 수행할 수 있을까에 대한 기대를 말하며, 결과 기대는 자신의 수행 행동으로 인해 특정 결과가 나타날 것이라는 기대를 말한다. 그래서 효능 기대는 동기를 유발하는데 영향을 주고, 내가 얼마나 노력할 것인가와 같이 행동을 결정하는데 영향을 미친다.

교육연구에 의하면 자기효능감이 높은 학생은 의사결정에 적극적으로 참여하고, 끈기있는 노력으로 쉽게 포기하지 않는 특성이 있다. 그렇다면 자기효능감은 어떻게 높일 수 있을까? 과거의 성공 경험이 학생들의 자기효능감을 높이는데 영향을 줄 수 있다. 반대로 실패 경험은 자기효능감을 낮출 수 있다. 그러나 이것은 학생들에게 항상 성공의 경험만을 제공하고 실패 경험은 하지 않도록 해야 한다는 것을 의미하는 것은 아니다. 자기효능감이 어느 정도 높은 학생은 일시적으로 실패를 경험하더라도, 이것 때문에 일어나는 부정적인 효과는 크지 않다. 그러나, 자기효능감이 낮은 학생에게는 반복되는 실패 경험은 학생을 좌절시키기 쉽다. 그래서 자기효능감이 낮은 학생은 자기효능감을 높이기 위해 작은 성공의 경험을 제공하는 것이 필요하다.

자기효능감을 높일 수 있는 다른 방법으로는 대리 경험이 있다. 앞서 언급한 성공 경험과 같이 본인이 직접 경험하지 않더라도, 다른 사람의 행동을 관찰하거나 상상하는 과정을 가져보는 것으로도 자기효능감을 강화시킬 수 있다. 자기효능감을 높이는

10 Bandura, A. (1977). Self-efficacy: toward a unifying theory of behavioral change. Psychological review, 84(2), 191.

또 다른 방법은 언어적 설득이다. 교사가 학생들에게 할 수 있다고 격려하고, 의미 있는 피드백을 제공하여 과제를 수행하는데 디딤돌을 놓는 활동은 학생들의 자기효능감에 영향을 준다. 그리고 학생들의 정서적 상태도 자기효능감에 영향을 준다. 예를 들어, 학생들은 과제를 수행하는 과정에서 자신이 과제를 해낼 수 없을 것 같다는 생각을 하면서 자기효능감이 낮아지기도 한다. 적절한 긴장, 불안 등은 과제 수행에 도움이 된다는 연구 결과도 있지만, 과도하게 불안한 긴장이나 불안감 등의 정서는 반복되면서 자기효능감에 영향을 줄 수 밖에 없다. 그래서 놀이나 게임을 하는 것과 같은 상황에서 이루어지는 놀이짓기는 실패를 긍정적으로 학습에 필요한 부분으로 재구성하여 학생들의 자기효능감을 높이는데 도움을 줄 수 있다.

실제로 어떻게 가르칠까?

이 장에서는 태양열 조리기 만들기를 수업에 활용할 경우 교사가 활용할 수 있는 구체적인 방안에 대해 소개하고자 한다.

태양열 조리기 만들기는 열의 이동과 관련된 원리와 재료의 특성을 활용하여 공학적 설계 과정을 적용하는 과제이다. 간단한 태양열 조리기는 초등학생도 만들 수 있지만, 그 원리를 충분히 이해하기 위해서는 사실 초등학교에서는 다루지 않는 복사의 개념을 알아야 한다. 그러나 단열에 대한 내용을 5학년에서 공부했으므로 단열된 조리기 상자를 만드는 과정에서 복사에 대한 개념을 자연스럽게 습득하도록 지도[11]할 수 있다. 조리기는 가능한 한 많은 태양 에너지를 모아서 흡수하고 저장된 열이 전도, 대류 및 복사를 통해 외부로 빠져나가지 못하도록 잘 단열시켜야 한다. 학생들에게 다양한 재료로 설계의 효과를 온도계를 이용해 시험해 보고, 최종적으로 음식을 조리할 수 있는 조리기를 제작하도록 한다. 학생들이 공학적 설계 과정을 익히도록 하기 위하여 한 학기 또는 한 학년 과제로 준비하는 것이 바람직할 것이다.

놀이짓기를 위한 방법으로 학습 목표를 세 단계의 수준으로 나누어, 예를 들어 얼음 녹이기, 스모어(s'more)[12] 만들기, 달걀 반숙 만들기 등으로 제시하여 수준에 따라 조리기의 온도를 높일 수 있도록 한다. 이때 동기 유발을 위한 이야기를 만들어 과제를 제시하거나, 학기말이나 학년말에 태양열 조리기 경연대회를 계획할 수 있다. 예를 들어, 괴물에 잡힌 친구를 구하는 게임을 만들고, 친구를 풀어주는 조건으로 괴물의 요구 사항으로 얼음 녹인 물, 스모어, 달걀 반숙을 제시하는 이야기를 만든다. 얼음 녹이기와 스모어 만들기 과제는 조리기의 구조와 재료의 선택을 제한하는 반면에,

11 좀 더 자세한 내용은 '함께 생각해보는 과학 수업의 딜레마' (윤혜경 외, 2020, 북스힐) 딜레마 사례 04 '알루미늄 포일'과 05 '눈사람의 코트'를 참고한다.

12 두 개의 크래커 사이에 마시멜로와 초콜릿을 끼워서 만든 음식을 말한다.

달걀 반숙 만들기 과제는 재료를 제한하지 않고 학생들이 자유롭게 창의적인 작품을 만들도록 구성한다.

학급에서 학생들은 3명이 한 모둠이 되어, 각각 과학자, 공학자 및 제작자(감독)의 역할을 맡고, 수준에 따라 그 역할을 바꾸도록 한다. 과학자는 태양열 조리기의 원리에 대한 과학적 현상과 지식을 조사하여, 공학자가 여러 재료의 특성을 이용하여 그것을 설계할 수 있도록 도와주어야 한다. 공학자와 제작자는 태양열 조리기를 실제로 제작하여 과학자와 함께 실험해 보고, 자신들의 작품을 개선하는 방안을 고안한다. 감독인 제작자는 자신들의 활동 상황을 학급의 누리집에 올리도록 한다. 이때 교사는 앞에서 언급했던 클래스도조 또는 구글클래스룸, 패들렛과 같은 프로그램을 활용할 수 있다.

모둠 점수와 배지 부여하기

모둠별 점수는 공학적 설계 과정의 상상하기, 계획하기, 제작하기, 개선하기 과정에서 모두 100점 이상을 얻으면 각 수준에서 학생들에게 수습생(또는 병아리) 배지, 숙련공(또는 두루미) 배지 및 명장(또는 독수리) 배지를 만들어 부여한다. 얼음 녹이기 과제는 크기가 작은 피자 상자(345×345×45 mm)를 반드시 사용하도록 제한하고, 스모어 만들기 과제는 좀 더 큰 피자 상자(465×465×45 mm)를 사용하도록 한다. 달걀 반숙 만들기 과제는 제한 조건이 없이 학생들이 자유롭게 만들 수 있도록 한다. 그리고 공학적 설계 과정에서 예를 들어, 다음 쪽에 제시된 표와 같이 점수를 부여한다.

계획하기 과정에서 수준 1과 수준 2의 재료 목록 정하기 활동은 구글 설문지를 이용하여 학생들이 제시된 20개의 물품 중에서 필요한 재료를 선택하도록 할 수 있다. 예를 들어, 이때 제시되는 항목은 칼, 가위, 알루미늄 포일, 비닐 랩, 검은색 도화지, 신문지, 자, 온도계, 접착 테이프, 알루미늄 접시, 장갑, 풀, 흰색 천, 드라이버, 집게, 나무토막, 나무 젓가락, 숟가락, 검은 비닐 주머니, 손수건 등으로 적절히 뒤섞어 제시한다. 앞 쪽에 제시된 적절한 물품 12가지는 각각 1점씩 부여한다. 뒤 쪽에 제시된 8가지는 그리 필요하지 않은 물품으로 교사가 재량껏 정할 수 있다. 수준 2의 경우에는 학생들이 5개의 물품을 더 자유롭게 추가할 수 있도록 하고, 수준 3의 경우에는

공학적 설계 과정의 점수 부여 방안 예시

설계 과정	점수	수준 1. 얼음 녹이기	수준 2. 스모어 만들기	수준 3. 달걀 반숙 만들기
질문하기		피자 상자로 얼음을 빨리 녹이려면?	피자 상자로 35-45 °C의 온도를 얻으려면?	60-70 °C의 온도를 얻으려면?
상상하기	10	• 태양열 조리기의 겉모습과 특징을 그린다(5점). • 그림에 필요한 재료와 간단한 설명을 붙인다(5점).		
계획하기	50	• 재료 목록 정하기(12점): 얼음 녹이기는 20개 물품 중에서 적절한 물품을 선택하고, 스모어 만들기에서는 이외에 5개 항목을 자유롭게 더 추가할 수 있다. 달걀 반숙 만들기에서는 모든 재료를 자유롭게 선택할 수 있다. • 제작 절차 작성하기(30점): 반사판(9점), 입사창(6점), 단열 방안(9점), 복사열 이용(3점), 온도 측정(3점) 등에 관한 내용이 포함되어야 한다. • 그림으로 설계하기(8점): 구체적인 수치와 재료, 구조가 명시되어야 한다.		
제작하기	40	• 시간에 따른 온도 그래프를 제시한다(10점). • 제작 과정 및 조리기 작동 동영상을 제시한다(20점). • 태양열 조리기의 작동 원리를 설명한다(10점).		
개선하기	20	• 최고 온도가 5 °C 높아질 때마다 10점을 부여한다. • 최고 온도 도달 시간이 10분 단축될 때마다 10점을 부여한다.		

학생이 자유롭게 재료를 선택할 수 있도록 열어 놓는다. 또한, 수준 1과 수준 2의 설계에서 반사판의 크기는 상자의 크기보다 작고, 하나로 한정하도록 한다. 그러나 수준 3의 경우에는 그런 제한을 두지 않는다.

일반적인 제작 절차는 다음을 참고로 하여 학생들에게 관련 항목에 대한 점수를 부여하고, 필요한 경우 점수와 함께 적절한 도움말을 제공하도록 한다. 수준 2와 수준 3에서는 다양한 재료와 구조를 탐색할 수 있도록 하고, 안전에 주의하도록 한다.

- **칼을 사용하여 피자 상자 뚜껑에 반사판 덮개를 만든다:** 반사판과 뚜껑의 가장자리 사이의 폭이 약 2.5 cm가 되도록 세 변을 칼로 자른다. 이 반사판 덮개를 상자 밖으로 빼내 상자 뚜껑을 닫았을 경우 반사판이 바로 서도록 한다.
- **반사판 덮개의 안쪽 면에 알루미늄 포일을 덮어 햇빛이 반사되도록 한다:** 알루미늄 포일을 덮개 주위에 단단히 밀착시켜 덮개의 바깥 면으로 둘러서 접착 테이프로 고정시킨다. 나중에 햇빛이 입사창으로 반사될 수 있도록 반사판의 각도를

맞춘다.

- **투명한 비닐 랩을 사용하여 햇빛이 상자로 들어가는 밀폐된 입사창을 만든다:** 반사판 덮개를 잘라내 상자 뚜껑에 난 열린 창에 비닐 랩을 뚜껑 앞뒤로 둘러서 이중 창을 만들고 접착 테이프로 붙인다. 2.5 cm가 되는 뚜껑 가장자리까지 비닐을 덮고 접착 테이프로 붙인다. 공기가 가장자리를 통해 빠져 나가지 않도록 단단히 밀봉시킨다.
- **알루미늄 포일로 피자 상자의 바닥과 내부 벽을 모두 덮어 밀폐시킨다:** 복사열이 외부로 빠져나가지 못하고, 공기가 상자의 틈에서 새어나가지 못하도록 알루미늄 포일로 상자 내부를 포장하여 틈이 없도록 한다.
- **피자 상자 바닥에 검은색 도화지를 덮는다:** 열을 잘 흡수하는 검은색 종이를 바닥에 깔고 그곳에 알루미늄 접시를 놓아 둔다. 이 알루미늄 접시에 얼음이나 스모어를 놓아둘 것이다.
- **피자 상자의 4면의 벽을 따라 신문지를 말아서 바닥에 놓는다:** 태양열 조리기를 효과적으로 단열하려면, 전도나 대류에 의한 열의 손실을 줄여야 한다. 신문지를 여러 겹으로 말아서 양 끝을 테이프로 막으면 일종의 벽으로 사용할 수 있다. 피자 상자의 네 모서리와 알루미늄 접시 사이에 신문지 벽을 만들어 상자 내부를 밀봉시킨다. 피자 뚜껑이 닫힐 수 있도록 상자의 벽과 신문지 벽 사이에 틈이 있어야 한다. 그렇지만, 상자 내부의 공기가 빠져나가지 못하도록 밀착시켜야 한다. 신문지 벽 대신에 발포재 알갱이를 활용하거나 알루미늄 접시가 들어있는 내부 상자를 따로 만들 수도 있다.
- **햇빛이 반사판에서 반사되어 비닐로 덮인 창으로 들어가도록 덮개를 조정한다:** 태양열 조리기를 사용하는 가장 좋은 시간은 태양이 높게 머리 위로 오는 오전 11시부터 오후 2시까지이다. 햇빛이 잘 드는 곳으로 나가서 반사판 덮개를 자를 사용하여 햇빛을 많이 받도록 고정시켜 준다. 수건을 둥글게 말아서 전체 상자의 각도를 조정할 수도 있다.
- **태양열 조리기 속에 온도계를 설치하여 시간에 따른 온도 변화를 측정한다:** 덮개가 달린 벽 뒷면에 작은 구멍을 뚫어 온도계를 집어 넣을 수 있도록 한다. 온도계

의 빨간 끝 부분이 신문지 벽 앞으로 빠져 나올 수 있도록 한다. 온도계 구부 위쪽에 햇빛이 직접 닿지 않도록 하기 위하여 알루미늄 포일을 온도계가 닿지 않도록 덮어 씌운다. 햇볕 속에서 조리기의 온도를 10분마다 측정하여 최고 온도가 될 때까지 시간이 얼마나 걸리는지 알아본다.

- **태양열 조리기를 실제로 작동시키는데 어느 정도의 시간이 걸리는지 알아본다:** 태양열 조리기로 얼음을 녹이거나 스모어나 달걀 반숙을 만들기 위해서 필요한 시간을 측정해 본다. 조리 시간은 음식의 양에 따라 달라지기 때문에 사전에 그 시간을 가늠해 보아야 할 것이다. 조리기에서 음식을 꺼낼 때 피자 상자의 뚜껑을 열고, 조리용 장갑을 사용하여 알루미늄 접시를 들어 올리도록 한다. 알루미늄 접시가 매우 뜨거워질 수 있기 때문이다. 이런 태양열 조리기로 냉동 식품이나 남은 음식을 데울 때도 유용할 것이다. 빵 한 조각에 버터를 발라 햇볕에 두면 토스트를 만들 수 있다.

수준 1에서 학생들이 모둠별로 계획하기 단계까지 마치면, 교사는 제작하기 단계를 실제 수업에서 실행할 수 있다. 이때 교사는 모둠별로 학생들의 행동을 관찰하고 필요한 경우 학생들의 행동에 대해 피드백을 제공할 수 있다. 예를 들어, 클래스도조 앱을 이용하면 교사 자신의 태블릿이나 스마트폰으로 적극적인 참여나 협력, 또는 위험한 장난이나 딴짓하기 등의 행동에 칭찬이나 경고 또는 점수를 부여할 수 있다. 또한, 교사는 모둠을 순회하면서 학생들에게 태양열 조리기가 어떻게 작동하는지, 왜 그 재료로 그렇게 만드는지 질문을 던져 태양열 조리기의 기본적인 원리를 학생들이 이해했는지 살펴보고, 필요한 경우 적절한 디딤돌을 제공할 수 있다. 사실 수준 1의 얼음물 녹이기 과제는 특별히 고안하지 않고 햇볕에 얼음을 놓아 두는 것만으로도 누구나 얼음을 쉽게 녹일 수 있을 것이다. 그렇지만 얼음을 녹이는 시간을 단축하기 위해서는 무언가 방법이 필요하다. 교사는 학생들이 자신의 생각을 실제로 시험해 보고 그것을 확인해 보도록 격려해야 할 것이다. 예를 들어, 비닐로 창을 만들거나 상자 내부를 알루미늄 포일로 덮는 것이 대류나 복사에 의한 열 손실을 줄일 수 있는 좋은 방법이라는 것을 확인할 수 있어야 한다.

개선하기 단계도 실제 수업으로 진행할 수 있지만, 수업 시간이 충분하지 않으면 앞에서 언급했던 프로그램을 활용할 수도 있다. 학생들의 개선하기 활동 동안에 교사는 다음과 같은 질문을 통해 학생들이 추가적으로 개선책을 살펴보도록 도와야 할 것이다.

- 태양열 조리기를 개선하기 위해 조정해야 할 많은 요인이 있다. 예를 들어, 다음과 같은 질문을 할 수 있다. 반사판 덮개의 각도를 어떻게 조정하면 될까? 재료를 바꾸거나 다른 방법으로 단열하면 어떨까? 조리기의 모양이나 크기를 바꾸면 어떨까? 등
- 태양열 조리기의 내부 온도를 시간에 따라 측정하도록 한다. 최고 온도를 얼마나 더 높일 수 있는가? 최고 온도에 도달하는 시간을 더 줄일 수 있을까?
- 태양열 조리기는 날씨에 따라 영향을 받을 수 있다. 예를 들어, 따뜻한 날과 매우 더운 날은 어떤 차이가 있는가? 맑은 날과 흐린 날은 어떤 차이가 있는가? 그런 차이를 줄일 수 있는가? 또는 외부 온도나 하루 중 사용 시각이 얼마나 중요한가?
- 태양열 조리기는 태양의 위치와 상관없어야 한다. 태양열 조리기의 위치를 계속 바꿀 필요가 없이 잘 작동할 수 있는 설계나 방법은 무엇인가?
- 자신의 태양열 조리기로 조리할 수 있는 음식을 살펴보도록 한다. 예를 들면, 냉동 호떡과 같은 냉동 식품이나 학생들이 선호하는 음식이 있는가?

문제 해결을 위한 도움말 제공하기

태양열 조리기의 제작은 햇빛을 모으는 반사판뿐만 아니라 흡수한 열을 손실이 없이 보존하는 단열 방법을 이해할 수 있도록 하는 것이 중요한 과제이다. 또한, 학생들이 처음부터 그것을 완벽하게 만들기보다는 그 과정에서 열의 이동 방법을 이해하고 좀 더 효율적인 방법을 찾도록 도와주는 것이다. 따라서 완성된 작품의 성공이나 실패가 중요한 것이 아니다. 그래서 실패를 실패로 보지 않고 해결해야 할 하나의 문제로 인식하도록 도와주는 것이 핵심이다. 따라서 수준 1과 2에서 제시된 과제를 통해

학생들이 일종의 게임처럼 자신의 생각을 시험해 보도록 격려하는 것이 중요하다. 이것은 수준 3에서 자신만의 창의적인 조리기를 만들 때 도움이 될 것이다. 단지 주어진 대로 조리기를 조립하는 일보다는 다양한 재료의 특성을 조사하거나 시험해 봄으로써 단열을 위한 좋은 방안을 찾도록 해야 할 것이다. 이를 위해 교사는 학생들에게 먼저 자신들의 조리기가 잘 작동하지 않는 이유를 찾도록 해야 한다. 그리고 그런 문제를 해결할 수 있도록 도와주는 적절한 도움말을 학생들에게 제공해야 할 것이다. 그와 같은 문제 해결을 위한 도움말을 예시로 다음과 같이 제시한다.

- 조리기의 온도가 원하는 온도에 도달하지 않는다면, 조리기 상자가 완전히 밀봉이 되지 않아 공기가 새어나가는지 확인하도록 한다. 상자 내부에 틈이 있는지, 상자 뚜껑이 닫히는 부분에 틈이 있는지, 뚜껑과 비닐 창 사이에 틈이 있는지 확인해 보도록 한다.
- 밀봉이 잘 되었는데 여전히 온도가 낮다면, 조리기 상자 속에 단열재를 더 추가하거나 조리기를 단열이 되는 더 큰 상자 속에 집어 넣어보도록 한다. 또는 조리기 상자 내부에 가열될 더 작은 조리 상자를 추가하는 방법을 생각해 보도록 한다. 또는 가열을 위한 시간이 너무 짧지 않았는지 확인하도록 한다.
- 필요한 경우 유사한 특성을 보이는 다양한 다른 재료를 시험해 보도록 한다. 예를 들어, 반사판에 쓰이는 알루미늄 포일 대신에 플라스틱 거울, 비닐 랩 대신에 투명 아크릴판, 신문지 대신에 스타이로폼이나 발포재 알갱이, 알루미늄 접시 대신에 도자기 그릇 또는 검은 종이 대신에 작은 크기의 검은 자갈 등 다양한 재료를 필요한 경우 학생들에게 제안할 수 있을 것이다.
- 반사판의 각도를 어떻게 조정하는 것이 좋은지 시험해 보도록 한다. 햇빛이 반사판에 수직하게 입사하면 비스듬하게 입사하는 경우보다 흡수가 커져 반사하는 빛의 양은 줄어든다. 그러나 이중창을 통과하는 빛은 수직하게 입사하여야 반사가 적어져 빛이 많이 투과할 수 있다. 이것을 고려하면 측면이 직사각형인 상자보다는 사다리꼴 모양의 상자가 유리할 수 있다. 또한, 여러 개의 반사판을 만드는 것도 고려될 수 있다. 특히, 바람이 불 때 반사판에 의해 조리기가 뒤집힐 수 있다는 것을 주의시킨다.

- 도움이 많이 필요한 모둠의 경우에는 구체적인 방법이나 재료를 제안해 줄 수 있지만, 가능하면 학생들이 자신들의 생각을 시험해 보는 기회를 갖도록 약간의 조언만 제공하는 것이 바람직할 것이다.

이 장에서는 놀이짓기를 위한 방안으로 3가지 수준의 과제를 한 학기나 한 학년의 프로젝트로 제시했지만, 그것이 어려운 경우에는 수준 2의 과제만을 수업 시간에 사용할 수도 있다. 또는 수준 2와 3의 과제는 학기 중간이나 학기말에 경연대회 형태로 진행할 수도 있다. 물론 그 과정에서 교사는 학생들의 활동 상황을 점검하고 적절한 피드백을 제공해야 할 것이다. 또한, 모둠별 점수는 학급 누리집에 공개하여 학생들이 자신들의 진행 사항을 파악할 수 있도록 해야 할 것이다. 활동 과정에서 학생들은 교사의 피드백에 따라 다양하게 반응할 수 있다. 예를 들어, 성공했을 때만 지나친 긍정적 피드백을 제공하고, 실패했을 때 수치심 또는 죄책감 등을 갖게 하면 학생들은 접근 목표보다는 회피 목표를 추구하게 될 가능성이 있다. 그러므로 실패의 책임을 묻거나 실패의 원인을 한 개인의 탓으로 돌리지 않고 실패를 성공의 경험으로 바꾸고자 하는 공동의 노력을 교사가 소중하게 생각한다면 실패를 허용하는 분위기로 만들 수 있을 것이다. 그래서 교사는 수준 1과 수준 2의 과제를 수준 3의 과제로 나아가기 위한 일종의 연습처럼 받아들이도록 할 수 있다. 그리고 일반적인 조리기보다는 달걀 반숙기로 과제를 구체적으로 한정시킴으로써 학생들만의 독특한 설계가 가능할 수 있도록 했다. 예를 들어, 작은 자갈로 이루어진 달걀통을 학생들이 고안할 수 있다면 교사는 그 지도 과정이 조금 힘들어도 보람을 느낄 수 있지 않을까 생각해 본다.

딜레마 사례 09

그림자 연극

이것이 STEAM 수업일까?

과학 교과서 매 단원 말미에는 융합인재교육(STEAM)을 위한 차시가 있다. 융합인재교육을 위한 차시는 과학 개념 학습이나 탐구 활동보다는 제작, 설계, 놀이, 조사 활동 등으로 구성되는 경우가 많다. 나는 4학년 '거울과 그림자' 단원에서 STEAM 수업으로 그림자 연극 수업을 준비하게 되었다. 학생들이 재미있는 그림자 연극을 하면서 이 단원에서 학습한 그림자의 원리를 자연스럽게 복습할 수 있을 것으로 기대했다. 그러나 수업이 시작되자 학생들은 대본과 종이 인형을 준비하는 데 정신이 없었고, 정작 과학적 원리를 적용하여 그림자의 크기 변화를 시도하는 것에는 별 관심이 없었다. STEAM 수업이 전통적인 과학 수업처럼 개념의 이해를 중심으로 하는 것은 아니지만, 그래도 수업에서 과학을 찾아보기 힘든 것 같아 마음이 불편했다. STEAM 수업의 진정한 목적은 무엇인지, 어떻게 그것을 구현할 수 있는지 고민이 되었다.

1 과학 수업 이야기

초등학교 4학년 '거울과 그림자' 단원에서는 물체가 빛을 통과시키는 정도에 따라 그림자의 진하기가 달라지고, 물체가 놓인 방향에 따라 그림자의 모양이 달라진다는 것을 지도한다. 그리고 손전등, 물체, 스크린 사이의 거리를 변화시키며 그림자의 크기가 어떻게 달라지는지 지도한다.

이 단원의 STEAM 차시에서는 '흥부와 놀부'를 그림자 연극으로 꾸며 보도록 되어 있다. 교과서에 제시된 것과 같은 그림자 연극을 하면 학생들이 좀 더 재미있게 앞에서 배운 그림자의 원리를 적용할 수 있을 것 같았다. 나는 LED 손전등, 스크린을 준비하였고 「실험 관찰」 꾸러미에 제공되고 있는 종이 인형을 준비하였다.

> "자, 이제 모둠에서 그림자 연극을 계획하여 봅시다. 먼저 어떤 장면을 보여줄지 정하고 장면에 알맞은 대사를 써 봅시다. 그리고 누가 어떤 역할을 맡을지 정해 보세요. 「실험 관찰」 꾸러미의 종이 인형 외에 필요한 소품이 있으면 직접 만들어도 됩니다."
>
> "앞에서 광원과 물체 사이의 거리에 따라 그림자의 크기가 달라지는 것을 배웠지요? 그림자를 크게 또는 작게 만드는 것 이외에도, 그림자를 길쭉하게 만들거나 짧게 만들 수도 있을까요? 어떻게 하면 될지 해보세요. 그리고 종이 인형과 손전등의 위치를 조절하면서 재미있는 연극을 만들어 보세요."

학생들은 흥부가 박을 타는 장면, 흥부와 놀부가 다투는 장면 등 다양한 장면을 설정하고 대본을 쓰기 시작했다. 그런데 대본 쓰는 일부터 쉽지 않았다. 학생들이 대본을 쓰는데 생각보다 시간이 오래 걸렸고 무슨 대사를 해야 하는지 모둠원 사이에 의견이 분분했다. 나는 대본을 최대한 짧게 하고 각 등장인물이 한두 번만 말하도록 하라고 안내했다. 대본을 완성하자 학생들은 연극에 필요한 추가 재료를 만들기 시작했다. 학생들은 꾸러미에 있는 제비 모양이 마음에 들지 않는다고 제비를 다시 만들기도 하고, 박이 쪼개지는 모습을 추가로 만들기도 했다.

"선생님, 흥부와 놀부가 어떤 대화를 하는 것으로 해야 할지 모르겠어요."

"선생님, 제비 인형을 만들려면 제비 사진이 실제로 있어야 할 것 같아요."

"선생님, 쪼개 놓은 박을 처음에 어떻게 붙여야 하나요?"

"선생님, 흥부의 손을 움직이게 해도 되나요?"

학생들은 많은 생각을 나누면서 대본을 쓰고 종이 인형을 만드느라 여념이 없었다. 수업 시간이 의외로 많이 흘러 나는 순회하며 학생들이 빨리 작업을 마무리할 수 있도록 도왔다. 겨우 모둠별로 그림자 연극을 발표할 시간을 확보했고, 드디어 발표 시간이 되었다. 수줍어 하는 학생도 몇몇 있었지만 대부분 학생들은 실감나게 대본을 읽으며 그림자 연극을 발표했다. 다른 모둠의 발표가 끝나면 모두 박수로 격려하였고 학생들은 이 수업에 대체로 만족한 것 같았다.

그러나 나는 마음 한 켠이 불편했다. 학생들의 그림자 연극에서는 손전등이나 물체의 위치를 조정해서 그림자의 크기를 다르게 표현하는 경우가 거의 없었다. 학생들은 그림자의 효과보다는 '연극'을 하기에 여념이 없었다. 과학 시간에 배운 그림자의 크기 변화는 이 연극과 아무 관련이 없었다. 결국 국어 시간과 같은 '대본 쓰기', 미술 수업과 같은 '만들기'는 있었지만 이 수업에서 과학은 찾아보기 어려웠다.

대본을 학생들에게 작성하도록 하지 말고 교사인 내가 준비했어야 했을까? 그래서 학생들이 앞에서 학습한 그림자 크기 변화를 연극에 반영하도록 했어야 했을까? 그러나 과학적 원리를 복습하거나 적용하는 것에만 중점을 둔다면, 학생들은 스스로 연극을 계획하지 못하게 되고 원래 '융합'을 중시하는 STEAM 수업의 취지가 퇴색하는 것이 아닐까 하는 생각이 들기도 했다. 진정한 STEAM 수업이 되도록 하려면 이 수업을 어떻게 하는 것이 좋을까?

이 수업을 하고 나는 다음과 같은 의문이 들었다.

- 그림자 연극에서 그림자의 크기 변화나 진하기 변화를 효과적으로 적용하도록 하려면 어떻게 해야 할까?
- STEAM 수업은 목적은 무엇인가? 과학 교과에서의 STEAM 수업은 어떠한 형태가 바람직한가?

2 과학적인 생각은 무엇인가?

이 장에서는 그림자극에 담겨 있는 빛과 그림자의 원리와 과학 개념에 대해 알아보고자 한다. 광원과 그림자, 투명한, 또는 반투명한, 그리고 불투명한 한 물체의 빛의 통과, 본그림자와 반그림자 등이 소개된다.

그림자극

사람들은 매우 오래전부터 옆의 그림과 같은 그림자 놀이[1]를 즐겨 왔고, **그림자극**은 우리나라를 비롯하여 중국, 인도네시아, 터키, 그리스, 프랑스 등 전 세계적으로 공연되어 왔다. 1996년 애틀란타 올림픽 개막식에서는 15 m 높이의 장대에 휘장을 둘러서 그리스 사원을 만들고, 올림픽 100주년을 기념하기 위해 고대 올림픽 정신을 그림자극으로 표현하였다. 최근에는 일상생활의 다양한 물체를 이용해 만든 그림자로 재치있고 기발한 작품을 만드는 쉐도우 아트(shadow art)가 인기를 끌고 있기도 하다. 이처럼 그림자는 설치 미술과 같은 예술에도 이용되고 일상생활에서도 늘 쉽게 볼 수 있는 친숙한 소재이다.

손을 이용한 그림자 놀이

피잉시(皮影戱)라고 부르는 중국의 그림자극은 거의 2,000년 전에 탄생했다고 한다. 그림자극에 사용하는 인형은 꼭두각시라고 부르는데, 아시아에서는 보통 물소나 당나귀 등 동물의 가죽으로 만들었다. 이들 가죽은 색깔이 있는 그림자를 만들기 위해 반

1 구글이 제공하는 컴퓨터 카메라와 AI를 이용한 그림자 놀이는 다음 누리방을 참고한다: https://shadowart.withgoogle.com/?lang=ko

투명해질 때까지 늘려서 말리고 착색을 하였다. 또한, 가림막도 전통적으로 염색된 가죽을 기름으로 문질러 만든다. 가죽이나 흰 천, 또는 종이로 만들어진 가림막 뒤에서 반투명한 꼭두각시에 빛을 비추면 색깔이 있는 그림자가 막에 생긴다. 최근에 꼭두각시는 플라스틱이나 금속과 같은 다양한 재료를 활용하며, 대부분 꼭두각시는 평평하지만 서로 다른 재료를 결합한 3차원 꼭두각시로 다양한 효과를 연출할 수도 있다. 그리고 꼭두각시를 조종하는 사람을 덜미꾼, 으뜸 조정자는 덜미쇠라고 불렀다. 꼭두각시는 여러 가지 방법으로 조정할 수 있는데 보통 조종 막대를 사용한다. 터키와 그리스에서는 조종 막대를 수평으로 움직였고, 중국과 인도네시아에서는 수직으로 움직이는 방법을 사용하였다. 프랑스에서는 끈과 지레를 활용하였다.

그림자극의 과학

그림자는 빛과 물질의 상호작용으로 나타난다. 보통 물체에 빛이 닿으면, 물체는 일부분 빛을 흡수하고, 나머지는 반사한다. 빛이 물체를 통과하지 못하는 경우 그런 물체는 **불투명**한 물체라고 한다. 그러나 **투명**한 물체는 일부 빛을 반사하고 일부는 흡수하지만, 대부분의 빛이 물체를 통과한다. 그래서 투명한 물체를 통해 다른 물체를 분명하게 볼 수 있다. 그에 비해 빛이 상당히 통과하지만, 반사하거나 흡수되는 빛도 상대적으로 크게 되면 그런 물체를 **반투명**한 물체라고 부른다. 반투명한 물체를 통해 다른 물체는 명확하게 보이지 않는다. 결국 그림자는 빛이 물체에 입사될 때 물체 뒤쪽에 빛이 닿지 않거나 상대적으로 빛의 양이 적어지면 주변보다 어두운 영역이 생기는 현상이다.

불투명한 물체에 빛을 비추면 물체 뒤쪽에 빛이 도달하지 못한다. 그림자는 물체에 의해 빛이 가려져 도달하지 못해 생긴 모양을 나타낸다. 다음 쪽 상단에 제시한 그림과 같이 광원에서 사방으로 퍼져나가는 빛을 선으로 표현해 보면 불투명한 물체에 빛이 통과하지 못하고 그림자가 생기는 영역을 쉽게 알 수 있다.

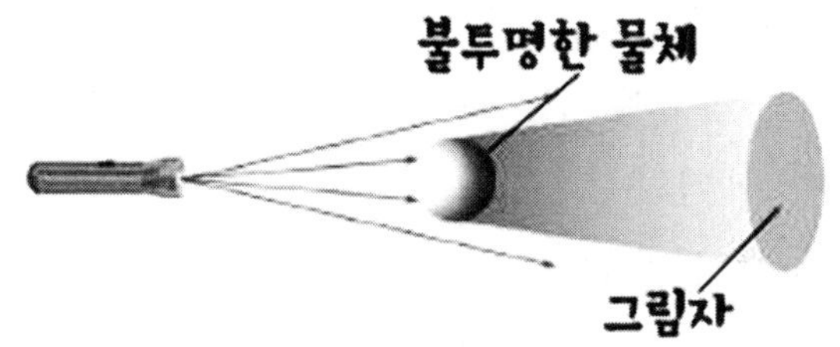

그림자가 생기는 원리

교실이나 실험실에서 손전등으로 물체의 그림자를 만들 때는 광원, 물체, 스크린 사이의 거리를 조정해서 **그림자의 크기**를 조정할 수 있다. 그림자극에서는 가림막으로 사용하는 스크린이 고정되므로 광원이나 물체의 위치를 조정해야 할 것이다. 아래 그림과 같이 손전등과 스크린이 고정된 상황에서 종이 인형을 스크린 쪽으로 움직이면 그림자의 크기가 작아질 것이고, 종이 인형을 손전등 쪽으로 가까이 하면 그림자의 크기는 커질 것이다. 그림자극에서 학생들이 이러한 그림자의 변화 효과를 표현하도록 한다면, 그림자에 대한 과학적 이해를 증진시키도록 도울 수 있다. 예를 들어, 마술 공연처럼 동물의 크기가 점점 커지는 모습이나 식물이 자라는 과정을 연출해 보도록 할 수 있다. 또는 좀 더 도전적인 과제로 멀리서 물체나 사람이 가까이 다가오는 장면을 묘사하도록 할 수 있다.

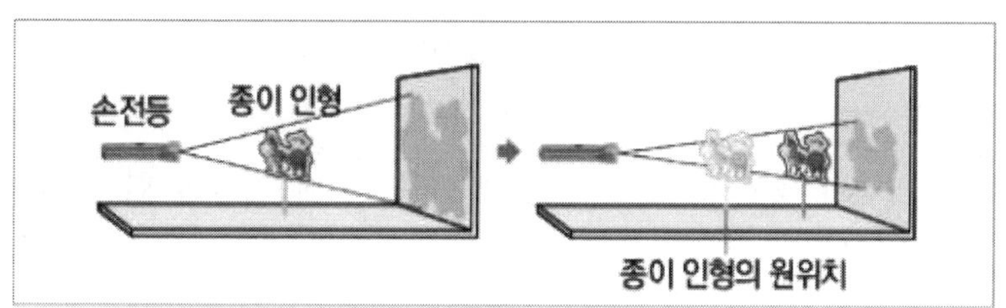

종이 인형을 스크린 쪽으로 움직일 때

여러 가지 효과의 그림자 만들기

위의 그림과 같이 손전등과 스크린 사이에서 종이 인형을 움직일 때 인형을 스크린 쪽으로 가까이 가져가면 그림자가 선명해지고, 인형을 손전등 쪽으로 가까이 가져가면 그림자가 흐릿해지는 것을 알 수 있다. 어떻게 이런 일이 일어나는 것일까? 만일 광원이 매우 작은 점이라면 그림자가 언제나 선명하게 생긴다. 그러나 손전등과 같이 실제 광원은 하나의 점이 아니기 때문에 흐릿한 그림자가 생기게 된다. 전등의 각 부분에서 나오는 빛이 각각의 그림자를 만들기 때문이다. 예를 들어, 아래 그림을 살펴보자. 전등의 A 부분에서 출발한 빛이 만드는 그림자와 B 부분에서 출발한 빛이 만드는 그림자가 일부 겹치기는 하지만 서로 엇갈려 생긴다는 것을 알 수 있다. 모든 빛이 가려지는 곳에 생기는 가장 어두운 그림자를 '**본그림자**'라고 하고, 일부의 빛만 가려져 생기는 그림자를 '**반그림자**'라고 한다. 그림에 표현된 A, B 부분 이외에도 손전등의 무수한 지점에서 출발한 빛이 만드는 그림자가 겹쳐지게 되므로 그림자의 가장자리는 흐릿한 반그림자가 된다. 반그림자 영역이 커질수록 그림자는 선명하지 않고 흐릿하게 되는데, 물체가 손전등 쪽으로 이동하면 그림자의 크기가 커지면서 반그림자 영역도 넓어진다. 따라서 그림자의 크기가 작은 경우보다 큰 경우에 그림자가 더 흐릿해진다.

일반적으로 **광원**이 물체에 가까이 있거나 그 크기가 상대적으로 큰 경우에는 그림자가 흐릿해진다. 그래서 가정에서 사용하는 형광등 아래에서는 그림자가 대개 흐릿하고 물체의 모양과 같지 않을 수 있지만, 아주 작은 손전등을 이용하면 물체의 모양과 같고 좀 더 선명한 그림자를 만들 수 있다. 그러나 그림자극에서 손전등을 이용하더라도 물체를 손전등 쪽으로 이동하면 앞에서 설명한 것처럼 그림자의 크기는 커지지만 그림자는 아무래도 처음보다 흐릿해질 수 있다. 이렇게 퍼지는 광원보다는 LED를 이용한 평행 광원을 사용한다면 물체의 위치와 관계없이 그림자를 좀 더 선명하게 만들 수 있을 것이다. 또는 환등기나 투시 환등기, 등산용 조명등, 탁상용 조명기구 등을 비롯하여 다양한 광원이나 조명기구를 이용하거나 거울을 함께 사용하여 특별

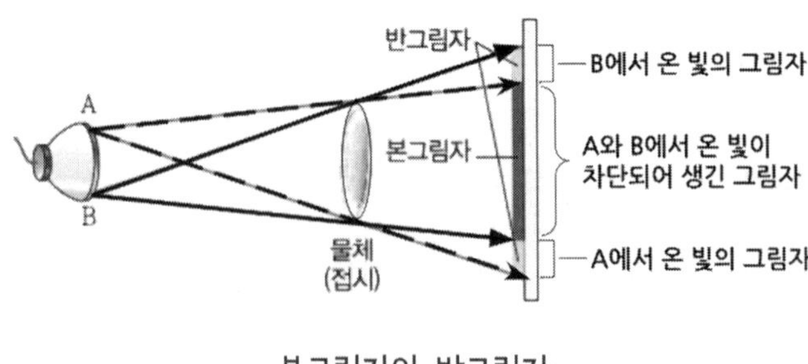

본그림자와 반그림자

한 효과를 낼 수도 있다.

또한, 빛은 옆의 그림과 같이 물체의 특성에 따라 다양한 효과의 그림자를 생기게 한다. 예를 들어, 도자기 컵과 같은 불투명한 물체는 빛을 통과시키지 않으므로 어두운 그림자가 생기지만, 유리컵과 같은 투명한 물체는 빛의 대부분을 통과시키기 때문에 밝은 그림자가 생긴다. 기름 종이와 같이 반투명한 물체는 빛을 일부만 통과시키기 때문에 투명한 물체의 그림자보다는 진하고, 불투명한 물체의 그림자보다는 옅은 그림자가 생긴다. 따라서 그림자극에서 학생들에게 다양한 효과를 연출할 수 있도록 여러 종류의 물질을 탐색해 보도록 할 수 있다. 인형이나 무대 소품을 불투명한 재료가 아니라 투명하거나 반투명한 재료를 사용하도록 하면 다양한 효과를 만들어낼 수 있다. 예를 들어, 색깔이 있는 셀로판종이로 인형을 만들거나 OHP 투명 필름 용지로 인형을 만들어 원하는 색을 칠할 수 있다. 초록색 셀로판종이로 초록색 나무 그림자를 연출할 수도 있고, 투명한 OHP 필름 용지에 빗방울을 그려 비가 내리는 장면을 묘사할 수도 있다. 또는 여러 재료를 결합하여 입체적인 인형을 만들 수 있고, 움직이는 방향에 따라 그림자 모양이 달라지거나 흐릿한 효과를 생기게 할 수도 있다. 특히, 재료의 질감을 활용하면 색다른 그림자 효과를 낼 수도 있다. 예를 들어, 얇은 망사, 아마 섬유, 레이스, 털실, 깃털, 휴지 등과 같은 다양한 재료를 인형에 함께 사용하는 것이다. 그래서 학생들에게 그림자를 통해 질감과 색이 어떻게 나타나는지 조사하고, 그런 효과를 보여주는 소품이나 인형을 만들도록 할 수 있다.

다양한 효과의 그림자

두꺼운 검은 종이를 원하는 모양으로 오려서 그림자극에 사용하는 꼭두각시를 손쉽게 만들 수도 있지만, 이 꼭두각시를 조금만 바꾸면 다양한 효과를 줄 수 있다. 재미있는 무늬나 색깔을 넣고 싶은 부분을 오려내어 색 셀로판종이를 붙일 수 있다. 또는 다음 쪽의 그림과 같이 회전축 역할을 하는 관절을 만들어 넣으면 팔다리나 몸통의 움직임을 보여줄 수 있다. 꼭두각시를 머리와 몸통, 팔다리 등 몇 부분으로 나눈 다음에 구멍뚫이를 이용하여 연결 부분에 구멍을 뚫는다. 그 구멍에 서류철을 고정시

움직이는 꼭두각시

키는데 사용하는 고정핀을 끼워 넣으면 회전축이 되어 움직일 수 있다. 그리고 두세 개의 기다란 막대기나 빨대를 인형의 각 부분에 테이프로 붙여 고정하면 꼭두각시 조종 막대로 사용할 수 있다. 학생들에게 조종 막대를 붙이는 위치에 따라 꼭두각시의 움직임이 어떻게 달라지는지 탐색하도록 한다. 좀 더 정교하게 움직이도록 하려면 실과 도르래를 이용할 수도 있다. 이때 교사는 축바퀴, 도르래, 지레 등 간단한 도구의 원리에 대해서 소개하고 지도할 수 있다.

3 교수 학습과 관련된 문제는 무엇인가?

이 절에서는 STEAM(STEAM(Science, Technology, Engineering, Arts, and Mathematics))의 의미와 교육적 지향점을 살펴보고, STEAM 수업의 형태를 알아본다. 아울러 STEAM 수업의 준거로서 상황 제시, 창의적 설계 및 감성적 체험에 대해 설명한다.

STEAM 수업의 목적

STEAM(Science, Technology, Engineering, Arts, and Mathematics)은 아래 그림과 같이 과학, 기술, 공학, 예술 및 수학을 별도의 과목으로 가르치기보다는 실생활에서 그것들을 적용하는 것을 바탕으로 상호의존적인 학습으로 통합하려는 것이다. 그것은 전통적으로 자연 분야의 과목(STEM)과 정반대라고 생각되었던 예술을 하나로 합침으로써 모든 학생이 참여할 수 있도록 고려한다. 그래서 예술은 단지 순수 예술뿐만 언어, 역사, 철학, 사회학 등 교양 과목(liberal arts)까지 포괄하려고 한다.

과학 활동과 예술 활동은 기본적으로 비판적이고 창의적인 사고를 필요로 하며,

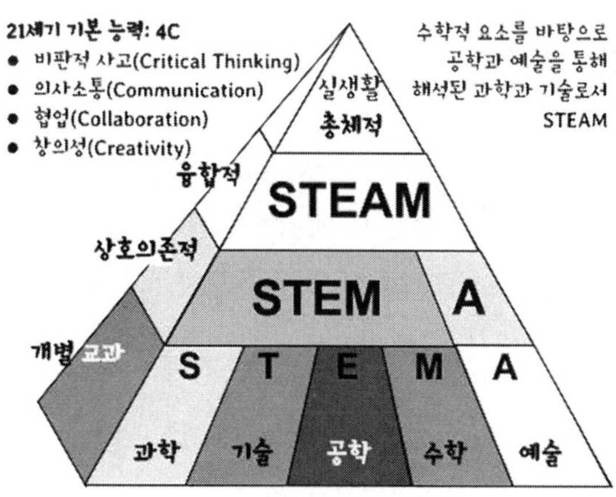

STEAM 교육의 지향

두 가지 모두 어떤 개념과 가능성을 탐색한다. 그리고 두 활동 모두 과정과 산물이라는 측면을 통해 이해될 수 있다. 우리의 인공적인 세계는 과학과 기술을 응용한 공학적 설계를 통해 이루어졌다. 미래의 세계를 위해 필요한 기본적인 능력으로, 비판적 사고, 창의성, 협업, 의사소통이 STEAM 수업을 통해 더욱 증진될 수 있고, 그에 따라 진로에 대한 인식을 일깨울 수 있을 것이라고 생각된다. 실제로 연구에 의하면, STEAM 수업의 목적은 학생들이 실생활에서 부딪치는 여러 문제를 보다 혁신적이고 창의적으로 해결할 수 있도록 돕는 것으로 설정한 경우가 많았다(Perignat & Katz-Buonincontro, 2019)[2]. 다시 말해, 학생들의 주변에서 발생하는 실제적 문제를 창의성, 비판적 사고, 효율적인 의사소통, 협업, 및 새로운 지식을 바탕으로 해결하려고 하였다.

따라서 **융합인재교육**의 측면에서 STEAM 수업은 학생들이 창의성, 비판적 사고 능력, 의사소통 및 협업을 통해 문제 해결력을 기를 수 있도록 돕고, 학생들이 자신의 진로를 탐색할 수 있는 기회를 제공해야 할 것이다. 특히, 연극, 무용, 시각 예술과 같은 분야는 인지적인 측면뿐만 아니라 감성적인 측면을 촉진시킬 수 있는 장점이 있고, 아름다움에 대한 감각을 일깨워 심미성을 고양시킬 수 있다. 그런 의미에서 STEAM 수업은 또한 학생들의 여러 가지 정의적 목표를 성취하도록 도울 수 있다. 실제로 학교 현장에서 교사가 STEAM 수업을 고려하는 경우 교사는 자신의 학급 특성을 고려하여 특정한 목표, 예를 들어, 의사소통이나 진로 탐색 등에 더 중점을 두어 학습 목표를 설정할 수도 있을 것이다.

STEAM 수업의 형태

학교 교육은 예외가 있기는 하지만 대부분 여러 교과로 나뉘어 진행된다. 따라서 학교에서 이루어지는 STEAM 교육은 대개 교과 간의 통합이나 융합을 기본으로 한다. 그래서 STEAM 수업은 교과 간의 융합을 어떻게 하는지에 따라 여러 형태로 이루어질 수 있다. 보통 교과에서 다루어지는 주제는 교과의 관점에서 다루어지지만,

---

2 Perignat, E., & Katz-Buonincontro, J. (2019). STEAM in practice and research: An integrative literature review. Thinking skills and creativity, 31, 31-43.

실세계에서는 다양한 측면에서 접근이 가능하다. 예를 들어, 비행기에 대해서 공부한다고 생각해 보자. 이 주제와 관련이 있는 내용을 살펴보면 다음과 같다.

- 공기와 유체, 부력, 재료의 특성에 대한 과학
- 건설, 산업, 운송, 통신, 전력 등에 대한 개념, 기능 및 기계와 관련된 기술
- 비행기 건조와 관련된 설계와 계획에 대한 공학
- 비행기를 이해하고 개발하는 데 필요한 수학
- 비행기 건조의 예술적 측면이나 비행기의 역사를 포함하는 교양 과목
- 비행기와 관련된 지식을 연구하고, 전달하며, 표현하는 언어적 기능

따라서 실세계에서 학생들은 비행기에 대해 다양한 영역에서 그 주제를 탐색할 수 있는 기회를 가질 수 있다. 마찬가지로 학교에서 교사도 한 교과의 관점에서 관련된 부분을, 예를 들어, 수학에 초점을 맞추어 깊이 있게 다룰 수도 있고, 전문적인 지식을 갖고 있는 다른 교사와 협력하여 여러 분야를 학생들에게 지도할 수 있다. 그래서 다양한 목적과 다양한 방식의 융합교육이 가능하지만, 우리나라 한국과학창의재단에서는 STEAM 교육의 준거틀을 다음과 같이 세 가지 요소로 제시하고 있다[3].

- **상황 제시:** 학생들이 문제 해결의 필요성을 구체적으로 느끼는 상황을 제시한다.
- **창의적 설계:** 학생 스스로 문제 해결 방법을 찾아서 창의적으로 설계한다.
- **감성적 체험:** 문제 해결에서 오는 성공의 경험과 자신감을 감성적으로 체험한다.

'**상황 제시**'에서는 학생들이 해결해야 할 문제나 과제를 자신과 연관된 것으로 인식하도록 하는 것이 중요하다. '**창의적 설계**'에서는 문제나 과제를 스스로 해결할 방법을 찾아보면서 자신의 생각을 구체화하고 좋은 방안을 궁리해 내며, 구성원이 서로 협동하여 문제 해결의 실마리를 찾도록 한다. '**감성적 체험**'은 활동에 대한 적절한 보상과

---

3 백윤수, 박현주, 김영민, 노석구, 이주연, 정진수, 최유현, 한혜숙, 최종현(2012). 융합인재교육(STEAM) 실행방향 정립을 위한 기초연구. 한국과학창의재단 연구보고서

격려를 통해 학생들에게 흥미와 동기를 부여하고, 성공의 경험이나 자신감을 체험하도록 한다. 예를 들어, 그림자극에서 학생들이 앞서 학습한 '그림자의 여러 성질'을 활용해서 표현해야 하는 내용을 구체적으로 제시하고(상황 제시), 학생들이 이를 표현하기 위한 다양한 방식을 창안하고 구현하도록 하며(창의적 설계), 그림자극을 교사와 친구들 앞에서 성공적으로 수행하는 경험을 통해 흥미와 자신감을 가질 수 있도록(감성적 체험) 하는 융합 수업을 계획할 수 있다. 이러한 준거틀은 융합인재교육을 구상하거나 설계하는 데 하나의 지침이 될 수 있지만, 모든 융합 수업이 반드시 이러한 준거를 따를 필요는 없을 것이다.

앞의 수업 사례와 같이 연극, 무용, 시각 예술 등과 같이 예술을 수업에 통합하려고 할 때 교사는 먼저 각 예술의 형식이 갖는 장점을 살펴보고 그것을 어떻게 학습에 활용할지 생각해 볼 수 있다. 예를 들어, 무용의 경우에 우리가 쉽게 구체화할 수 없는 개념을 모형화하는데 사용할 수 있다. 힘과 에너지는 과학과 무용 두 과목에서 모두 중요한 개념이다. 춤과 움직임을 통해 배우는 힘과 에너지는 전기력이나 자기력 또는 분자의 운동에 대한 개념을 보다 구체적으로 만들고 그것을 깊이 있게 이해하는 데 도움을 준다. 또는 과학 용어나 과학적 내용 설명하기를 익히기 위해 연극을 활용할 수도 있고, 추상 및 표현 예술과 같은 시각 예술을 사용할 수도 있다. 연극, 시각 예술과 관련된 그림자극은 빛이 물질과 상호작용하는 방법을 학생들이 이해하는데 도움을 줄 수 있다. 또한, 예술과 과학 교과에서 성취하려는 목표를 살펴보고, 공통적으로 적용되는 개념이나 생각을 찾아보도록 한다. 예를 들어, 음악의 악보 읽기에서도 분수가 필요하며, 극장 무대 설계에서도 측정, 기하 및 공간 추론 등과 같은 내용이 관련이 있다. 움직이는 인형 만들기는 측정뿐만 아니라 도구에 대한 이해가 필요하다.

그뿐만 아니라, STEM 활동을 해석하고, 발표하며, 공유하는 강력한 방법으로 예술을 통합할 수 있다. 학생들에게 과학이나 수학에서 배운 내용을 공유하는 방법으로 그림을 그리거나, 연극을 하며, 춤을 추거나 심지어 음악도 작곡하도록 할 수 있다. 예를 들어, 수학에서 공부한 파이의 원주율을 음악으로 표현하도록 하거나, 기하학을 이용하여 추상적인 그림을 그리게 할 수도 있다. 또는 그림자극을 이용하여 역사나 사회 과목에서 일어난 이야기를 표현하도록 하면[4], 좀 더 폭넓은 과목을 STEAM에 통합할 수 있다. 또 다른 방법으로는 STEM 학습을 평가하는 도구로서 예술을 활용할 수 있다. 예를 들어, 기하학적 개념을 사용하여 그림을 그리게 하거나, 음악에서 수학적 무늬를 표현하도록 하며, 그림자극을 이용하여 원근법과 같은 특정한 무대 효과를 재현하도록 하면 학생들이 STEM 주제를 통해 학습한 것을 평가하는 도구로 예술을 활용할 수 있다.

4 역사적 이야기를 그림자극으로 활용하려면 다음 누리방을 참고할 수 있다. http://www.pasttimeshistory.com/

실제로 어떻게 가르칠까?

그림자극을 STEAM 교육의 취지를 살려 가르치고자 할 때 교사들은 어떤 점에 유의하면 좋을까? 이 장에서는 교과 융합이 충분히 이루어지면서 학생들이 흥미와 관심을 가지고 그림자극에 참여할 수 있도록 돕는 수업 방안에 대해 알아 보고자 한다.

그림자극은 연극과 시각 예술로서 학생들은 기본적으로 이야기 줄거리와 대본, 무대 장치와 배경 장면, 조명 효과와 그림자, 음향 효과, 그리고 감독, 대본 작가, 소품 제작자, 무대 배경 제작자 등에 대해 이해하여야 한다. 따라서 그림자극은 학생들이 개별적이기보다는 모둠으로서 협력하면서 활동해야 하는 과제이다. 학생들이 그림자극을 통해 빛이 물질과 상호작용하는 방법과 그림자의 성질을 좀 더 깊이 있게 탐구하려면, **빛의 성질과 그림자**, **그림자극 탐색하기**, **그림자극 제작하기**, **그림자극 공연하기** 등 적어도 4시간 이상의 시간이 필요하다. 또한, 교사가 사회나 도덕 과목과 관련된 이야기를 극에 도입하도록 구상할 수도 있고, 시각 예술로서 미술의 표현 방법과 조형 요소를 무대와 극에 적용하도록 할 수도 있다. 그러나 초등학교 4학년 학생의 경우 이야기를 극의 형식으로 표현하는 것은 수업 사례에서 볼 수 있는 것처럼 원활하지 못하다는 것을 알 수 있다. 그에 대한 내용은 5학년 이후에 공부하기 때문이다. 따라서 교사는 학생들에게 적절한 디딤돌을 제공하여 학생 활동을 도울 필요가 있다. 학생들이 빛의 직진과 그림자에 대한 원리를 이 수업 전에 학습했다면, 교사는 다음과 같이 그림자극을 탐색하는 시간을 가질 수 있다.

그림자극 탐색하기

학생들이 그림자극이 무엇인지 이해하고, 모둠별로 그림자극에 필요한 꼭두각시를 만들며, 여러 광원을 사용하여 그림자 효과를 탐색하도록 지도한다.

- **학생들에게 그림자극에 대한 동영상을 보여준다.**

인터넷에서 그림자극을 보여주는 5분 정도의 짤막한 동영상을 찾아서 보여주고[5], 그림자극의 과학적 원리에 대해 간략하게 복습한다. 예를 들어, 그림자가 생기는 막은 반투명한 가림막으로서 빛이 일부 통과하여 그림자를 볼 수 있지만, 무대 뒤쪽은 보이지 않는다. 불투명한 영사막은 빛이 통과하지 않기 때문에 관객이 그림자극을 볼 수 없다. 꼭두각시는 가림막과 광원 사이에서 움직이고, 관객은 무대 앞쪽에서 가림막에 생긴 그림자를 살펴본다. 꼭두각시는 투명, 반투명, 불투명한 다양한 재료를 이용하여 만들 수 있다는 것을 설명한다.

- **학생들에게 자기 자신의 꼭두각시를 만들도록 한다.**

꼭두각시의 각 부분의 윤곽을 그린 그림을 그리게 하거나 미리 그려진 본뜨기 틀을 이용하도록 한다. 학생들에게 원하는 모양의 어떤 꼭두각시도 만들 수 있고, 그것을 사용하여 빛과 그림자의 성질에 대한 추가 조사를 수행할 것이라고 알려준다. 또는 교사가 자신의 수업에서 만들고 싶은 그림자극의 종류에 따라 학생들에게 추가 기준을 제공할 수도 있다. 예를 들어, 교과서 꾸러미에 제시된 흥부와 놀부 인형을 사용하거나, 투명한 OHP 필름 용지에 색 싸인펜으로 그림을 그려서 오려 내도록 할 수도 있다.

- **그림자극 영사막과 광원을 설치한다.**

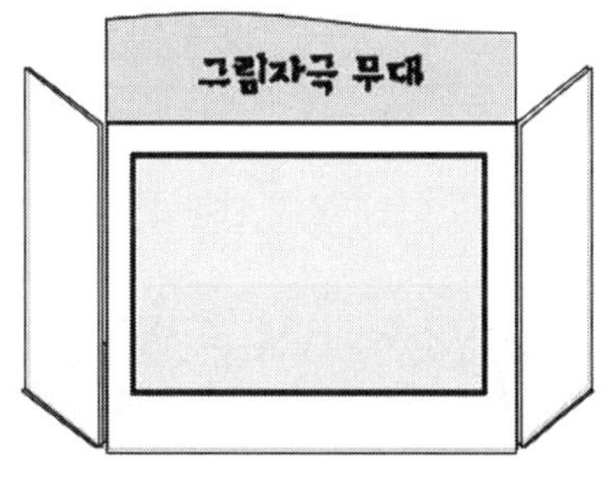

상자형 무대 만들기

반투명한 그림자극 영사막이 없는 경우에는, 커다란 상자를 사용하여 가림막을 만들 수 있다. 오른쪽 그림과 같이 상자의 한 쪽 면에 가림막을 붙일 수 있는 창을 내고 기름 종이를 창에 붙인다. 하얀 천이나 흰 종이를 가림막으로 사용할 수도 있다. 상자의 윗면과 뒷면은 제거하고, 창의 양 옆면은 조금 벌려서 책상 위에 세울 수 있도록 한다. 이와 같은 상자형 무대

5 다음 누리방에서 민들레 인형극단의 그림자극을 활용할 수 있다: https://www.youtube.com/watch?v=wUKTK0L0Y3k

를 책상 위에 올려 놓고 가림막 뒤에 광원을 놓는다. 그림자의 특징은 광원과 물체, 그리고 물체와 가림막 사이의 거리에 따라, 그리고 광원의 세기와 위치에 따라 변한다는 것을 학생들에게 설명한다.

- **학급을 모둠별로 나누고 실험을 수행하도록 한다.**

  모둠별로 손전등, 반투명 영사막이나 상자형 무대, 줄자를 제공한다. 학생들에게 광원의 위치나 세기, 꼭두각시의 위치를 변화시켜서 다양한 그림자 효과를 만들어 보도록 한다. 아래 그림과 같은 활동지를 사용하여 학생들에게 관찰한 것을 그림과 함께 기록하라고 말한다.

활동지: 그림자 만들기

어떻게 그림자 크기나 모양을 다르게 만들 수 있는가?

유형	광원, 꼭두각시, 가림막 사이의 거리와 위치를 그림으로 기록하기
큰(또는 긴) 그림자	
작은(또는 짧은) 그림자	
가능한 한 가장 흐릿한 그림자	
꼭두각시의 위치는 어디가 가장 좋을까?	

그림자 만들기 활동지(예)

무대를 기준으로 꼭두각시와 손전등의 가장 좋은 배치를 검사하여 가림막에 가장 선명한 그림자 효과를 만들도록 한다. 학생들은 꼭두각시 인형과 가림막, 가림막과 광원 사이의 거리를 측정해야 한다. 학생들은 또한 길거나 커다란 그림자, 짧거나 작은 그림자, 가장 흐릿한 그림자를 만들었을 때 그 측정값을 기록해야 한다.

- **모둠별로 활동을 마친 후, 전체 학급 앞에서 자신들이 만든 한 가지 유형의 그림자를 보여주고 그것을 어떻게 만들었는지 설명하도록 한다.**

그림자극 탐색하기 활동을 통해 학생들이 가능한 한 다양한 그림자 효과를 이해할 수 있도록 해야 한다. 과학 시간이 부족한 경우에는 국어나 미술 시간을 활용하여 그림자극 제작하기, 그림자극 공연하기 활동을 연계하여 지도할 수 있다. 또는 학기말에 학예회 활동의 일환으로 그림자극 공연을 시도해 볼 수 있다. 실제 수업이나 방과후활동으로 그림자극 제작하기 활동을 지도하는 방안을 살펴보면 다음과 같다.

그림자극 제작하기

- **학생들에게 네 명씩 모둠을 만들고 그림자극의 주제를 정하여 이야기 줄거리를 만들도록 한다.**

  학생들에게 그림자극에서 모둠별로 감독, 대본 작가, 소품 제작자, 무대 배경 제작자 중 어떤 역할을 할 것인지 정하도록 한다. 모든 학생이 협력하여 생각하고 작업하지만, 각 학생은 자신의 과제를 완수할 책임이 있다. 감독은 모둠의 지도자이며, 결정을 내리기 위해 모둠의 다른 학생과 의논해야 한다고 말한다. 학생들은 또한 연극 공연에 참여해야 하며, 누가 어떤 인형을 조종할 것인지, 누가 목소리를 낼 것인지 등을 결정해야 한다. 학생들에게 소개할 역할은 다음 쪽의 표와 같다.

  교사는 학생들에게 자신의 역할에서 완수해야 할 모든 과제의 점검표와 시간 계획표를 만들도록 한다. 그리고 자신에게 주어진 과제가 완료될 때 각 과제에 확인 표시를 하도록 한다. 반드시 자신이 해야 할 일을 분명히 알고 있어야 하고, 확실하지 않은 경우에는 감독과 의논해야 한다. 감독은 진행 상황을 항상 점검하여 미진한 부분을 완수하도록 한다.

- **학생들에게 그림자극의 요소와 성공 기준을 알려준다.**

  각 모둠은 4명의 학생이 인형을 사용하여 5분 정도의 짧은 그림자극을 만들어야 한다고 학생들에게 말한다. 235쪽의 표와 같은 그림자극의 4가지 요소를 학생들에게 제시하고, 극의 이야기는 시작, 중간, 끝이 있어야 한다고 말한다. 교

그림자극의 역할 분담

역할	설명
감독	연극 제작을 감독하고, 극이 원활하게 진행되도록 한다. 정기적으로 회의를 소집하여 진행 상황을 검토하고 점검한다. 대본 작가, 소품 제작자 및 무대 배경 제작자가 결정을 내리도록 돕고, 생겨날 수 있는 문제를 극복하도록 돕는다. 또한 대본 작가와 함께 작업하여 대본을 최종적으로 완성해야 한다.
대본 작가	모둠에서 극의 기본 줄거리가 결정되면, 세부 사항을 결정하고, 극에서 사용할 인형들의 대사와 행동 등 모든 부분에 대해 대본을 작성한다. 필요한 경우 해설자를 포함할 수 있다. 극의 각 장면에서 변화가 필요한 경우 지시 사항을 반드시 포함해야 한다. 소품 제작자 및 무대 배경 제작자와 의논하여, 자신들이 만들어야 하는 꼭두각시와 무대에 대해 분명히 알도록 한다. 그리고 감독과 협력하여 대본에 대한 결정을 내리고 최종적으로 완성한다.
소품 제작자	극에서 사용할 소품을 만든다. 연극의 기본 줄거리에서, 등장인물이 특정한 장면에 대해 특정한 물건(예를 들어: 마술 지팡이, 주전자 등)이 필요한지 여부를 결정해야 한다. 분명하지 않다면, 대본 작가와 긴밀히 협력한다. 대본을 읽고, 감독의 도움을 받아 이야기를 전달하기 위해 어떤 소품이 필요한지 알아낸다.
무대 배경 제작자	연극을 위한 무대를 만드는 임무를 가진다. 장면이 정원에서 일어나는 일이라면, 나무나 분수를 만들기도 하고 꼭두각시가 해변에 있다면, 파란색 휴지로 물을 나타내는 등 장면들을 무대에서 재현해 낼 방법에 대해 논의하고 만드는 작업을 한다. 정교한 무대 배경을 만들 필요는 없고, 단지 무대 배경을 분명하게 드러내는 한 두 개의 항목만 있으면 된다. 감독과 협력하여 무엇이 필요한지 결정한다.

사는 자신의 수업에서 최근에 다루었던 주제를 학생들에게 부여할 수도 있다. 예를 들어, 역사 이야기, 과학자의 발견 이야기, 문학 이야기 등으로 제한할 수도 있지만, 학생들이 자유롭게 주제를 정하도록 할 수도 있다.

극의 줄거리를 쓰기 위한 하나의 틀로서 배당된 막의 이름, 등장인물, 무대 설정, 사건, 소품, 의상, 음향/효과음, 중요한 대사 등의 항목에 대해 학생들이 생각하는 장면을 서술하도록 한다. 그것은 꼭두각시의 대화와 행동 연기를 위한 지침이 될 것이다. 그리고 최종적으로 그림자극을 성공시키기 위한 기준을 다음과 같이 알려주고, 모둠별로 협력하여 극의 줄거리를 써보도록 한다.

– 꼭두각시의 특징이 분명하도록 독창적인 등장인물을 만든다.

그림자극의 요소

요소	설명
등장인물	그림자극에서 사용할 꼭두각시의 그림자에서 등장인물을 알아볼 수 있는 어떤 뚜렷한 특징이 있는지 확인한다. 그래서 각각의 꼭두각시가 서로 구별되는 독특한 그림자를 갖도록 한다. 검은 그림자를 사용하는 경우에는 꼭두각시에 색칠할 필요가 없다. 색 그림자를 사용하는 경우에는 투명하거나 반투명한 재료를 사용할 수 있다. 꼭두각시를 만들면서 바라는 결과를 얻을 수 있도록 그림자가 어떤 모양으로 생기는지 계속 검사한다.
대본/대화	그림자극을 위한 대본에서 모든 대화는 꼭두각시의 행동과 일치해야 한다. 따라서 대화는 매우 명확하고 요점이 분명해야 하며 모호하지 않아야 한다. 또한, 장면 전환이 매끄럽고 복잡하지 않아야 한다. 무대에서 꼭두각시, 소품, 장면 배경을 쉽고 빠르게 제거하고 설치할 수 있어야 한다. 마지막으로, 극은 분명하게 시작, 중간, 끝이 있어야 한다는 것을 것을 잊지 않는다.
장면	장소와 시대 등 연극에 맞는 장면을 선택한다. 단순하게 만들고, 반드시 배경이 꼭두각시의 움직임을 방해하지 않도록 한다. 배경 장면을 설치할 때 요령은 중요한 항목만 강조한다. 예를 들어, 숲에서 일어나는 장면이라면, 한두 그루의 나무만 설치한다. 소품이 많으면 거추장스러워진다.
그림자	그림자극은 대개 명확한 그림자가 필요하지만, 다양한 효과를 보여줄 수도 있다. 자신들의 극에서 흐릿한 그림자, 긴 그림자, 짧은 그림자 등 각각의 효과를 보여주는 한 가지 예를 포함해야 한다.

- 각자의 역할에 책임을 다하고 모둠 구성원과 협력한다.
- 적절한 효과의 그림자를 만들기 위해 광원과 인형의 배치를 찾는다.
- 다양한 재료를 사용하여 서로 다른 그림자 효과를 보여준다.
- 시작, 중간, 끝이 있는 5분짜리 극을 쓴다.
- 모든 구성원의 꼭두각시를 이야기 줄거리에 집어넣는다.
- 극의 4가지 요소, 등장인물, 대본/대화, 배경 장면, 그림자를 분명하게 확인한다.

- **학생이 자신들의 극에서 사용할 꼭두각시를 궁리하고 만들게 한다.**

모든 학생이 극에서 사용할 자신의 인형에 대해 의논해 보고 어떻게 만들지 생각해 보도록 한다. 처음에는 자신의 일지에 인형을 만드는 법을 간단히 설명하고, 인형을 단순하게 만들도록 한다. 본뜨기 그림을 이용하거나 창의적인 작품으로 꾸밀 수도 있다. 인형의 재료로 불투명하거나 반투명한 재료, 또는 투명한 재료를 사용할 수 있고, 자신들의 재료를 현명하게 선택하도록 상기시킨다. 학생들은 서로 다른 그림자 효과를 위해 여러 종류의 재료를 함께 사용할 수도 있다. 학생들에게 자신의 인형을 언급할 때 재료의 종류를 나타내는 과학적 용어를 사용하도록 격려한다. 스타이로폼과 같은 불투명한 재료에 작은 구멍을 내면 꽃이나 줄무늬와 같은 재미있는 무늬를 만들 수 있다. 그림자극에서 빛이 이들 구멍을 통해 비추면 그렇게 만든 무늬가 보일 것이다. 색깔이 있는 그림자를 위해서는 색 셀로판종이나 투명한 재료에 색깔을 칠할 수 있다. 학생들에게 자신의 꼭두각시의 어느 부분에 조종 막대를 붙일 것인지 정하도록 한다. 빨대나 기다란 막대기를 사용하여 꼭두각시 뒷면에 조종 막대를 붙인다. 접착테이프를 이용하여도 좋고, 찍찍이를 이용하면 필요한 경우 꼭두각시와 조종 막대를 분리할 수도 있다.

학생들이 움직이는 입이나, 팔 또는 다리와 같이 움직이는 꼭두각시를 만들고 싶어한다면, 꼭두각시를 움직일 수 있는 부분으로 나누어 오려낸 다음, 회전축을 이용하여 연결할 수 있다는 것을 알려준다. 이 경우 원활한 움직임을 위해서는 그림자극 공연을 위해 상당한 연습이 필요하다는 것을 상기시킨다. 이것은 학생들이 인형과 연극의 창작을 통해 빛과 그림자에 대한 활동을 흥미롭게 생각하도록 고무하는데 활용할 수 있다. 다만, 수업을 위해서라면 실제로 인형을 만드는 데 학생들이 너무 얽매이지 않도록 하는 것도 바람직하다. 수업 시간을 활용하려고 하는 경우에는 수업 전에 미리 모둠별로 자신들이 공연할 그림자극에 대한 계획을 세우게 하고, 수업 시간에는 한 시간 동안 자신들이 준비한 재료를 이용하여 인형을 만드는 활동으로 대체할 수 있다.

모든 준비가 된 모둠은 공연 준비를 위해 그림자극을 연습하고 정해진 날에 공연할 수 있도록 한다. 수업 시간을 이용하여 공연할 수도 있고, 학예회나 공연 대회를 이용할 수도 있다. 저학년 학생이나 학부형, 지역사회 등 다양한 대상을 위한 공연을 계획할 수도 있다. 그림자극 공연하기 활동을 지도하기 위한 방안을 살펴보면 다음과 같다.

그림자극 공연하기

- **학생들에게 학급에서 자신들의 그림자 인형극을 연습하고 공연하게 한다.**
  공연을 위해 모둠별로 연습과 리허설을 해보고, 정해진 공연 시간에 준비한 그림자극을 공연하도록 한다. 미리 학생들에게 아래 표와 같은 평가 준거표를 제공하고, 공연이 끝난 후 이 평가 준거표를 이용하여 자신의 활동 성과를 4점 척도로 평가하도록 한다.

그림자극 수행 평가 준거표

점검 사항	1점	2점	3점	4점	의견
공연 대상을 고려하여 5분 가량의 극을 짜임새있게 구성했는가?					
모둠의 친구들과 협력하여 그림자극의 개별적인 역할에 책임을 다했는가?					
극의 특성을 잘 보여주는 자신만의 독창적인 인형을 만들었는가?					
광원과 인형의 효과적인 배치로 인상적인 그림자 효과를 보여주었는가?					
다양한 재료를 사용하여 서로 다른 그림자 효과를 보여주었는가?					
그림자극의 4가지 요소를 명확하게 드러냈는가?					
청중에게 공연 의도가 충분히 전달되었는가?					

학생들에게 다음과 같은 1쪽짜리 보고서를 제출하도록 하도록 한다

"여러분은 자신의 그림자극에서 효과적인 그림자를 어떻게 만들었는가? 빛은 어떻게 그런 효과를 만들었는가? 다시 공연을 한다면 자신의 극을 어떻게 수정하고 싶은가? 이와 같은 질문에 대한 자신의 생각을 A4 용지에 작성하여 제출한다."

학생들이 그림자극에 매료되어 좀 더 세련된 극을 만들고 싶어한다면, 방과후활동으로 그림자극에 대한 전문적인 역할 모둠을 만들어 그림자극에 대해 계속 조사하고, 창의적인 그림자극을 만들고 공연 계획을 세우도록 지도할 수 있다.

교사가 21세기 시민의 기본 능력인 4C(critical thinking, creativity, collaboration, communication) 역량을 명확하게 강조하는 STEAM 수업을 하려고 한다면, 실제로 많은 준비와 시간이 필요하다. 단지 교과서에서 제시하는 것처럼 1차시 수업으로 모든 것을 충족시키기에는 어려움이 있다. 그러나 주어진 여건에서도 최선을 다할 수 있는 방법은 있다. 예를 들어, 그림자극 탐색하기 활동은 과학 시간에 그림자의 성질을 공부하는 활동의 일환으로 진행할 수 있다. 그리고 그림자극 제작하기는 학생들이 사전에 모둠 활동으로 그림자극을 계획하고, 국어 시간에 대본쓰기를 진행하며, 미술 시간에는 인형 만들기 활동을 진행하도록 계획할 수 있다. 그림자극 공연하기는 방과후활동으로 공연 연습을 하고 과학 시간이나 국어 시간에 또는 원한다면 학교 행사[6]에서 공연 시간을 갖도록 준비할 수도 있다. 이와 같이 STEAM 수업은 교사가 과학적 원리나 개념의 적용을 좀 더 강조할지, 과학과 다른 교과(국어나 미술)의 융합을 강조할 것인지 수업의 목적에 따라 수업의 형태와 내용이 많이 달라질 수 있다. 어떤 특정 형태의 융합이 가장 좋은 STEAM 수업이라고 할 수는 없을 것이다. 중요한 것은 '어떤 실제적인 문제나 과제'를 학생들이 다각도로 탐색하고 해결 방안을 탐색하여 스스로 해결하거나 완수할 수 있도록 하는 것이다. 시간의 여유를 가질 수 있다면 국어과나 미술과의 성취 기준을 적극 반영하여 교과 간 융합 수업으로 시도할 수도 있겠지만, 과학 교과에서 한 차시로 진행해야 한다면 교사가 좀 더 많은 것을 제공하고 학생들이 특정 과학 원리를 적용하는 데 중점을 두는 수업으로 진행할 수도 있을 것이다.

---

6 캐나다 6학년 학생들의 공연 사례(Ponoka Elementary and Trickster Theatre shadow play)를 다음 누리방에서 찾아볼 수 있다:
https://www.youtube.com/watch?v=puWrB0o-mkQ

PART 4

과학 수업과 테크놀로지 활용

● 딜레마 사례 10

전구의 연결

가상실험이 더 효과적이지 않을까?

초등학교 6학년 '전기의 이용' 단원에서는 전구의 직렬연결, 병렬연결이 무엇인지 이해하고 병렬연결 회로의 전구가 직렬연결 회로의 전구보다 밝다는 것을 실험을 통해 확인한다.

나는 같은 종류의 꼬마전구 여러 개와 건전지, 스위치, 전선, 전지 끼우개, 전구 끼우개 등을 충분히 준비하였다. 이 수업은 교사에게 힘든 수업 중 하나이다. 학생들이 전기회로를 연결하는데 대체로 시간이 오래 걸리고, 전구에 불이 들어오지 않는 경우 교사가 일일이 확인해 주어야 하기 때문이다.

다행히 직렬연결 회로의 전구가 병렬연결 회로의 전구보다 어둡다는 것은 학생들이 확인할 수 있었지만, 직렬연결의 경우 두 전구의 밝기가 같지 않은 경우가 나타났다. 학생들은 그 이유를 궁금해하였다. 자칫 수업 목표에서 벗어날 수도 있어서 나는 가상실험을 통해 직렬연결과 병렬연결의 결과를 시연해 보였고, 전구의 밝기 차이를 강조하고 수업을 마무리했다.

교사가 수업을 준비하는데 드는 시간과 노력, 학생들이 전기회로를 연결하는데 드는 시간과 노력, 그리고 모둠별로 실험 결과가 다르게 나오는 경우 등을 생각해 보면 가상실험이 실제 실험에 비해 효과적이지 않을까 하는 생각이 들었다.

1 과학 수업 이야기

과학 수업에서 '전기', '전기회로'는 학생들이 가장 어려워 하는 내용 중 하나이다. 전류가 눈에 보이지 않는 추상적인 개념일 뿐만 아니라, 전기회로를 연결하는 것 자체도 학생들에게는 쉽지 않은 일이기 때문이다.

나는 같은 종류의 꼬마전구 여러 개와 건전지, 스위치, 전선, 전지 끼우개, 전구 끼우개 등을 충분히 준비하였다. 우선 학생들이 전구의 연결 방법을 이해하도록 교과서에 제시된 회로 그림을 보고 그대로 연결해 보도록 하였다.

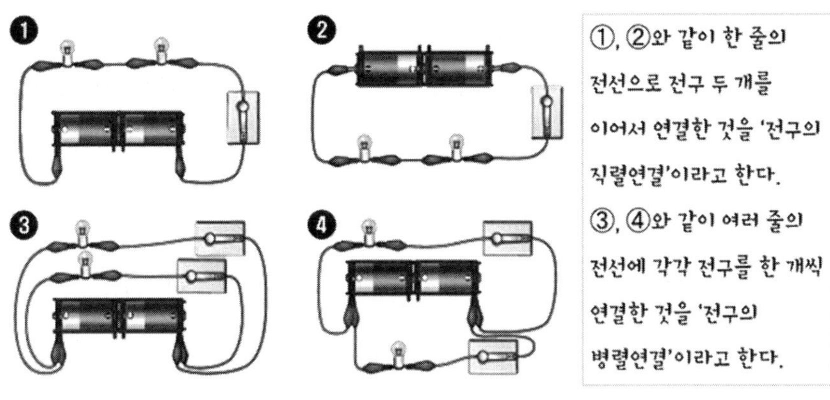

교과서에 제시된 전기회로 그림

4개의 회로를 학생들이 직접 연결하며 밝기를 비교해 보는데 생각보다 시간이 많이 걸렸다. 전구에 불이 들어오도록 하려면 스위치나 전지 끼우개 등 회로 부품들이 서로 잘 접촉하도록 연결해야 하는데 학생들은 이것에 익숙하지 않았다. 학생들 입장에서 생각해 보면 이것은 당연한 것일지 모른다. 일상생활에서 전기회로를 직접 연결해 본 경험이 없기 때문이다. 그리고 꼬마전구는 학생들에게 학교 과학 수업에서 '처음' 접하는 도구일 수 있다.

학생들에게 전기회로를 잘 연결하지 못하면 조용히 손을 들라고 하고, 나는 여기

저기 모둠을 돌아다니며 학생들이 회로를 연결할 수 있도록 도와주었다. 시행착오를 거치며 겨우 전기회로 연결에 성공한 학생들은 ①, ②와 같은 직렬연결의 전구가 ③, ④와 같은 병렬연결의 전구보다 어둡다는 것을 확인하였다. 그런데 학생들 사이에서 웅성거리는 소리가 났다. 무언가 새로운 것을 발견한 모양이었다. ①, ②의 회로에서 두 전구의 밝기가 같지 않은 모둠이 많았다. 학생들은 그 이유를 몹시 궁금해 했고 자기들끼리 의견을 주고받기도 했다.

"(+)극에 가까운 게 더 밝은 것 같아. 당연히 전기가 먼저 도달하니까 밝지 않을까?"
"하나는 전구가 오래되어서 어두운 것이 아닐까?"
"다른 전구를 끼운 것이 아닐까?"
"그래도 밝기가 비슷한 것 같아. 실험할 때 생기는 오차일 거야."

나는 학생들의 관심이 수업 목표(직렬연결과 병렬연결 회로의 전구 밝기 비교)에서 벗어나지 않도록 하기 위해 학생들의 논의를 무시하고 수업을 이어갔다. 그리고 다시 한번 전구의 직렬연결과 병렬연결 방법을 그림을 통해 정리했다.

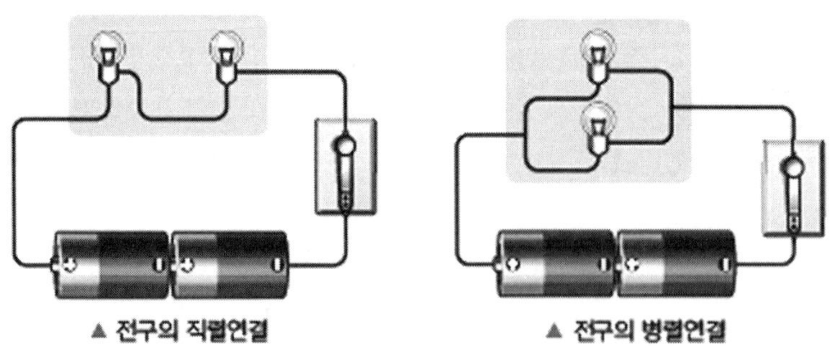

전구의 직렬연결과 병렬연결

그러고 나서 얼마 전에 교사 연수 때 알게 된 가상실험 PhET 누리방을 학생들에게 소개했다. 그곳에 있는 '회로제작 키트' 프로그램은 전지와 전구 등을 자유롭게 구성해 볼 수 있는 상호작용형 시늉내기(simulation)로 나 자신도 흥미가 있었기 때문에 학생들도 흥미로워 할 것이라 생각했다.

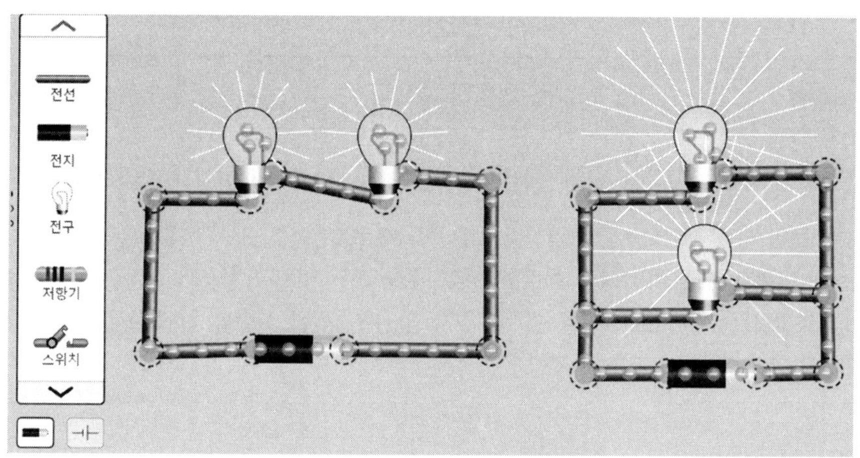

PhET 전기회로 가상실험 장면

"자, 이제 컴퓨터를 통한 가상실험으로 다시 한번 확인해 보도록 해요."

나는 전지, 전구, 전선을 연결해 가며 직렬연결과 병렬연결 회로를 연결하는 것을 시범으로 보여 주었다. 학생들은 가상실험 장면을 보며 '와!' 하고 감탄을 했다.

"여기, 노란 선의 길이나 개수가 전구의 밝기를 의미합니다. 우리가 오늘 실제 실험에서 확인한 바와 같이 직렬로 연결한 전구의 밝기보다 병렬로 연결한 전구의 밝기가 훨씬 밝은 것을 볼 수 있지요?"

나는 학생들에게 가상실험 누리방 주소를 소개하고 수업을 마무리했다.

"오늘 여러분이 본 것처럼 과학 실험을 컴퓨터를 통해서도 해 볼 수 있답니다. 선생님이 누리방 주소를 알려줄 테니 여러분도 집에서 한번 직접 가상실험으로 회로를 연결해 보고 전구의 밝기를 비교해 보면 좋겠어요. 컴퓨터뿐 아니라, 스마트폰이나 태블릿으로도 해 볼 수 있답니다."

이 수업을 하면서 가상실험이 실제 실험에 비해 수업 준비에 드는 시간도 적고 학생들의 학습 효과도 높을 것 같은 생각이 들었다. 학생들이 '직접' 전기회로를 연결해 보는 활동이 꼭 필요한 것일까? 가상실험을 통해서도 학생들에게 필요한 개념을 적절하게 가르칠 수 있을 터인데 말이다.

이 수업을 하고 나는 다음과 같은 의문이 들었다.

- 왜 같은 종류의 꼬마전구인데 직렬연결 회로에서 두 전구의 밝기가 차이가 났을까?
- 학생들이 직접 전기회로를 연결하는 것은 시간도 많이 들고, 교사가 도와주지 않으면 성공하기 어렵다. 학생들이 직접 회로를 연결하도록 하는 것보다 컴퓨터 가상실험을 활용하면 더 효과적인 전기회로 실험을 할 수 있지 않을까? 직접 실험을 꼭 하는 것이 좋을까?

2 과학적인 생각은 무엇인가?

아래에서는 두 전구의 직렬연결 회로와 병렬연결 회로에서 전구의 밝기가 어떻게 달라지는지 살펴보고자 한다.

꼬마전구의 저항

꼬마전구[1]는 필라멘트의 재질, 굵기, 길이에 따라 고유한 전기 저항값을 갖는다. 일반적으로 꼬마전구는 백열전구와 마찬가지로 텅스텐으로 만들어진 코일 모양의 필라멘트를 사용한다. 겉으로 보기에 비슷하게 생긴 꼬마전구라도 실제로는 1.5 V용, 2.5 V용, 3 V용, 6 V용 등 여러가지 종류가 있다. 6 V용은 6 V의 전압에 적절한 전구라는 뜻이다. 만약 6 V용 전구에 1.5 V의 건전지를 연결한다면 꼬마전구의 필라멘트는 충분히 가열되지 않아 빛나지 않을 것이다. 또 2.5 V용 전구에 9 V의 건전지를 연결한다면 너무 센 전류가 흘러서 꼬마전구의 필라멘트가 끊어질 수도 있을 것이다. 따라서 실험을 할 때에는 적절한 종류의 꼬마전구를 사용해야 하고, 꼬마전구가 같은 종류인지도 미리 확인해 두어야 한다.

다양한 종류의 꼬마전구

1 최근에는 LED로 된 꼬마전구도 있지만, 여기에서는 텅스텐 필라멘트를 사용하는 꼬마전구를 말한다.

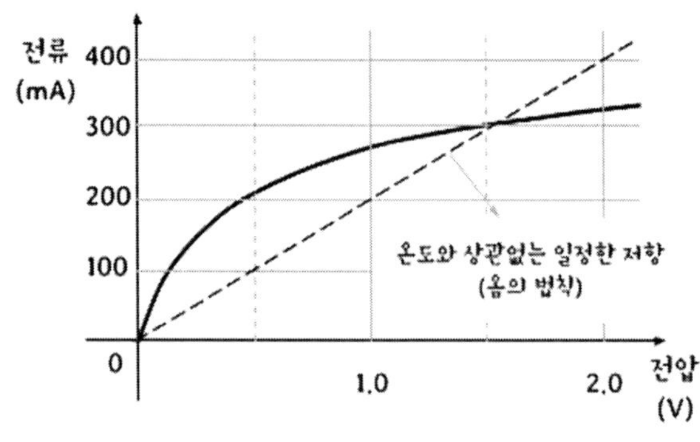

꼬마전구의 전압과 전류 사이의 관계

꼬마전구가 같은 종류인지 알아보려면 꼭지쇠를 살펴본다. 꼭지쇠 위에는 1.5 V - 0.3 A과 같은 숫자 표시가 있다. 이것은 전구가 1.5 V용이고, 1.5 V의 전압이 걸렸을 때 0.3 A가 흐른다는 의미이다. 이 전구에 옴의 법칙(V=IR)을 적용해 보면 1.5 V = 0.3 A×5 Ω이므로 이 꼬마전구의 저항은 5 Ω이 된다. 그러나 이 전구의 저항을 회로시험기로 직접 측정하면 1 Ω보다도 훨씬 작을 것이다. 그 이유는 **필라멘트**의 저항이 그 온도에 따라 달라지기 때문이다. 보통 금속은 온도가 낮을 때는 저항이 작지만, 금속의 온도가 올라가면 저항이 커진다. 그래서 필라멘트를 사용하는 전구에 작용하는 전압을 변화시키면서 전구에 흐르는 전류를 측정하면 위의 그림과 같이 전압이 커질수록 전류가 증가하는 폭은 작아진다. 그것은 필라멘트에 작용하는 전압이 커질수록 필라멘트의 온도가 높아져 저항이 커지기 때문에 그에 따라 전류가 더 증가하기 어렵기 때문이다. 보통 회로시험기로 저항을 측정할 때는 전구에 불이 켜지지 않을 정도의 낮은 전압을 사용하기 때문에 전구에 불이 켜질 때 측정되는 저항보다 작은 값이 나온다. 따라서 1.5 V - 0.3 A의 전구는 1.5 V의 정격 전압을 걸었을 때 전구의 저항이 5 Ω이 된다는 뜻이다. 전구에 걸린 전압이 달라지면 그에 따라 저항도 달라지게 된다. 이와는 달리 **옴의 법칙**을 따르는 저항은 전압과 관계없이 저항이 일정하기 때문에 전류는 전압에 비례하여 커진다.

백열전구[2]의 구조와 작동 원리

일반적으로 백열전구의 구조는 다음 그림과 같다. 유리 구 속에는 보통 불활성 기

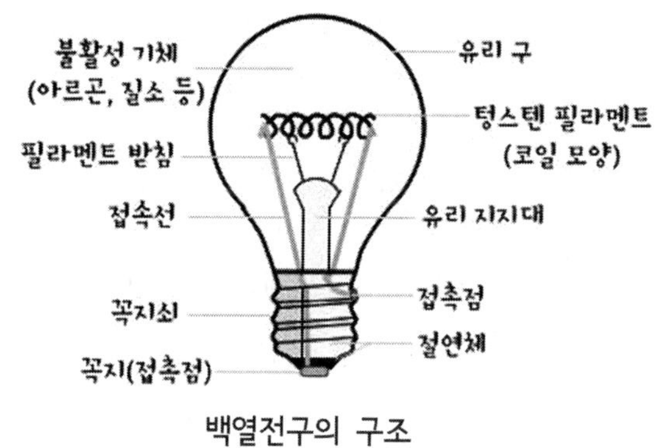

백열전구의 구조

체인 아르곤(93 %)과 질소(7 %)가 들어 있어, 필라멘트의 증발과 산화를 막도록 도와준다. 또한 열손실을 줄이기 위해 낮은 기압(0.7 기압)을 유지하거나, 꼬마전구처럼 진공으로 만들기도 한다. 필라멘트는 전구의 효율을 높이기 위해 매우 가는 텅스텐 선을 코일 모양으로 감아 만든 것으로 빛을 내기 위해서는 1700~3000 °C 정도로 가열되어야 한다. 3 cm 정도의 이 필라멘트를 직선으로 풀어놓으면 거의 2 m에 이른다. 이 필라멘트는 두 개의 접속선에 연결되어 각각 꼭지와 꼭지쇠로 이어진다.

전원에 연결된 전구에 스위치를 켜면 필라멘트에 갑자기 많은 전류가 흐르기 시작하면서 필라멘트는 순식간에 빛을 낼 정도로 가열되어 저항이 커지고 정상 전류로 되돌아간다. 백열전구에 공급된 전기 에너지는 대부분 열로 바뀌고, 대체로 2~3 %만 빛 에너지로 바뀐다. 이에 비해 LED 전구의 에너지 효율은 5~20 %정도라고 한다. 전구의 발광 효율은 필라멘트의 온도가 높을수록 커지기 때문에 전구에 공급된 전력에 따라 차이가 난다. 필라멘트는 고온으로 가열되면 텅스텐 원자가 점차 증발하고, 시간이 지나면서 필라멘트의 어떤 부분이 더 가늘어진다. 이 부분이 처음 전구를 켰을 때 흐르는 과도한 전류를 견디지 못하면 필라멘트는 끊어진다. 증발된 텅스텐 원자는 다시 전구 내부의 유리 표면에 부착되기 때문에 오래 사용한 백열전구는 보통 검게 변하게 된다.

---

2 우리나라에서는 2014년부터 가정에서 사용하는 150 V 이하의 백열전구의 생산이나 수입을 금지하고 있어, 최근에는 그 대신 LED 전구를 사용하는 편이다. 또한, 꼬마전구도 필라멘트 대신 LED 전구로 바뀌는 추세에 있다.

백열전구의 밝기는 보통 공급된 전력에 따라 달라지므로 전구의 밝기는 전구에 공급된 **전력**으로 비교할 수 있다. 전력은 전구에 공급된 전압과 전류의 곱으로 구할 수 있다. 그러나 전구의 발광 효율은 보통 필라멘트의 온도가 올라갈수록 커지므로 전력이 커질수록 증가한다. 예를 들어, 40 W 전구는 그 효율이 1.9 %이지만, 100 W 전구는 2.6 %나 된다. 그러나 같은 전력인 경우에는 전류가 많이 흐르는 전구가 더 발광효율이 좋다. 예를 들어, 동일한 60 W 전구인 경우에 220 V용 전구보다 100 V용 전구가 더 발광 효율이 커서, 220 V용 전구보다 100 V용 전구가 더 밝다.

두 꼬마전구의 연결과 밝기

2.5 V - 0.3 A의 꼬마전구 두 개를 건전지에 직렬로 연결하는 경우와 병렬로 연결하는 경우에 어떻게 될까? 한 가지 예로 아래의 그림은 그 실험 결과를 보여준다. 1.5 V 건전지 2개가 직렬로 연결되어 있어 전구에 걸린 전체 전압은 3 V가 되어야 하지만, 실제로 전구에 걸린 전압은 그보다 작은 2.7 V가 되었다[3]. 이것은 전선, 스위치, 건전지도 저항을 가지고 있기 때문이다. 그렇지만 이들 저항은 전구의 저항에 비해 훨씬 작아서 그 저항들에 0.3 V가 사용되었다.

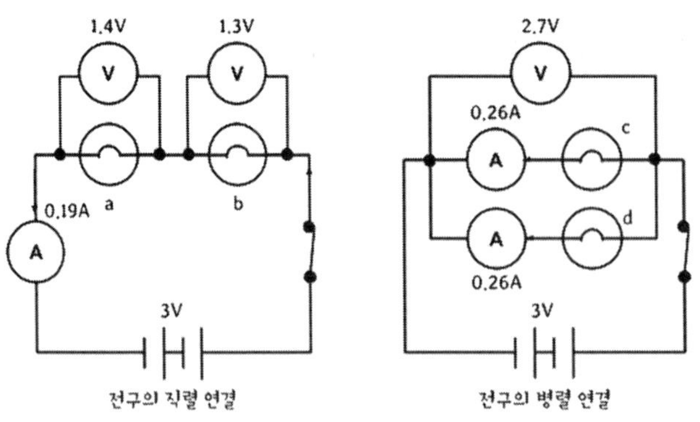

두 전구의 직렬, 병렬연결 실험 결과

3 이것을 단자 전압이라고 하며, 이와 관련된 내용은 '함께 생각해보는 과학 수업의 딜레마'(윤혜경 등, 2020, 북스힐) 딜레마 사례 17 '전구에 불켜기'(p.365)를 참고한다.

전구 연결 방식에 따른 각 전구의 전압, 전류, 저항, 전력

전구 (2.5V–0.3A)		전압(V)	전류(A)	저항(Ω) (전압/전류)	전력(W) (전압×전류)
직렬 연결	a	1.4	0.19	7.4	0.27
	b	1.3	0.19	6.8	0.25
병렬 연결	c	2.7	0.26	10.4	0.70
	d	2.7	0.26	10.4	0.70

꼬마전구의 저항은 전압을 전류로 나누면 구할 수 있기 때문에, 2.5 V를 0.3 A로 나누면 약 8.3 Ω이 된다는 것을 알 수 있다. 이들 두 전구를 건전지 2개에 직렬 및 병렬로 연결했을 때 각 전구의 저항과 전력을 구하면 위의 표와 같다. 이 표에서 알 수 있는 것은 전구의 저항이 일정하지 않고 전압에 따라 달라진다는 것이다. 아울러 전구에 표시된 2.5 V보다 큰 전압을 걸었지만, 전류는 0.3 A보다 작게 흘렀다. 또한 직렬연결에서 두 전구의 저항이 다르게 나왔다는 것이다. 이것은 먼저 측정에 따른 오차나 각 전구의 저항 특성이 다르기 때문인지 모른다. 일반적으로 꼬마전구는 규격이 정확하지 않은 경우가 많고 대략 10 % 정도의 오차가 있다. 또한, 앞에서 언급했던 것처럼 오래 사용한 꼬마전구는 필라멘트가 가늘어져 저항이 달라지기 때문에 같은 꼬마전구라도 실제로 차이가 날 수 있다.

직렬연결의 경우 단자 전압이 각 전구에 절반씩 걸리지만, 전구의 저항이 전압에 따라 달라지기 때문에 두 전구에 흐르는 전류는 병렬연결의 절반이 되지 않고 그보다 더 많이 흐른다. 전구의 밝기는 보통 전력에 비례하기 때문에 직렬보다 병렬의 경우에 더 밝다는 것을 알 수 있지만, 그 밝기는 직렬의 세 배보다 작았다. 만일 전구의 저항이 일정하다면 병렬연결의 경우 밝기는 직렬의 네 배가 되어야 한다. 또한, 직렬연결의 경우 저항이 클수록 전력 값이 크지만, 이 실험에서는 그 차이가 작아서 눈으로 밝기의 차이를 알 수 없었다. 일반적으로 직렬연결에서 전구의 전력($P = I^2R$)은 전류가 일정하기 때문에 저항에 비례하고, 병렬연결의 경우에는($P = V^2/R$) 전압이 일정하여 저항에 반비례한다.

교사가 학생들과 함께 꼬마전구로 실제 실험을 수행하려고 하는 경우에는 미리 그 특성을 조사하여 유사한 전구를 골라내는 것이 바람직하다. 또한, 건전지도 새 것을 사용하지 않고 오래된 것을 사용하면 그 **내부저항** 때문에 **단자 전압**이 상당히 작아진다는 것도 염두에 두어야 한다. 그리고 실험에 따른 오차도 항상 존재하기 때문에, 그것을 감안하여 지도하여야 한다. 그런 의미에서 PhET 전기회로 시늉내기 프로그램을 사용하면 그와 같은 측정 오차나 오류를 제외할 수 있다. 그렇지만 시늉내기 프로그램에서 사용하는 전구는 전압과 관계없이 저항이 항상 일정하기 때문에 실제 실험과는 차이가 있다는 것을 알아야 한다. 따라서 실제 실험과 시늉내기를 병행하여 사용한다면, 그 비교를 통해 어떤 차이점이 있는지 살펴볼 수 있다. 또는 시늉내기의 고급 기능(⊞ Advanced 단추)을 사용하여 전선의 저항이나 전지의 저항을 변화시켰을 때 일어나는 일을 살펴보거나, '실제 전구(real bulbs)'를 사용했을 때 전압에 따라 전구의 저항이 변하는 것을 관찰하도록 할 수 있다.

교수 학습과 관련된 문제는 무엇인가?

여기에서는 시늉내기(시뮬레이션)가 과학과 과학 수업에서 어떻게 효과적으로 활용될 수 있는지를 소개하고, 이를 위해서 교사는 어떠한 지원을 해야 하는지 PhET의 예를 통해 소개하고자 한다.

실험실 환경에서 시늉내기의 사용

PhET(Physics Education Technology) 시늉내기(simulation)[4]는 콜로라도 대학에서 칼 와이먼(Carl E. Wieman)이 개설한 개방형 교육자료로 물리학, 화학, 생물학, 지구과학 및 수학 분야와 관련된 **가상실험** 자료이다. 원래 시늉내기는 처음에 자바(Java)나 플래시(Flash)로 만들어져 있어 컴퓨터에 해당 응용 프로그램이 설치되어야 작동할 수 있었지만, 현재는 HTML5를 기반으로 한 프로그램으로 변환하고 있어 그런 응용 프로그램 없이도 컴퓨터뿐만 아니라, 태블릿이나 스마트폰에서도 작동할 수 있다. 일종의 컴퓨터 모형인 이들 PhET 시늉내기는 학습자가 과학자처럼 탐색할 수 있는 환경을 제공하여, 학습자는 구체적인 지시 사항이 없어도 놀이를 하는 것처럼 다양한 상호작용을 통하여 과학이 작동하고 기능하는 방식을 이해할 수 있도록 구성되었다. 특히, PhET 시늉내기는 그래프나 동적인 영상과 같이 다양한 방식으로 작동 결과를 표현하고, 실제로 보이지 않는 원자나 분자, 전자, 광선과 같은 것을 보이게 함으로써 현상 밑에 깔린 근본 원인을 쉽게 이해할 수 있도록 한다(Chasteen and Carpenter, 2020).[5] 그래서 교사는 시늉내기를 교실 수업에서 시범 도구나 학생 활동 자료로서, 그리고 숙제로 활

4 다음 누리방을 참고한다. 화면 화단에서 언어를 선택하면 번역이 되도록 구성되어 있으나, 아직 한국어로 번역되지 않은 자료도 있다:
누리방 주소: https://phet.colorado.edu/ko

5 다음 누리방 주소를 참고한다:
(https://www.physport.org/recommendations/Entry.cfm?ID=93341)

용할 수 있을 뿐만 아니라, 실험실 환경에서 탐구 활동을 수행할 때에도 다양한 방식으로 활용할 수가 있다.

실험실에서 실제 실험 장치가 아니라 **시늉내기**를 굳이 사용해야 할까? 와이먼 등(Wieman et al., 2010)[6]은 실험실에서 시늉내기를 사용하면 좋은 점을 다음과 같이 말한다.

❶ 현실적으로 수행하기 어려운 실험이 가능하다. 예를 들어, 에너지 스케이트 파크(energy skate park) 시늉내기에서 학생들은 트랙의 모양, 스케이터의 출발 높이, 또는 마찰력이나 중력 가속도를 맘대로 바꿀 수 있어, 실제 장치로는 불가능한 탐구를 간편하게 수행할 수 있다.

❷ 이상적인 실험 조건을 재현할 수 있다. 실제적인 실험은 마찰이나 저항, 또는 주변 요소의 영향 등 환경적인 '잡음'으로 종종 학생들에게 혼란을 줄 수 있다. 예를 들어, 학생들이 전기회로를 실제로 만들 때는 접촉 불량으로 전기회로가 작동되지 않아 애를 먹기 쉽지만, 시늉내기에서는 회로 구성 요소가 닿으면 자동으로 연결되기 때문에 학생들의 주의가 흩어지지 않고 실험 내용에 집중할 수 있다.

❸ 다양한 표상을 통해 현상의 바탕이 되는 기본 얼개를 보여줄 수 있다. 학생들이 무슨 일이 일어날지 뿐만 아니라, 왜 그런지 이해할 수 있도록 그 현상에 대한 과학적 모형을 보여줄 수 있다. 예를 들어, 회로 제작 키트 시늉내기에서는 전기회로 속의 보이지 않는 전류나 전자의 흐름이 조건에 따라 어떻게 달라지는지 미시적 현상을 관찰할 수 있도록 설계되었다.

❹ 실험 내용을 즉각적이고 신속하게 반복할 수 있다. 예를 들어, 회로 제작 키트(circuit construction kit) 시늉내기에서 전선이나 전지의 저항 등과 같이 다른 매개변인의 효과를 정확하게 탐색할 수 있도록 동일한 조건 속에서 실험을 쉽고 정확하게 반복하도록 한다.

6 Wieman, C., Adams, W., Loeblein, P., & Perkins, K. (2010). Teaching physics using PhET simulations, The Physics Teacher 48, 225-229.

❺ 시늉내기 속에 전압계, 전류계, 초시계, 눈금자, 및 에너지 그래프 등 내장된 다양한 측정도구가 포함되어 있고 실제 실험보다 사용이 간편하다.

이외에도 PhET 시늉내기는 게임처럼 매력적이고 재미있게, 그리고 활동 방법이 암묵적으로 제공될 수 있도록 주의 깊게 설계되었다. 그래서 학생들은 교사의 지도를 받는다는 느낌이 없이 생산적으로 시늉내기를 탐색할 수 있다. 그러면 실제 실험을 시늉내기로 대체하는 것이 좋은 것일까? 비록 시늉내기로 할 수 있는 많은 효과적인 방안이 있지만, 시늉내기에서는 다룰 수 없는 실험 목표도 많다. 예를 들어, 전기회로를 만들 때는 앞에서 언급했던 환경적 '잡음'이나 측정 오류와 같은 것을 다룰 수 있는 기능이 필요하다. 전구, 전지, 스위치, 끼우개, 전선 등 부품의 접촉 범위와 상태, 전선 연결 집게의 사용법, 합선이 되지 않게 연결하는 법, 전선의 에나멜이나 피복을 벗기기, 또는 적절한 실험 재료의 선택 등과 같이 시늉내기에서는 할 수 없는 많은 일들이 있다. 또한, 실험 장치에 대한 직접적인 경험과 관찰을 통해 암묵적인 지식을 습득하고, 신체 감각적인 기능이나 직관적인 능력을 발달시킬 수 있다.

따라서 시늉내기는 교사의 목표에 따라 수업에서 실험을 대체하여 그것만 사용할 수도 있지만, 실제 실험 장치와 병행하여 사용하는 방법도 있다. 특히, 시늉내기는 실험실에서 실제 실험을 보완하거나 실험과 관련된 개념을 파악하는 용도로 이용될 수 있다. 더구나 안전이 요구되는 실험의 경우에 실제 실험에서는 어려운 활동에 시늉내기를 활용할 수 있다. 예를 들어, 학생들은 회로 제작 키트 시늉내기에서 1000 V의 전지, 퓨즈, 합선 등의 내용을 위험 없이 탐색할 수 있다. 시늉내기 활동을 실제 실험 활동에 포함시켜 학생들이 시늉내기와 실험 장치를 번갈아 사용하도록 한다면, 학생들은 시늉내기와 실험 결과 사이의 유사점을 조사할 수도 있고, 서로 다른 관점에서 동일한 현상을 볼 수도 있다. 예를 들어, 전기회로 실험에서 실험 결과는 거시적 현상을 제공하지만, 시늉내기로 전기회로 속에서 일어나는 미시적인 현상, 즉 전자나 전류의 흐름에 대한 이미지를 파악할 수 있다. 또는 시늉내기를 실험 전 과제로 제공하여 실제 실험 활동을 위한 개념을 파악하도록 할 수 있고, 실험 후 후속 과제를 제공하여 실험 활동을 보완하거나 성찰하는 도구로 사용할 수도 있다.

효과적인 시늉내기 활동을 위한 도움말

실험이나 수업 활동에서 시늉내기를 효과적으로 사용하려면 어떻게 해야 할까? 무어와 채스틴(Moore and Chasteen, 2017)[7]은 시늉내기를 활용하는 교사를 위해 다음과 같이 제안하였다.

- 수업을 하기 전에 먼저 교사가 시늉내기 활동에 익숙해져야 한다. 시늉내기를 직접 교사가 실행해 봄으로써 진행 시간, 발문이나 설명이 필요한 곳, 주의해야 할 점 등을 파악하도록 한다. 또한, 교실에서 인터넷 연결이 안정적인지 미리 확인한다.
- 수업 목표와 시늉내기 활동에 대해 소개하고 시늉내기를 이용하여 흥미있는 시범을 보여주도록 한다. 실제로 시늉내기 활동을 시작하기 전에 학생들이 시늉내기 사용에 익숙해질 수 있도록 먼저 탐색 활동을 진행하도록 한다. 이때 교사는 학생들에게 사용법을 직접 가르쳐 주기보다는 자유로운 탐색을 통해 학생들끼리 서로 배울 수 있도록 한다. 예를 들어, 다음 쪽 그림과 같은 탐색 활동지를 보조로 활용할 수 있다.
- 학생들이 시늉내기 활동을 진행하는 동안 교사는 교실을 순회하면서 학생들의 행동을 관찰하고, 모둠별로 진행 사항을 점검한다. 이때 수업 시간에 언급할 수 있는 학생들의 사례를 찾아 나중에 토론을 촉진하는데 사용할 수 있다. 학생들이 시늉내기 사용이나 모둠 활동에 어려움을 겪고 있다면, 교사가 직접 알려주기보다는 다른 모둠의 도움을 받거나 교사의 열린 질문을 통해 스스로 해결할 수 있도록 한다.
- 학생이 해야 할 일을 일일이 지시하기보다는 생산적인 질문을 통해 시늉내기에 대한 추가적인 탐색이 일어나도록 한다. "전구의 저항을 바꿀 수 없을까?", "전지를 어떻게 거꾸로 할 수 있을까?" 등과 같은 질문을 통해 시늉내기의 기능을

---

7 다음 누리방을 참고한다:
https://www.physport.org/recommendations/Entry.cfm?ID=93338

찾도록 할 수 있다.

- 다음 단계로 이동하기 전에 학생 활동이나 모둠별 토론 내용을 전체적으로 확인해야 할 부분은 온라인 설문지 등을 통하여 학생들의 생각이나 의견을 종합하도록 한다.

시늉내기는 일반적으로 자연 현상을 흉내내거나 구성된 모형을 바탕으로 여러 가지 조건을 변화시켰을 때 나타나는 결과를 보여준다. 따라서 이런 시늉내기를 이용한 가상실험은 학생들에게 탐구 활동을 수행시킬 때 다음과 같이 활용할 수 있다.

- 시늉내기 작동을 탐색하고 변화를 관찰하기
- 시늉내기의 작동을 통해 현상과 관련된 규칙성을 찾아내기
- 시늉내기 속에 표현된 모형 요소의 속성을 관찰하고 추리하기
- 시늉내기의 여러 조건을 변화시켰을 때 나타나는 현상을 관찰하기
- 시늉내기를 통해 어떤 현상 속에 숨겨진 조건이나 원인을 찾아내기
- 실제 실험을 하기 전에 먼저 시늉내기를 통해 실험을 고안하고 실행하기
- 가상실험과 실제 실험 사이의 비교를 통해 실제 실험에 숨겨진 변인을 찾아내기

'회로제작 키트: DC' 시늉내기 탐색하기

- **학습 목표:** 회로제작 키트 시늉내기의 여러 기능을 설명한다.
- '회로제작 키트 DC' 시늉내기를 실행하려면 PhET 화면에서 실행(▶) 단추를 눌러 프로그램을 실행시킨다. 실행 화면이 오른쪽 그림과 같이 나타나면 마우스를 움직여 '소개' 위의 전구 그림을 누른다. 그리고 시늉내기 화면 왼쪽에 있는 도구 상자에서 전선, 전지, 전구, 스위치를 각각 선택하여 화면 중앙으로 가져가 다음 전기회로를 실제로 만들어 본다. 그리고 이 시늉내기의 여러 기능을 살펴보고 다음 물음에 답하시오.

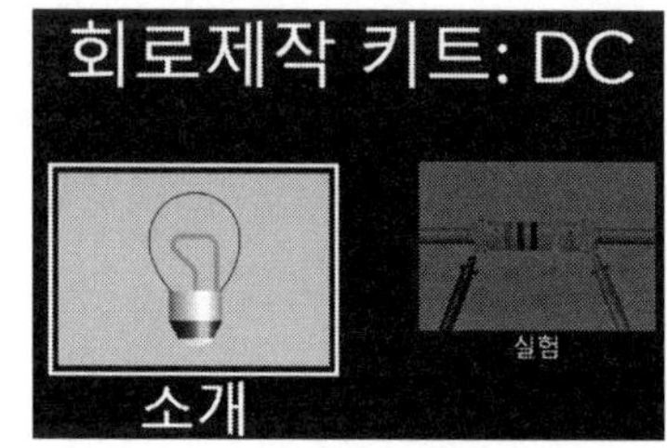

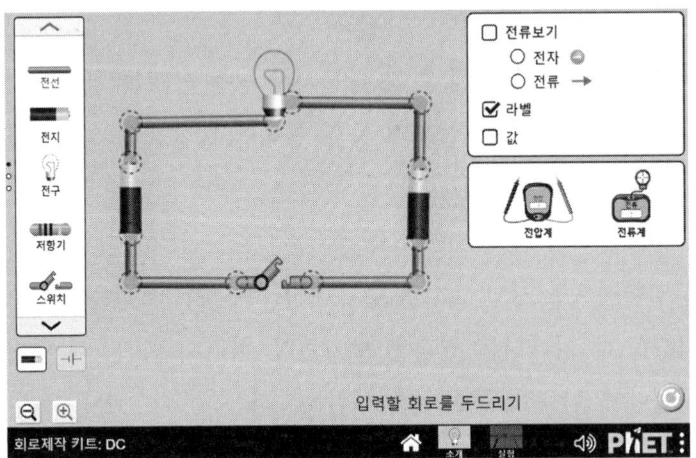

1. 이 회로의 스위치를 열거나 닫으려면 어떻게 해야 할까?
2. 이와 같은 전기회로에서 전구에 불이 켜지게 하려면 어떻게 해야 할까?
   (1) 화면 오른쪽에 있는 보기 상자에서 '전류 보기'를 선택하면 어떤 일이 일어나는가?
   (2) '전자' 표시 대신 '전류' 표시를 선택하면 어떤 일이 일어나는가?
3. 이 전기회로에서 전지 하나를 떼어 내려면 어떻게 해야 할까?
4. 전지의 (+)극은 어디인가? 전지의 전압이 얼마인지 알려면 어떻게 해야 할까?
5. 전구의 저항값을 바꾸려면 어떻게 해야 할까?
6. 오른쪽에 있는 측정도구 상자의 전류계나 전압계는 어떻게 사용할까?
7. 도구 상자 아래에 있는 기호(⊣⊢) 그림을 눌러 여러분이 만든 전기회로를 기호로 나타내면 어떻게 되는지 살펴보고 아래 상자에 그림을 그려본다.

이 회로에서 2개의 전지는 전구에 대해 직렬로 연결되었는가? 병렬로 연결되었는가? 그렇게 생각하는 이유를 설명해 보시오.

'회로제작 키트: DC' 시늉내기 탐색 활동지 예

실제로 어떻게 가르칠까?

여기서는 시늉내기 프로그램을 수업에 효과적으로 활용하기 위한 방법을 구체적으로 살펴본다. 실제 실험을 위한 연습 기회, 개념이나 원리를 이해시키는 도구, 추가적인 탐색이나 탐구 도구로 활용하는 방안을 자세히 설명한다.

PhET 시늉내기 프로그램은 앞에서 언급했던 것처럼 컴퓨터나 태블릿뿐만 아니라 스마트폰에서도 실행할 수 있기 때문에 학생들이 수업 시간이 아니더라도 어디서나 언제든지 접근할 수 있다는 장점이 있다. 따라서 전기 단원을 시작할 때 시늉내기 프로그램을 소개하고 앞 절의 예시와 같이 학생들이 수업 시간 이외에 그 기능을 자유롭게 탐색하는 기회를 갖도록 하면, 학생들은 시늉내기를 탐색하면서 여러 가지 사실을 알아낼 수 있을 것이다. 그래서 교사는 학생들의 탐색 결과를 바탕으로 필요한 경우 수업과 관련하여 시늉내기 프로그램을 적절하게 활용할 수 있다. 예를 들어, 전구 불켜기나 다양한 전지 연결 방식이나 단락 현상 등에서 회로 내부에서 일어나는 전류의 흐름이나 전자의 이동 등을 관찰하도록 할 수 있다. 시늉내기 프로그램은 많은 장점이 있지만, 수업을 시늉내기 프로그램만으로 진행하는 것은 바람직하지 못하다. 실제 실험을 통해서 학생들이 배워야 하는 것도 있기 때문이다. 학생들이 탐색 활동을 통해 시늉내기 사용에 익숙해졌다면, 전구의 연결 방법과 관련하여 시늉내기를 다음과 같이 활용할 수 있을 것이다.

실험 전 전기회로 구성을 위한 연습 기회의 제공

앞의 수업 이야기에서 교사가 언급했듯이 학생들에게 꼬마전구는 학교에서 처음 접하는 도구이고 일상생활에서도 학생들이 전지, 전구, 전선을 직접 연결해 보는 경험을 하기는 어렵다. 따라서 전기회로를 성공적으로 연결하려면 연습과 시행착오를 거치는 시간이 필요하다. 실제 수업 시간은 40분으로 제한되어 있어 시행착오를 허용하며 회로 연결을 위한 충분한 시간을 제공하기 어렵다. 또 모둠별로 실험하는 경우 한두 명만 회로를 조작하고 다른 학생은 구경꾼이 되기 쉽다. 교사는 전기회로 단원을 시작할 때 교실의 한 켠에 작은 책상이나 테이블을 두고 미니 실험대를 만들 수 있다. 여기에 전구, 전구 끼우개, 전지, 전지 끼우개, 전선, 스위치 등을 준비해 두고 학생들이 주어진 전기회로를 완성하는 연습을 하도록 격려할 수 있다. 그러나 이 방식은 학생들이 자기 차례를 기다려야 하고, 경우에 따라 실험 준비물이 분실되거나 망가지는 경우가 생기면서 사소한 다툼이 일어날 수 있다. 그래서 교사는 제시된 전기회로 과제를 학생들이 각자 시늉내기를 통해 전기회로를 구성하고 연습하는 기회를 갖도록 할 수 있다. 스마트폰이 없는 학생을 위해 교실 한 쪽에 컴퓨터나 태블릿을 여러 대 준비해 두면 좋을 것이다. 이렇게 학생들에게 미리 회로를 연결하는 연습 기회를 제공하면, 실제 실험 수업에서 학생들은 회로를 쉽게 연결하고, 교사는 제한된 시간 내에 좀 더 효과적으로 수업을 진행할 수 있을 것이다. 또한, 학생들은 가상 실험의 결과를 실제 실험 결과와 비교하고 차이가 나는 점들을 쉽게 확인할 수 있을 것이다. 교사는 이때 학생들이 발견한 것을 바탕으로 추가적인 탐구를 제안할 수 있을 것이다. 예를 들어, 직렬연결에서 밝기가 다른 두 전구, 실제 전류나 전압 값 등이 차이가 나는 이유를 시늉내기를 이용하여 알아내도록 할 수 있다. 또한, 초등학교 과정에서 전류나 전압의 값을 측정하지 않지만, 시늉내기를 통해 간단하게 그것을 측정하는 방법을 익히면 전구의 밝기로 추리하는 것보다 전기회로에서 일어나는 옴의 법칙과 관련된 정성적 특성을 보다 분명하게 이해하는데 도움이 된다.

전류의 보존 개념을 이해시키기

여러 전구의 직렬연결에서 학생들은 전지의 어떤 한 극에 가까운 전구가 더 밝거나, 전구마다 같은 양의 전류가 분배되어 모두 밝기가 같을 것이라고 생각하기 쉽다. 이것은 모두 전류가 전기회로를 흐르면서 소모된다는 생각에서 나타나는 학생들의 딴생각이다. 학생들은 전기회로 내부에서 일어나는 일을 관찰할 수 없기 때문에 주어진 현상을 이해하기 위해 자신들만의 생각을 발달시킨다. 따라서 전기회로 내부에서 일어나는 일을 보여주는 전기회로 시늉내기는 과학적으로 표현된 모형 요소의 속성을 학생이 관찰하여 추리할 수 있도록 한다. 예를 들어, 시늉내기로 아래의 그림과 같이 구성된 전기회로를 보여주면서 POE(예상-관찰-설명) 시범을 활용할 수 있다. 아래 그림에서 왼쪽 회로는 저항이 다른 두 전구를 연결한 것이고 오른쪽 회로는 저항이 같은 두 전구를 연결한 것이다. 스위치를 닫았을 때 전구에 어떤 일이 일어나는지 예상하고 설명하도록 한 다음, 교사는 스위치를 닫았을 때 전구의 밝기가 어떻게 되는지 보여줄 수 있다.

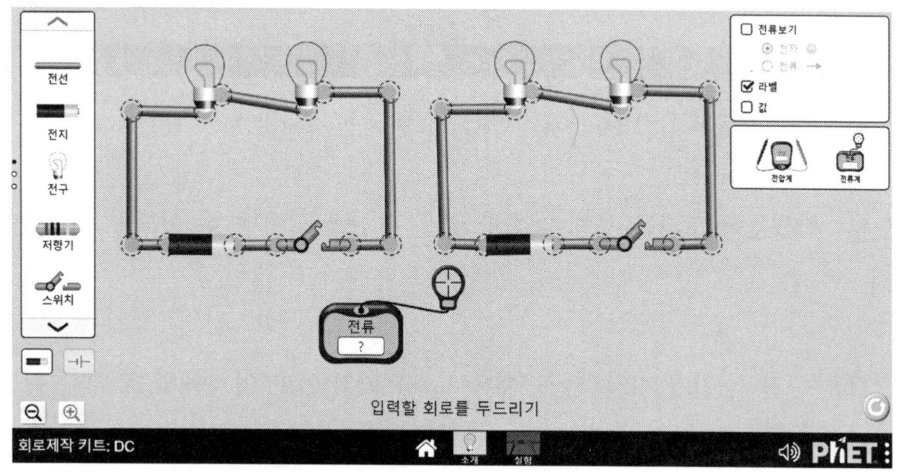

POE 시범을 통한 직렬로 연결된 두 전구의 밝기 탐구

또한 다음 그림과 같이 '전류보기' 기능을 사용하여 전기회로 내부에서 일어나는 일을 보여줄 수 있다. 전류계를 이용해서 두 전구에 흐르는 전류가 같다는 것을 보일 수 있다. 그리고 교사는 학생들에게 토의를 통해 전구의 밝기가 그렇게 되는 이유를 설명하도록 한다. 교사는 토의 과정에서 '전류계'나 '전압계', 또는 '값' 기능을 사용하여 학생들의 토의를 촉진시키는 디딤돌을 놓을 수 있다.

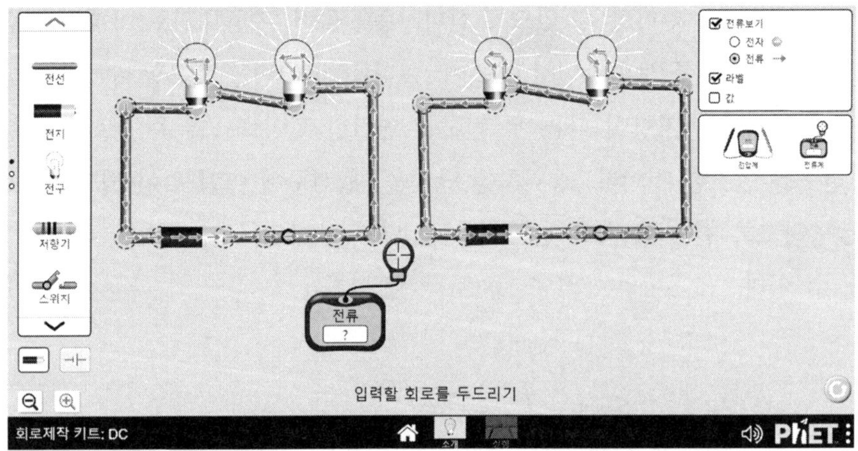

전류보기 기능을 통한 직렬로 연결된 두 전구의 밝기 탐구

교사는 학생들이 토의를 통해 다음과 같은 사실을 알아낼 수 있도록 실마리를 제공한다.

- 전류가 전구, 전지, 또는 전선 속에서 소모되지 않고 일정하게 흐른다. 즉, 회로 어디서나 전류의 세기가 같다.
- 회로에 흐르는 전류는 전구 전체의 저항과 관계가 있다. 즉, 전체 저항이 클수록 회로에 흐르는 전류가 작아진다.
- 직렬연결에서 전압은 두 전구의 저항에 비례하여 나누어 걸린다. 즉, 저항이 큰 전구에 전압이 더 크게 걸린다.
- 전구의 밝기가 전류뿐만 아니라 전압과도 관계가 있다. 즉, 전구의 밝기는 전류와 전압이 클수록 더 밝다.

전기회로의 작동 원리를 이해시키기

학생들에게 전기회로 시뮬내기 프로그램의 여러 조건을 변화시켰을 때 나타나는 현상을 관찰하도록 하여 전기회로가 어떻게 작동하는지 이해시킬 수 있다. 실제 실험에서는 전기회로의 조건을 변화시키기 위해 번거롭게 다른 종류의 전구나 전지 등을 교체해야 하지만, 시뮬내기에서는 속성을 바꾸는 조정 버튼를 통해 간단하게 조건을 변화시키고 그 결과를 관찰할 수 있다. 예를 들어, 전구의 직렬연결이나 병렬연결에서 한 전구의 저항을 크게 하거나 작게 할 때, 전지의 전압을 변화시킬 때, 또는 전선의 저항이나 전지의 내부저항을 크게 할 때 어떤 일이 일어나는지 관찰하고 토의하도록 할 수 있다. 또는 전압계나 전류계 도구를 이용하여 전기회로를 구성하는 요소들에서 그 값을 측정하게 함으로써 옴의 법칙에 대한 정성적인 이해를 보완하도록 할 수 있다. 예를 들어, 전기회로에서 전지의 전압이 저항에 따라 어떻게 분배되는지 살펴보도록 할 수 있다.

추가적인 탐구를 활성화시키기

학생들은 전구의 전압을 측정할 때 전구의 전압이 건전지의 전압과 다른 것을 이상하게 생각한다. 단자 전압을 이해하지 못하기 때문이다. 실제 실험에서 전구의 전압과 건전지의 전압이 차이가 나서 그 이유를 궁금해 할 때, 교사는 전기회로 시늉내기 프로그램을 이용하여 실제 실험 결과가 나올 수 있도록 시늉내기 프로그램의 여러 속성을 변화시켜 보도록 할 수 있다. 예를 들어, 학생들은 시늉내기의 고급 기능을 이용하여 전선의 저항을 바꾸거나 전지의 저항을 바꿀 때 전구의 전압이 어떻게 되는지 살펴볼 수 있다. 교사는 이와 같이 시늉내기의 조작을 통해 어떤 현상 속에 숨겨진 조건이나 원인을 찾아내도록 할 수 있다. 또는 실제 실험과 가상실험 사이의 비교를 통해 실제 실험에 숨겨진 변인을 찾아내도록 할 수 있다. 예를 들어, 앞에서 언급했던 두 전구의 연결 실험에서 실제 실험과 가상실험의 두 실험 결과를 비교하도록 함으로써 전구의 저항이 전압에 따라 달라지는 것을 알아내도록 한다.

추가적인 탐색을 권장하기

학교 수업을 보충하기 위한 방법으로 시늉내기 프로그램을 숙제에 활용하도록 할 수 있다. 예를 들어, 학교 수업 시간에는 교과서에 나온 전구 2개의 직렬연결과 병렬연결에 대해 탐색했다면, 과제로 전구 3개와 4개일 때는 어떻게 되는지 가상실험을 수행하도록 한다. 교사는 활동지를 이용하여 학생들에게 가상실험 결과를 시늉내기의

'스크린 사진' 기능을 이용하여 활동지에 첨부하도록 할 수 있다. 또는 시늉내기 프로그램을 이용하여 아래의 그림과 같이 여러 개의 전구를 하나의 전구로 대체하도록 하는 '등가회로 만들기'를 통해 직렬연결에서는 저항이 합해지고 병렬연결에서는 저항이 작아지는 전기회로의 작동 원리를 깨우치게 할 수 있다. 교사는 학생들에게 두 전기회로에 흐르는 전류의 값이 같아지도록 등가회로에 있는 전구의 저항을 조정하도록 한다.

그외에도 전기회로에서 '퓨즈(Fuse), 지폐, 클립, 동전, 지우개' 등을 연결해 보거나 단락 회로나 고전압 회로 등 다양한 전기회로를 탐색해 보도록 격려할 수 있다. 실제 실험은 안전상의 문제도 있고, 시간상의 문제도 있어서 이런 실험이 용이하지 않지만 가상실험에서는 학생들이 자유롭고 안전하게 실험을 수행할 수 있다.

다음 쪽에 제시된 그림은 예비교사나 교사의 전기회로에 대한 이해를 높이기 위해 고안된 활동지이다. 교사 자신이 먼저 직접 가상실험을 통해 탐구해 보고 이를 변경하거나 편집하여 학생들에게도 사용할 수 있을 것이다.

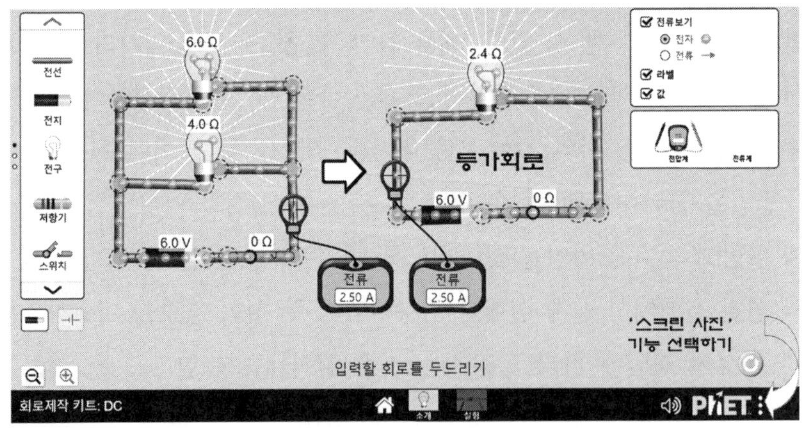

등가회로 만들기 과제

전구의 연결 시늉내기

- **학습 목표:** 두 전구를 직렬로 연결할 때와 병렬로 연결할 때의 차이점을 설명하고, 전압과 전류를 측정할 수 있는 전기회로를 실제로 만든다.

- **회로제작 키트**

DC 시늉내기를 실행하고, 실행 화면에서 마우스를 움직여 '실험' 위의 실행 그림을 누른다. 시늉내기 화면 왼쪽에 있는 도구 상자에서 필요한 부품을 가져가 다음 전기회로도와 같은 회로를 실제로 만들어 보고, 다음 물음에 답하시오.

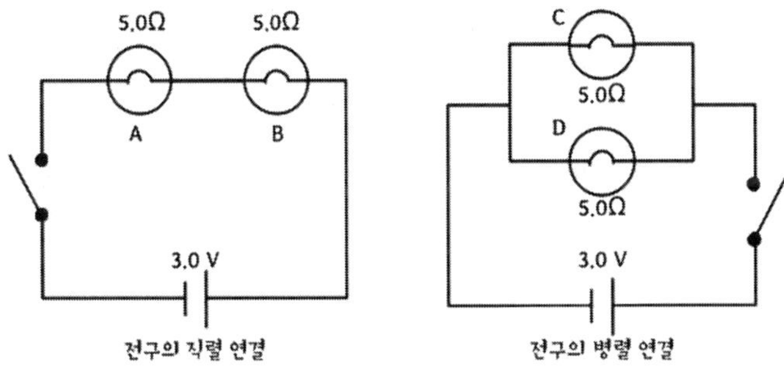

전구의 직렬 연결 전구의 병렬 연결

1. 두 회로의 스위치를 닫았을 때 각 전구의 밝기를 비교하면 어떻게 되는가?

2. 각각의 전구에 걸리는 전압과 전류를 측정하여 다음의 표를 완성하시오.

측정	전구 A	전구 B	전구 C	전구 D
전압(V)				
전류(A)				
저항(Ω)	5.0	5.0	5.0	5.0

(1) 위의 표를 살펴보고 알 수 있는 사실은 무엇인가?

(2) 이 전기회로 속의 전자는 어느 방향으로 움직이는가? 이 전자를 반대 방향으로 이동하게 하려면 어떻게 해야 할까?

(3) '전류보기'에서 전자 대신 전류를 선택한다. 이 회로 그림에서 전류와 전류의 세기는 각각 어떻게 표시하고 있는가?

(4) 직렬과 병렬 두 회로에서 전지를 통과하는 전류는 각각 얼마인가? 그렇게 되는 이유는 무엇인가?

3. 측정도구 상자 밑에 있는 ⊞ **Advanced** 단추를 누르고 Add Real Bulbs(실제 전구 추가) 단추를 선택한다. (단, 전선 저항과 전지 저항은 모두 '적음'에 놓는다.)

(1) 앞에서 만든 전기회로에서 5.0 Ω 전구를 모두 회로에서 떼어내 한 쪽에 놓아두고, 그 대신 실제 전구(Real Bulb)로 대체하면 어떤 일이 일어나는가?

(2) 이것으로 무엇을 알 수 있는가?

4. 실제 전기회로에서 전압계는 측정하려는 부품과 병렬로 연결하고, 전류계는 측정하려는 부품과 직렬로 연결하여 전압과 전류를 측정한다. 시뮬내기 측정도구 상자에서 가늠자가 없는 전류계 표시는 가상의 '실제 전류계'를 나타낸다.

(1) 이 '실제 전류계'를 앞서의 3번 회로 속에서 다른 부품과 직접 직렬로 연결하여 전구와 전지에 흐르는 전류의 세기를 측정해 본다. 그리고 가늠자 표시 전류계의 값과 비교해 본다.

(2) '실제 전류계'로 전구의 병렬 회로에서 전구 C와 D, 그리고 전지에 흐르는 전류의 세기를 각각 측정하기 위한 전기회로를 만들고 화면을 갈무리하여 아래에 붙인다.

심화 활동

1. 측정도구 상자 밑에 있는 ⊞ Advanced 단추를 누르고 전선 저항의 세기를 조정하는 장치를 사용하여 저항을 변화시킬 때 두 회로에 어떤 일이 일어나는지 관찰한다.
   (1) 관찰 결과를 서술하고 이것으로 알 수 있는 사실을 요약한다.
   (2) 전압계로 전구나 전지의 전압을 측정할 때 처음의 회로와 어떤 점에서 차이가 있는가?
   (3) 직렬 회로의 전구가 병렬 회로보다 밝아지도록 만들 수 있는가?

2. 측정도구 상자 밑에 있는 ⊞ Advanced 단추를 누르고 전지 저항의 세기를 조정하는 장치를 사용하여 저항을 변화시킬 때 두 회로에 어떤 일이 일어나는지 관찰한다. (단, 전선 저항은 '적음'에 놓는다.)

실제 회로 실험과 가상실험 비교하기

1. 실제로 1.5V-0.3A 전구 두 개와 1.5V 전지 두 개, 그리고 전선과 스위치를 사용하여 직렬 회로와 병렬 회로를 만든다. 그리고 전압계와 전류계를 사용하여 회로에 흐르는 전류와 전압을 측정하여 다음 표에 기록한다. 그리고 전압 값을 전류 값으로 나누어 각 전구의 저항을 계산하여 표에 기록한다.

측정	전구 A	전구 B	전구 C	전구 D
전압(V)				
전류(A)				
저항(Ω)				

   (1) 위의 표를 살펴보고 알 수 있는 사실은 무엇인가? 또한, 가상실험과 차이가 있는 것은 무엇인가?
   (2) 가상실험 시늉내기에서 각 전구의 저항을 위에서 구한 값으로 바꾼다. 그리고 실제로 실험에서 측정한 전류와 전압 값이 나오도록 전선 저항이나 전지 저항을 변화시켜 보도록 한다. 실제 실험 값과 일치될 때 그 화면을 갈무리하여 아래에 삽입하고, 실제 실험이 가상실험과 차이가 나는 이유를 설명해 본다.

전구의 연결 시늉내기 활동지

딜레마 사례 11

웹 정보 중심 문제 해결 수업

정보 신뢰성 평가의 중요성을 어떻게 가르칠까?

문제 해결 수업 모형은 학생들의 사고력, 문제 해결력을 키우는데 효과적이다. 한 교사는 6학년 학생들에게 '숲의 생태계'를 가르치기 위해 자신이 관심있는 문제를 찾아보고 정보를 탐색해보도록 하였다. 학생들이 선택한 주제는 매우 광범위하였고 교과서나 교육과정에 수록되어 있지 않는 내용도 많아, 교사 자신이 가지고 있는 기존의 자료로는 학생들의 문제 해결 과정을 지도하기가 어려웠다. 교사는 학생들의 정보 탐색을 돕기 위해 인터넷을 활용하기로 결정하고, 학생들에게 여러 웹 사이트에서 자신의 주제와 관련된 정보를 찾아보도록 하였다. 학생들은 관심 주제가 비슷한 몇몇이 함께 모둠을 이루어 다양한 정보를 수집, 공유하였다.

인터넷상에는 많은 정보가 다양한 방식으로 공유되어 있었고 학생들은 뉴스, 블로그, 유튜브 등 키워드 검색에서 나오는 많은 정보를 문제 해결에 활용하고 있었다. 자신이 찾은 정보가 믿을만 하냐고 묻는 교사의 질문에 한 학생은 "이 정보는 아마존 사이트에 소개된 책 내용이기 때문에 믿을 수 있어요."라고 대답하였다. 이후 교사는 학생들이 인터넷상에서 공유되고 있는 수많은 정보들을 어떤 방식으로 평가하고 신뢰하며, 이를 바탕으로 자신들의 문제를 어떻게 해결하는지에 대한 의문이 생기기 시작하였다.

과학 수업 이야기

나는 과학 내용을 학생들의 일상생활, 경험과 연계시켜 학생들의 흥미를 유발하고 과학이 일상생활과 관련 있음을 알게 하는 것이 중요하다고 생각한다. '숲과 생태계'는 우리의 삶과 밀접한 관계가 있고 쉽게 경험할 수 있다고 생각할 수도 있지만 실제 학생들에게는 가깝게 와 닿지 않는 주제이다. 특히, 도심 한복판에 사는 6학년 학생들에게 '숲'은 먼 곳의 이야기일 수 있다. 처음에 나는 학생들에게 숲에 대한 자신의 생각이나 경험을 나누어 보라고 하였다. 학생들은 '가끔씩 방문한다', '숲에는 동물들이 산다', '나무가 많다', '계곡이 있다' 등 집에서 멀리 떨어진 숲 체험원을 여행해 본 경험이나 도심에 조성된 특정 숲 공원에 대한 이야기를 하였다. 숲은 학생들에게 자신의 일상과는 다소 거리가 있고 그다지 관심 있어 하는 내용도 아닌 듯 하였다. 학생들에게 숲의 중요성을 알게 하고 숲 생태계에 흥미를 갖도록 하려면 어떻게 접근하는 것이 좋을까 생각하다가 문제 해결 모형 수업을 실시하기로 하였다. 학생들이 스스로 흥미 있는 주제를 선정하여 조사하고 연구하도록 하는 것이다. 이런 문제 해결 모형은 시간이 걸리는 단점이 있지만 흥미를 유발하고, 탐구 능력, 문제 해결 능력을 키울 수 있다는 장점이 있어 충분히 가치가 있다고 생각하였다.

나는 먼저 숲에 사는 동식물의 종류, 나무의 종류, 생태계 균형, 환경, 경제 및 정서적 면에서 숲의 가치 등에 대한 내용을 네 차시에 걸쳐 다루었다. 그리고 학생들에게 숲이 당면한 문제들에는 어떤 것이 있는지 생각해 보고 그 중 자신이 관심 있고 조사하고 싶은 주제를 정해 직접 연구해 보는 시간을 갖자고 하였다. 다음 시간에 학생들은 자신이 생각해 온 주제를 발표하였고 '산불', '벌목과 산사태', '대벌레 습격' 등에 대해 이야기하였다. 학생들이 제시한 문제들은 다음과 같다.

- 산불은 왜 발생하고 숲에 어떤 영향을 미치는가?
- 벌목과 산사태는 어떤 관련이 있는가?
- 대벌레는 왜 갑자기 많아졌고 어떻게 확산을 방지할 수 있는가?

학생들은 방송 매체의 기사를 보고 이런 문제는 왜 생길까 궁금해졌다고 말하였다. 이 주제들은 최근 뉴스를 통해 많이 보도된 바 있지만 교육과정에 포함된 내용이 아니어서 준비된 교육 자료가 없고, 또 내가 직접 자료를 미리 만들지 못하였기 때문에 학생들의 문제 해결을 도와줄 충분한 자료가 없었다. 그래서 나는 학생들에게 직접 인터넷 정보를 조사하도록 하였다.

컴퓨터실에서 관련 내용을 검색하는 방법을 알려 주면서 나도 산림청 사이트의 자료, 주제 관련 연구 자료, 학습 자료 등을 찾아 학생들과 공유하였다. 학생들도 구글, 유튜브, 네이버 서치를 통하여 많은 정보를 찾고 공유하기 시작하였다. 산불 관련 자료를 조사하는 학생들은 인터넷에서 산불의 위험성에 대한 내용과 더불어 산불은 숲의 생태계 재생에 도움이 된다는 내용을 보았고 '산불이 필요하다', '예방해야 한다', '자연적으로 발생하는 산불은 예방할 수 없다' 등 다양한 내용을 논의하고 있었다. 벌목에 대해서도 나무가 쓰이는 용도를 말하면서 '벌목은 필요하다', '숲 생태계를 파괴하지 않는 범위에서 자원 활용을 해야 한다' 등의 내용을 이야기하였다. 나는 학생들에게 믿을 만한 정보를 선택하여 문제 해결 보고서에 포함하라고 말하였다. 학생들의 활동 상황을 돌아보던 중 나는 학생들이 다음과 같이 이야기하는 것을 들었다.

"이 내용은 아마존에서 소개된 책 내용이니까 신뢰할 수 있어."

"근데 이 대벌레 사진 진짜야? 합성된 거 아니야? 요샌 합성된 사진이 너무 진짜 같은게 많아서 진짜인지 아닌지 구분을 못하겠어"

"이 많은 사이트 중 어느 사이트를 참고해야 하는 거야?"

"그런데 이 내용을 그대로 복사하여 보고서에 붙이면 되는 거야?"

컴퓨터 화면에는 그야말로 인터넷 정보의 홍수라는 표현이 적절할 정도로 많은 내용이 소개되고 있었다. 학생들은 처음엔 신나게 검색을 시작하였지만 시간이 지나면서 정보를 어떻게 활용해야 할지 헤매는 듯 하였다. 개인 블로그의 글을 무조건 복사하여 붙여넣기 하는 경우, 유튜브 안에서 비디오 검색만 하는 경우 등도 관찰되었다. 순간 나는 학생들에게 정보의 신뢰성 평가 및 판단에 관해 아무런 안내나 지도를 하지 않고 무작정 인터넷 조사를 시켰다는 생각이 들었다.

학생들이 관심있어 하는, 주변에서 일어나는 과학 기술 관련 문제들은 교육과정이나 교과서에 나와 있지 않기 때문에 교사가 따로 교육 자료를 만드는 것이 어렵고 시간도 부족하다. 게다가 학생들이 늘 인터넷을 활용하고 정보 검색을 하고 있다고 생각했기 때문에 인터넷을 통한 문제 해결 수업은 간편하고 쉽게 진행할 수 있을 것이라고 생각하였다. 하지만 정해진 수업 시간 안에 효율적으로 정보를 탐색하고, 또 정보의 신뢰성을 평가하여 적절한 정보를 선택하고 이를 바탕으로 문제 해결을 하는 과정은 결코 쉽지 않았다.

인터넷 검색을 통해 문제를 해결하려는 첫 수업은 그렇게 끝이 났다. 나는 다음 시간에 학생들에게 정보의 신뢰성을 평가하는 것의 중요성과 신뢰성 있는 정보를 검색하는 방법에 대해 소개해야겠다고 생각하였다.

이 수업을 하고 나는 다음과 같은 의문이 들었다.

- 효율적인 웹 중심 문제 해결 수업을 위해서 교사는 어떤 준비가 필요할까?
- 초등학생들에게 정보의 신뢰성을 판단하는 능력을 어떻게 길러줄 수 있을까?

과학적인 생각은 무엇인가?

이 글에는 앞서 학생들이 선택한 문제들을 중심으로 숲과 관련하여 산불, 벌목 및 대벌레의 증가에 대한 내용을 살펴보려고 한다.

산불과 숲

산불이 일어나는 원인에는 여러가지가 있다. 등산객이 무심코 버린 담뱃불에 의해 불이 나거나 인근 지역에서 논두렁, 밭두렁을 태우거나 쓰레기를 소각하는 과정에서 부주의로 불씨가 산으로 번져 산불이 나기도 한다. 거의 대부분은 사람들의 실수나 부주의로 인해 산불이 발생하게 된다. 외국의 경우도 인재에 의한 산불이 많이 발생하지만 자연적으로 큰 규모의 산불이 발생하는 경우도 증가하고 있다.

사람들의 실수로 인해 발생하는 산불의 경우 지속적인 교육과 규칙, 규정 마련 등을 통해 산불을 예방하는 노력을 할 수 있지만 자연적으로 일어나는 산불의 경우는 예방하기 힘들다. 최근 들어 세계 각지에서 일어나는 산불은 그 규모가 거대해지고 빈도도 증가하여 지구 생태계에 위험을 주고 있다. 예를 들어, 아마존은 지구의 허파라고 불릴 만큼 숲의 규모가 넓고 다양한 종의 생물이 살고 있다. 뉴스 보도에 의하면 이곳에는 몇 년전부터 자연 산불이 자주 발생하고 있으며, 2020년의 경우는 여러 곳에서 수만 건의 산불이 발생하여 1년 이상 산불이 이어졌다고 한다. 이런 대형 산불은 미국과 캐나다 서부 전역에 걸쳐 발생하고 있으며 호주의 경우도 예외는 아니다. 미국국립과학원회는 2016년에 미국 서부 지역에 한국 면적의 절반 정도(약 42,000 km^2)에 산불 피해가 발생했고, 매년 그 피해 규모가 확대되고 있다고 발표하였다. 캐나다의 경우도 2021년 한 해 여름 동안 축구장 420만개에 해당하는 면적이 산불의 피해를 입었다고 보고하였다. 이처럼 산불은 매년 대규모로 발생하고 생태계를 위협하고 있다.

산불은 왜 자연적으로 발생할까? 자연적으로 발생하는 산불은 주로 번개에 의해 벼락이 나무에 떨어져 불이 붙는 경우이다. 번개는 주로 강수를 동반하지만, 그렇지 않은 마른 번개도 있다. 불이 크게 번지지 않는 경우는 비가 내려 불을 끌 수 있지만 비가 오지 않는 건조한 상태에서 발생하는 번개는 큰 불로 번질 수 있다. 보통 산불이 크게 일어나는 환경적 원인은 기온, 바람의 속력과 방향, 대기와 토양의 수분 함량, 가뭄 등의 기후 조건과 관련이 있다. 그래서 날씨가 매우 건조하거나 바람이 많이 부는 경우에는 불이 더 붙기 쉽다. 또 다른 산불의 원인으로는 고속의 강풍으로 인한 마찰이나 돌의 부딪힘으로 불이 붙기 쉬운 낙엽에 불똥이 튀는 경우이다. 그리고 주변에 화산 활동이 있어 불씨가 나무에 옮겨 붙는 경우도 있다.

자연에서 불씨가 발생하여 계속 타려면 **연소의 조건**을 갖추어야 한다. 연소의 조건을 갖추기 위해서는 나무와 같이 탈 물질이 있어야 하며 발화점 이상의 온도가 유지되어야 하고, 산소가 공급되어야 한다. 자연적으로 생긴 불씨가 주변 나무에 옮겨 붙어도 비가 내리거나 공기 중의 산소가 충분하게 공급되지 않으면 나무의 온도가 발화점까지 올라가지 못하여 불은 더 이상 살아나지 못하고 꺼진다. 그러나 연소 조건을 충족하면 화재가 발생한다. 산불을 진압하기 위해서는 이 중 하나를 차단해야 하는데 숲에는 땔감이 풍부하고 산소 공급이 원할하며 또 접근이 용이하지 않기 때문에 산불을 진압하는 작업이 쉽지 않다. 바람이 불거나 건조한 경우에 산소 공급이 더 원활해지고, 발화점을 유지하기 쉽기 때문에 산불은 주변으로 번지면서 규모가 더욱 커지게 된다. 보통 산불을 진압하는 방법은 벌채를 하여 타는 물질을 제거하고 산불 진화선을 구축하거나, 헬기에서 물을 뿌려 타는 물질의 온도를 발화점보다 낮추거나, 소화약제를 뿌려 산소 공급을 차단하는 것이다.

자연적 산불은 과거에도 발생하는 자연 현상 중 하나였다. 오래된 나무가 많은 지역에 산불이 일어나는 경우 그 주변의 생태계가 더 건강해지면서 숲이 자연적으로 정화, 재생되는 과정이 되기도 한다. 하지만 최근 들어 발생하는 산불은 그 규모나 빈도가 급작스럽게 늘고 있으며 숲 생태계가 제 기능을 발휘하기에는 너무 넓은 지역의 산림이 파괴된다. 왜 최근 들어 산불의 규모와 빈도수가 증가하고 환경 문제의 중요한 쟁점이 되었을까? 최근 들어 과학자들은 산불의 잦은 발생이 기후 변화의 중요한 신호 중 하나라고 보고 있다. 기온이 상승하면서 숲의 온도가 높아지고 땅 주변의 습기가 증발하고 대기 역시 건조해진다. 이로 인해 낙엽과 고사목 지역이 늘어나게 되고 이는 산불 규모를 더욱 확대시킨다[1].

산불이 발생하는 원인이 자연 재해이든 인간의 실수이든 산불이 난 후 숲을 비롯한 주변 생태계는 많은 변화를 겪게 된다. 산불로 인해 숲이 파괴되고 야생 동물의 서식지가 사라지며, 따라서 생물의 다양성이 감소한다. 또, 나무가 사라지게 되므로 홍수, 산사태의 피해, 국지적인 기상 변화를 일으킨다. 대규모의 산불이 지속적으로 일어나는 경우에 이산화탄소 배출량을 증가시켜서 기후 변화의 악순환을 가져오기도 한다. 산불은 사회 경제적인 측면에서도 목재, 버섯 등 임농산물의 손실, 국립공원의 파괴, 지역 경제 피해 등을 일으키고, 대규모 산불은 넓은 지역에 공기 오염을 유발하여 주민들의 건강을 위협하기도 한다.

자연적으로 발생한 산불은 통제가 가능한 경우 어떤 목적을 위하여 일부러 시간을 두고 화재를 진압하기도 하고 특정 지역 숲의 생태계 복원을 위해 일부러 산에 불을 내기도 한다. 예를 들면, 미국 서부의 경우에 큰 산불을 미리 막으려는 이유에서 산불이 발생해도 통제가 가능하면 어느 정도의 시간이 경과한 후에 불을 끄기도 한다. 그렇게 하여 주변의 고사목, 바닥에 쌓여 있는 잎, 줄기 등을 태워 없애버린다. 또 해충이나 곤충의 개체수가 너무 늘어나서 숲 생태계를 교란시키는 경우에도 산불로 해충의 확산을 막을 수 있다. 숲은 자생력을 가지고 산불 이후 더욱 건강한 숲으로 성장하게 된다[2]. 하지만 국립산림과학원의 연구 결과에 따르면 산불이 난 후 나무와 숲의 상태가 복구되는데는 20-30년 정도가 걸리며, 토양이 복구되는데는 거의 100년이 걸린다고 한다. 따라서 단기간에 걸쳐 대규모의 산불이 넓은 지역에 걸쳐 발생할 경우 숲은 자생력을 잃게 되고 주변 생태계가 교란될 수 있다.

벌목과 산사태

벌목은 다양한 이유에서 이루어진다. 예를 들어, 일상생활에 필요한 가구나 생필품 가공에 필요한 목재를 제공하기 위해 그리고 댐 공사, 농경지 확보, 택지나 도로 건설

1 최성우 (2020.07.10.). 산불 빈도와 규모가 커지는 이유. The Science Times.

2 김준래 (2020.10.19.). 산불의 역설…산불이 건강한 숲을 만든다?. The Science Times, https://www.sciencetimes.co.kr/news/산불의-역설산불이-건강한-숲을-만든다/

등 다양한 목적을 위해 벌목을 하게 된다. 산림청 자료에 따르면 우리 나라의 경우 목재 수요량의 80 % 정도를 인도네시아, 필리핀 등지에서 수입해 오고 나머지는 국내 산림 지역에서 벌목을 통해 공급한다고 한다. 벌목 과정은 숲의 생태계 유지를 고려하고 벌목 지역의 산사태를 방지하면서 안전하게 진행해야 한다. 하지만 벌목 계획이 제대로 수립되지 못하거나, 예상치 못한 폭우 등이 발생하는 경우에 벌목은 생태계를 훼손하거나 산사태를 일으키는 원인이 될 수 있다. 특히, 기록적인 집중 호우 같은 폭우가 자주 발생하는 요즘에 지역 개발 목적이나 목재 공급 등의 이유로 벌목이 많이 진행된 지역에는 산사태의 위험이 더욱 커지게 된다. 벌목이 된 곳은 비가 오는 경우 완충 작용을 해 줄 잎이나 나뭇가지, 덩굴, 줄기 등이 없다. 따라서 세찬 빗줄기는 토양을 침식시키고 흘러내려 가면서 물줄기를 형성하게 된다. 이와 같이 물줄기는 산을 타고 내려가면서 물의 양도 많아지고 물의 흐름도 세진다. 이로 인해 산아래 부근으로 토사들이 순식간에 몰려 내려오게 되고 산자락 등이 무너지게 되는 산사태가 일어나게 된다.

산사태 발생에는 지나친 강우량 이외도 식생이나 임상, 지질이나 지형, 토양 등도 영향을 끼친다(산림청, 2006)[3]. 예를 들어, 활엽수림이나 혼합림 지역은 침엽수림 지역보다 산사태의 확률이 적다. 빗줄기가 떨어지면서 넓은 나뭇잎, 가지들이 완충 작용을 하여 땅의 침식을 덜어 주기 때문이다. 지질 면에서는 편마암이나 편암 지역이 화강암 지역보다 산사태에 더 취약하다. 토양의 종류도 모래 함양이 많은 토양이 점토 함량이 많은 토양보다 산사태 발생 빈도가 더 많고, 지형적으로는 산의 계곡이 산등성이 부분보다 산사태가 더 많이 발생한다. 여러 자연적 조건 때문에 예상치 못한 기록적인 폭우가 쏟아지는 경우 산사태를 막을 수 없는 경우도 있을 것이다. 하지만 숲에 나무 밀도가 크고 큰 나무가 많으면 산사태를 줄이는데 도움이 되며, 벌목이 심하게 된 지역은 폭우로 인한 산사태 발생 확률이 높다는 것은 예상할 수 있는 일이다.

---

3 산림청(2006). 한국사방 100년사. 산림청.

대벌레의 확산

대벌레

대벌레는 우리나라에 서식하는 자생종으로 일본이나 동남아 지역에서도 서식한다. 성충의 몸통이 대나무 가지처럼 생겨 붙여진 이름으로 나무에 붙어 있으면 식별이 안 될 정도로 나뭇가지와 비슷하게 생겼다. 생물의 위장술은 일반적으로 주변 환경과 유사한 색을 띠는 보호색이나 다른 생물의 형태나 행동을 모방하는 의태를 사용한다. 대벌레는 주변의 색깔을 흉내낼 뿐만 아니라, 주변의 나뭇가지 모양을 흉내내는 위장술의 대가이다. 국립생물자연관 자료에 의하면 대벌레는 대벌렛과에 속하며 성충은 몸체 길이가 7~10 cm 정도로 자라며 나뭇잎 색과 비슷한 녹색이나 갈색을 띈다. 나무나 풀에 서식하며 상수리나무, 참나무 등 활엽수 잎을 먹고 산다. 성충은 5~10월에 걸쳐 나타나고, 7월부터 늦가을까지 일년에 한 번씩 알을 낳는다. 알은 월동했다가 봄이 되면 부화한다. 조건에 따라 대벌레는 짝짓기가 없이도 알을 낳을 수 있는 단위생식을 하며, 암컷 한 마리가 600~700개의 알을 낳는다. 날개는 있는 것도 있고 없는 것도 있는데 날개가 있어도 그 크기가 매우 작아 날지 못한다. 적의 습격을 받으면 다리를 떼어버리고 달아나거나 죽은 것처럼 행동을 한다.

대벌레는 주변에서 잘 볼 수 없는 곤충이었으나 최근 들어 그 개체수가 갑자기 증가하여 도심에서도 눈에 띄는 곤충이 되었다. 특히, 2021년 여름에는 도심과 동네 주변 산책길 등지에서 대벌레들이 떼를 지어 나타나서 주민들을 놀라고 불편하게 하였다는 내용이 뉴스로 보도되었다. 또한, 대벌레는 2020년에 서울 은평과 경기 고양 일대에서 발견되기 시작하였는데 1년 후인 2021년에는 출몰 지역도 넓어지고 개체수도 많이 증가하였다고 한다. 도심 속 대벌레 개체수 증가는 기후 변화와 관련하여 온화한 겨울로 인한 알의 성공적인 월동이 논의되기도 하고, 활엽수의 증가와 같은 도심 수림 환경의 변화로 인한 풍부한 먹이로 설명되기도 한다.

대벌레의 증식은 주민들에게 산책로 등에서 통행에 불편을 주기도 하지만 사람에게 직접적인 해는 끼치지 않는다. 대벌레는 공격적인 벌레도 아니고 독을 갖고 있지도 않다. 하지만 활엽수를 갉아 먹기 때문에 지나친 개체수 증가는 도심 속 활엽수의 성장을 억제하게 된다. 또 발생 지역에 따라 산간 지역이나 농촌 지역의 경우 산림과 과수에 해를 초래하기도 한다. 산림청에서는 대벌레를 방제하는 방법으로 화학적 방법(살충제 뿌리기), 물리적 방법(쓸어 잡기, 끈끈이 사용 등) 또는 천적을 활용하는 생물학적 방법(예 풀잠자리류, 무당벌레류, 사마귀류 등)을 제시하는데 안전성과 효율성을 고려한 물리적 방법을 많이 권장하고 있다.

대벌레 이야기

대벌레는 자신의 흔적을 남기는 것을 좋아하지 않는다. 잎사귀 일부를 남기는 메뚜기와 달리 대벌레는 잎사귀 전체를 먹어 치워 그 곳에 있었는지 알기 어렵다. 또한, 숨는데 매우 능숙하여 다른 대벌레도 서로를 찾기 어렵다. 그래서 암컷은 교미 없이 새끼를 낳을 수 있도록 진화했다. 이때 낳은 알은 모두 암컷으로 부화한다. 그러나 짝짓기를 하여 낳은 알은 수컷이나 암컷이 될 수 있다. 또한, 번식기가 아닐 때 암컷을 찾은 수컷은 암컷을 잃어버리지 않기 위해 암컷 등에 달라붙어 번식기까지 기다릴 수 있다. 대벌레는 놀라게 되면, 산들 바람에 흔들리는 나뭇가지처럼 조금씩 흔들리거나, 땅에 떨어져서 다리를 몸에 밀착하고 부러진 막대기처럼 움직이지 않는다. 대벌레를 발견했을 때 나뭇가지에서 대벌레를 잡아당기지 않는다. 그러면 다리 중 하나가 떨어질 수 있다. 이것은 주의를 흐트러뜨리는 대벌레의 방어 전략이다. 어린 대벌레는 다음 번에 탈피할 때 다리가 다시 자랄 수 있지만, 완전히 자란 성충은 그럴 수 없다.

교수 학습과 관련된 문제는 무엇인가?

웹 정보를 활용한 문제 해결 수업은 학생들이 자료 조사를 통해 문제 해결 능력을 기르도록 하기 위한 것이지만 이를 위해서는 디지털 소양에 대한 교사의 이해와 수업 기술이 필요하다. 아래 글에서는 문제 해결 수업과 디지털 소양 지도에 관해 좀 더 자세히 살펴보고자 한다.

웹 정보 중심 문제 해결 수업

문제 해결 수업 모형은 학생들의 사고력과 문제 해결력을 향상시키기 위해 활용된다. 학생들은 문제를 이해하고 문제를 해결하기 위한 방법을 모색하고, 정보나 자료를 찾으며 이를 바탕으로 해결책을 모색하는 과정을 따르게 된다. 즉, 문제 해결 수업 모형은 '문제 탐색 및 제시' → '문제의 구체화' → '정보 탐색 실행'→ '정보 분석' → '해결 방안 논의 및 제시'의 단계로 이루어진다. 이 과정은 반드시 순차적으로 진행되어야 하는 것은 아니다. 문제의 상황과 주제에 따라서는 정보 탐색을 하다가 다시 문제를 구체화하는 과정으로 돌아가기도 하고, 해결 방안을 논의하다가 정보가 미흡하여 다시 정보를 탐색하기도 한다. 하지만 전반적으로 학생들은 문제를 확인하고 정보를 탐색한 후 해결책을 제시하는 과정을 따른다.

학생들이 정보를 탐색하는 과정에서 교사가 자료를 제공하는 경우도 있고 앞의 수업 사례처럼 학생들이 직접 웹 사이트의 정보를 조사하도록 할 수도 있다. 다음의 표는 숲 생태계 수업 상황을 예시로 **웹 정보 중심 문제 해결 수업 모형**의 개요를 보여 준다.

문제 해결 수업 모형의 단계와 예시

단계	교수 학습 내용	숲 생태계 수업의 예시
문제 탐색 및 제시	교사는 교육과정의 목표와 연계성을 고려하여 문제 상황을 미리 정하여 주거나, 학생들이 궁금해하는 주제를 자유롭게 선택하도록 한다.	교사는 학습 주제인 숲 생태계에 관련된 다양한 내용을 소개한다. 근처 숲의 위치, 숲에 있는 나무의 종류, 숲에 사는 동물, 계절과 숲의 변화, 숲의 가치, 숲 생태계의 변화 등에 관한 내용을 이야기 형식으로 펼쳐 소개한다. 그리고 학생들에게 자신이 숲에 대해 더 알고 싶은 내용, 숲이 당면한 문제 등에 대해 알아보게 한다. 이때 가능하면 지역사회와 관련된 주제를 선택하도록 한다.
문제의 구체화	문제가 추상적이고 범위가 넓은 경우 문제를 해결할 수 있도록 구체화한다. 특히, 학생이 주제를 선택하는 경우 그 범위가 매우 넓거나 주어진 교과 시간 안에 해결되기 어려운 경우가 있다. 이때 교사는 문제를 구체적이고 해결 가능한 범위로 좁히거나 세분화하도록 돕는다.	예를 들어, 산불을 학생들이 주제로 선택하는 경우, 그것에 대해 자신이 알고 싶어하는 내용을 문제 형식으로 작성하도록 한다. 이때 일반적인 원인이나 이유보다는 다음과 같이 문제를 구체적으로 진술하도록 한다. • 우리나라에서 산불은 왜, 언제 주로 발생하는가? • 봄철에 동해안 지역에서 산불이 쉽게 퍼지는 이유는 무엇인가? • 주변에서 산불이 났을 때 어떻게 행동해야 하는가?
정보 탐색 실행	• 제시한 문제 해결을 위해 검색 목표를 정하고, 선택한 검색어로 정보를 탐색하도록 한다. • 교사는 유용한 인터넷 정보를 사전에 확인하여 학생들에게 제공한다. • 신뢰할 수 있는 정보인지 살펴보고, 추가 검색을 통해 부족한 정보를 보충하도록 한다.	• 탐색 과정에서 검색어는 '산불'과 같이 포괄적인 용어를 사용할 수 있지만, 문제 해결을 위해서는 예를 들어, '산불 발생 원인', '산불 예방 또는 방지'와 같이 좀 더 구체적인 용어를 포함하도록 지도한다. • 뉴스 관련 정보는 독자의 눈을 끌기 위해 과장하는 경우가 있을 수 있다. 교사는 산불 자료와 관련하여 '산림청' 누리집 주소를 안내해 줄 수 있다. • 검색 결과를 비교하여 출처를 확인하고, 믿을 수 있는지 따져 보도록 한다.
정보 분석	• 수집한 정보의 정확성을 판단하고, 정리하여 분석하도록 한다. • 모둠별로 정보의 질과 유용성을 판단하여 필요한 정보를 기록하도록 한다.	산불과 관련하여 학생들이 찾은 여러 내용을 비교하고 분석하여, 해결하려는 문제와 관련된 정보를 선택하여 종합하도록 한다. 예를 들어, 특정 시기와 지역에서 일어나는 산불의 경우 계절적 기후 조건이나 숲의 구성 요인 등에 대한 정보를 비교해 보도록 한다.
해결 방안 논의 및 제시	• 문제 해결에 필요한 여러 정보를 조직하여 적절한 해결 방안을 만들도록 한다. • 문제 해결 결과를 창의적으로 발표하고 논의하도록 한다. • 추가적인 문제를 확인하거나 구체적인 실천 방안을 제시하도록 한다.	• 단순히 정보를 수집하여 제시하기보다는 정보를 이해하고 평가하여 자신들의 말로 해결책을 구성하여 제시하도록 한다. • 산불과 관련하여 산림청 이외에 소방청, 학술지, 뉴스 보도 등 가능한 여러 출처에서 나온 내용을 종합하도록 한다. • 발표 슬라이드, 포스터, 홍보물, 동영상 등 다양한 발표 방법을 선택하도록 한다. • 예를 들어, 산불이 주택가로 번질 때 어떻게 해야 할까 등과 같은 관련 문제나 행동 요령 등을 생각해 보도록 한다.

요즘 학생들은 다른 어떤 매체보다 인터넷을 통해 정보를 얻는 경우가 많다. 그러나 인터넷에서 제공되는 많은 정보는 주로 성인을 대상으로 하기 때문에 초등학생의 경우 그 내용을 제대로 이해하기가 쉽지 않다. 따라서 정보를 비판적으로 평가하거나 자신의 글로 바꾸기가 어렵고 검색한 정보를 그대로 복사해 제시하기 쉽다. 따라서 교사는 학생들이 검색한 내용을 충분히 이해하고 비판적으로 평가할 수 있도록 도와줄 필요가 있다. 정보를 찾고 알아내는 일도 중요하지만, 학생들이 이해한 정보를 사용하여 의미 있게 자신의 지식을 구성하는데 더 중점을 두도록 해야 한다. 브랜드-그루웰 등(Brand-Gruwel et al.)[4]은 이처럼 인터넷을 사용하여 학생들이 정보 문제를 효과적으로 해결할 수 있는 모형을 아래의 그림과 같이 제시하였다. 이들은 인터넷을 통해 정보를 검색할 때 정보 문제를 해결하기 위한 기본적인 기능을 '**정보 문제를 정의하기**', '**정보를 검색하기**', '**정보를 살펴보기**', '**정보를 처리하기**' 및 '**정보를 조직하고 발표하기**' 등 5가지로 범주화했다. 그리고 이들 기능을 실행하기 위한 중요한 선행 조건으로 독해력(reading skills), 판단력(evaluating skills), 컴퓨터 기능(computer skills)을 제시했다. 아울러 문제 해결 기능을 수행하는데 있어 방향잡기(orientation), 점검하기(monitoring), 나아가기(steering) 및 평가하기(evaluating) 등과 같은 조율(regulation) 활동이 전체 과정에서 중요한 역할을 한다고 주장했다.

인쇄 자료와 다르게 인터넷 자료에는 하이퍼텍스트가 포함되어 있어 융통성과 상호작용을 증진시키지만 잘못하면 엉뚱한 길로 빠지기 쉽다. 따라서 교사는 학생들이

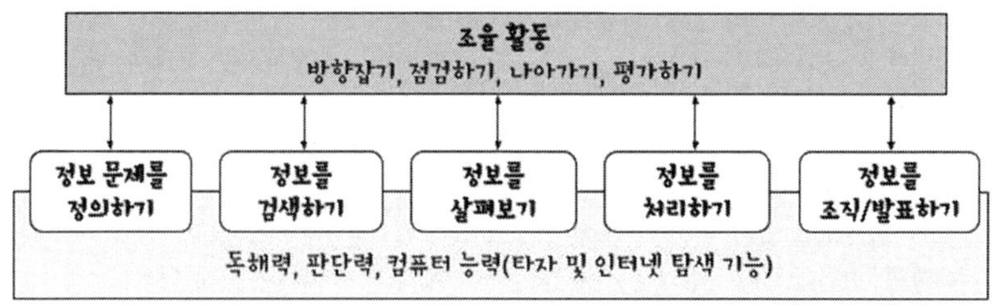

인터넷을 사용한 정보 문제 해결하기 모형

4 Brand-Gruwel, S., Wopereis, I., & Walraven, A. (2009). A descriptive model of information problem solving while using internet. Computers & Education, 53(4), 1207 - 1217.

전체적인 내용을 훑어보고 중요한 정보를 요약할 수 있도록 도와야 할 것이다. 어려운 낱말을 확인하고 전체 문맥에서 의미를 추리하며 자신의 지식을 구성할 수 있도록 학생들의 독해력을 향상시키는 방안을 고려하는 것이 좋을 것이다. 또한, 검색한 목록에서 주소, 제목, 개요 등을 살펴보고 주어진 정보를 신뢰할 수 있는지 판단하며, 필요한 정보를 선택할 수 있도록 도와주어야 할 것이다. 예를 들어, URL 주소에서 .go.kr, .ac.kr 등과 같은 식별자의 의미를 알려주거나, 연결 링크를 통해 해당 내용의 출처를 학생들이 확인해 볼 수 있도록 한다. 어린 학생들은 여러 블로그나 누리방에서 동일한 정보가 제시되어 있다면 그 내용을 사실이라고 믿기 쉽다. 따라서 그런 정보 제공의 목적이 무엇인지 따져 보도록 하는 것이 필요하다. 아울러 적절한 검색어를 선택하고 관련 링크를 추적하며, 비교할 누리방을 북마크하거나 필요한 정보를 갈무리하는 여러 컴퓨터 기능에 대해서도 안내하여야 할 것이다.

인터넷을 사용한 정보 문제 해결에 필요한 기본 기능을 살펴보면 다음과 같다.

- **정보 문제를 정의하기:** 기존 지식을 사용하여, 문제 해결에 필요한 조건을 살펴보고 핵심 질문과 관련 하위 문제를 구체적으로 만드는 기능을 말한다.
- **정보를 검색하기:** 검색 방법을 선택하고 검색어를 정하며 검색된 목록에 주어진 누리방의 질, 적절성 및 신뢰성을 판단하는 기능을 말한다. 검색 엔진, 주소 및 링크 등을 이용하여 검색하도록 할 수 있다.
- **정보를 살펴보기:** 검색후 찾은 정보의 종류와 정보가 유용한지 살펴보는 기능을 말한다. 살펴본 정보가 유용한 경우 정보 처리를 위해 북마크를 사용하거나 복사하여 문서 파일에 저장하도록 한다.
- **정보를 처리하기:** 정보를 분석하고, 정보의 질과 유용성을 바탕으로 필요한 정보를 선택하며, 획득한 정보를 체계화하는 기능을 말한다. 적절한 사전 지식을 활용하여 정보를 이해하고 문제 해결을 위해 다듬도록 한다.
- **정보를 조직하고 발표하기:** 정보를 종합하여 해결책을 조직하며, 다듬기 과정을 통해 주어진 과제를 의미 있게 제시하는 기능을 말한다. 가능한 여러 표현 양식을 고려하여 최선의 산출물을 만들도록 한다.

282쪽의 그림에서 볼 수 있는 것처럼 조율 활동은 이러한 문제 해결 전체 과정을 통해 나타난다. 학생들이 계획을 세워 정보 문제를 해결하려고 할 때, 학생들은 그 과정에서 방향을 잡고 제안된 계획이 올바른지, 변화가 필요한지 점검하고 조정하며 평가해야 할 것이다. 이런 조율 활동을 통해 학생들은 문제 해결에 필요한 정보에 좀 더 효율적으로 도달할 수 있다.

디지털 소양(Digital Literacy)

교사가 검증된 자료를 제공하지 않고 학생들이 직접 웹에서 정보를 탐색하는 웹 정보 중심 문제 해결 수업에서는 학생들이 디지털 정보를 이해하고 활용하는 능력, 즉 **디지털 소양**에 대한 지도가 함께 이루어지는 것이 바람직하다. 학생들은 인터넷상에서 공유되고 있는 내용이 모두 사실이거나 옳은 내용은 아니라는 것을 알아야 하며, 정보의 신뢰성을 판단할 수 있는 능력이 정보화 시대에 매우 중요하다는 것을 인지해야 한다. 디지털 제작 기술이 향상되고 이를 대중에게 보급할 수 있는 방법과 기회가 많아짐에 따라 많은 사람이 자유롭게 디지털 자료를 제작하고 공유한다. 이런 자료 중에는 왜곡되거나 잘못된 지식이 포함될 수 있다. 웹에서 제공되는 넘쳐나는 정보로 검증이 점차 어려워지고 가짜 뉴스로 인한 문제도 늘어나고 있다. 가짜 뉴스는 뉴스를 작성하고 배포하는 과정에서 허위 정보를 의도적으로 만들어 내는 경우나 실수에 의해 잘못된 정보를 제작하여 전달하는 경우 등이 있다. 정보 사용자의 입장에서는 제공자의 의도와 상관없이 이런 정보는 모두 같은 자료로 취급된다.

웹 정보에 의존하여 문제 해결을 하고 이를 통해 의사소통하는 현대인들은 정보에 대한 신뢰성을 평가하고 이를 점검해 볼 필요를 인지해야 한다. 최근 들어 코로나 바이러스 감염증을 둘러싼 가짜 뉴스가 많이 퍼졌던 것처럼, 이미 사회의 다방면에서 가짜 정보의 심각성이 경험되고 있다. 예를 들어, 특정 식물을 달인 차가 특히 코로나 바이러스를 방어할 수 있는 면역 체계를 강화시켜 감염을 예방하고 치료한다는 가짜 뉴스는 바이러스를 둘러싼 불안증과 맞물려 비싼 가격에 팔려갔다. 또한, mRNA 백신이 유전자를 변이시키기 때문에 백신을 맞아서는 안 된다는 백신 반대자도 늘어났다. 과학적이지 않은 내용이 마치 과학적인 증거인 것처럼 대중에게 퍼져 나가면서 불안을 초래하기나, 바이러스 감염에 적절치 못한 대응을 선택하게 하는 등 그 심각성이 드러나기도 했다. 최근 들어 이렇게 디지털 소양의 중요성이 높아지면서 '국제도서관협회연맹(IFLA: International Federation of Library Associations and Institutions)'[5]에서는 **가짜 뉴스를 구별하는 법**으로 옆의 그림과 같은 내용을 제시하였다.

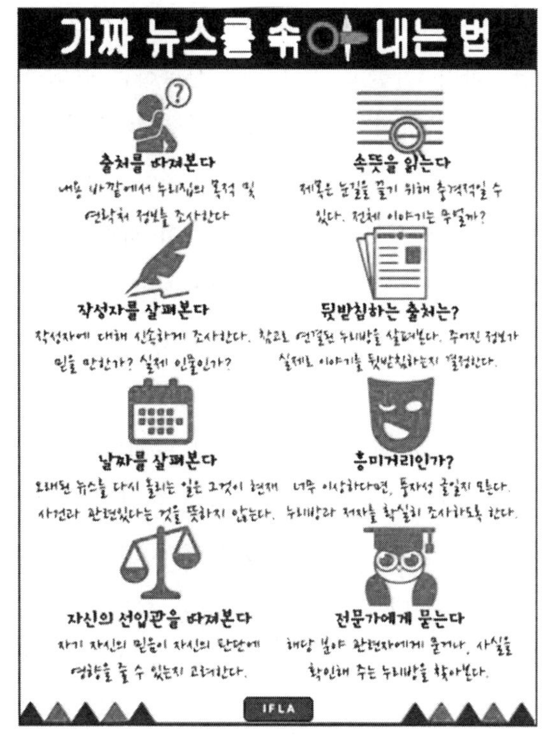

가짜 뉴스 구별법(IFLA)

첨단기기의 발달, 정보 시대의 가속화와 더불어 인터넷 정보의 이용자 연령층이 낮아지고 있는 요즘 교육계 내에서도 디지털 소양 또는 디지털 미디어 소양에 대한 필요성과 대책에 관심이 높아지고 있다. 초등학생의 경우에도 일상에서 인터넷 정보를 쉽게 접하고 이용하고 있으며, 학교 수업 시간 중에도 컴퓨터나 태블릿 기기 등을 사용하여 다양한 정보를 탐색하는 경우가 많아졌다. 이때 부모나 교사가 미리 사이트를 확인하여 신뢰할 수 있고 유용한 사이트의 목록을 제시하거나 권장할 수도 있지만, 학생들이 웹 정보를 검색하는 과정에서 특정 정보만을 허락하거나 차단하는 것은 쉽지 않다. 또한 학생들은 일상생활에서 인터넷의 수많은 정보에 노출되어 있고 이를 활용하는 현실을 감안할 때, 학생들에게 검색 범위를 제한하고 검증된 사이트 내의 정보를 탐색하게 하는 것만이 최선은 아닐 것이다. 따라서 학생들이 인터넷에서 정보를 탐색할 때의 유의점을 이해하고, 신뢰로운 자료를 탐색하는 방법과 기술을 익히고 이를 스스로 실천하도록 지도하는 것이 중요하다.

---

5 다음 누리방을 참고한다:
IFLA, https://repository.ifla.org/handle/123456789/222, 2022.06.18

디지털 소양(Digital Literacy)은 포괄적으로 다양한 디지털 플랫폼에서 정보를 찾고, 평가하며, 만들고, 분명하게 전달하는 능력을 말한다. 그래서 정보를 이해하고 비판적으로 평가하며, 다양한 출처의 정보를 종합하고 참고 자료를 작성하며, 자기 자신의 정보를 독자적으로 만들 수 있어야 한다. 이것은 글에 대한 문법, 작문, 타자 기능뿐만 아니라, ICT 기술을 사용하여 시각적 이미지와 디자인, 청각적 음향 자료 등을 만드는 능력으로 평가된다. 요약하면, 디지털 소양은 디지털 정보를 제작, 분석, 활용할 수 있는 능력이라고 한다. 정보의 내용을 이해하고, 분석하며, 활용하고, 제작하는 능력을 말하고, 이를 배포하는 경우 저작권, 개인 정보 유출 등을 통한 인권 침해 등에 관련된 윤리적 내용을 충분히 숙지하는 것이 필요하다. 위에 제시된 수업 사례처럼 정보 탐색과 활용이 교실 환경 안에서 이루어지는 경우 디지털 정보의 이해와 분석 능력, 정보의 신뢰성 평가 능력이 특히 중요하다. 산불, 벌목, 또는 해충과 숲 생태계에 관련된 많은 웹 자료에 대한 신뢰성 평가는 쉬운 일이 아니다. 예를 들어, 학생들이 열어 본 웹 사이트 중에는 사람들의 관심을 끌기 위해 올려진 산불 합성 사진도 많이 발견될 수 있고, 그 사진이 진짜인지 가짜인지도 잘 구별이 안 될 정도인 것도 많다. 사실 여부와 관계없이 단순히 재미만을 위해 허위 정보를 퍼뜨리는 유튜브 동영상도 많다. 이렇게 많은 웹 자료를 보면서 학생들은 어떤 기준을 가지고 정보의 신뢰성을 평가해야 하는지, 그 정보를 다른 사람들과 공유할 때는 어떤 점에 유의해야 하는지 논의하는 것이 필요하다.

학생들이 문제 해결을 위해 웹 정보 탐색을 실시하기 전에 교사는 정보 탐색 방법과 신뢰성을 알아보는 방법을 학생들과 함께 살펴보는 것이 좋다. 교실의 스마트보드에 교사의 컴퓨터를 연결해 보여 주면서 함께 논의하는 시간을 갖는 것이 바람직하다. 예를 들어, 화면에 네이버, 다음, 줌, 구글이나 마이크로소프트 빙 등 다양한 지식 검색창이 있음을 보여 주고, 각각 다른 정보창에 같은 검색어를 넣었을 때 어떤 내용이 검색되는지 보여 준다. 그리고 검색어를 단어, 어절, 또는 짧은 문장 형식으로 넣었을 때, 검색 결과가 어떻게 달라지는지 학생들과 함께 논의한다. 정보 신뢰성을 점검하기 위해 검색된 목록에서 웹 주소, 개요 등을 바탕으로 탐색할 누리방을 정하고, 누리방의 정보를 신뢰할 수 있는지 알아보는 방법에 대해 구체적인 예시를 바탕으로 토의해 보는 것도 바람직하다. 이때 교사는 앞에서 언급했던 가짜 뉴스 구별법이나 점검표를 활용할 수 있다.

또한, 학생들은 인터넷에서 찾은 정보를 보고서에 그대로 복사하여 제출하기 쉽다. 가능하면 여러 출처에서 얻은 정보를 비교하고 요약하여 자신의 말로 바꾸어 보고서를 작성하도록 지도해야 한다. 또한, 그런 정보를 인용하는 경우 각주나 괄호를 사용하여 출처를 밝히고, 보고서가 단지 학생들이 찾은 정보를 모아놓은 것 이상으로 그에 대한 자신의 생각을 구조화하여 보여주는 자신의 글이라는 것을 교사는 분명하게 드러내는 것이 필요하다. 학생들은 정보를 찾는 것에만 주목하기 쉽지만, 주어진 정보를 판단하고 그것을 자신의 생각으로 재구성하는 일이 더욱 중요하다. 따라서 교사는 정보 문제 해결 모형을 분명하게 이해하고 다양한 사례와 실제 활동을 통해 무엇보다 학생들이 정보 처리하기, 정보 조직하고 발표하기 기능을 발달시킬 수 있는 여건과 기회를 충분히 제공해야 할 것이다.

실제로 어떻게 가르칠까?

교사가 웹 정보 중심 문제 해결 수업 모형을 활용할 때 문제 해결 과정과 정보의 신뢰성 평가 능력을 지도하기 위해 아래와 같은 방안을 참고할 수 있다. 아래에서는 교사가 학생의 웹 정보 중심 문제 해결 과정을 평가하는 한 예를 들고자 한다.

많은 경우 좋은 질문이나 문제를 찾는 일은 그 답을 아는 일보다 쉬운 일이 아니다. 일반적으로 정보를 검색하여 바로 답을 얻을 수 있는 문제보다는 학생들이 주어진 정보를 활용하여 그 답을 의미 있게 구성할 수 있는 문제가 더 바람직하다. 어떤 문제에 대해 잘 알고 있다면 그 답을 찾기가 한결 쉽다. 그래서 문제가 잘 정의되어 있지 않다면 문제를 해결하기 어렵고 적절한 답을 찾기도 어렵다. 학생들은 처음부터 문제를 분명하게 인식하기 어렵다. 따라서 문제를 확정하지 말고 처음에는 넓은 범주에서 검색을 시작하여 문제를 탐색하면서 주제 내용에 대한 어느 정도의 지식이 쌓이게 될 때 구체적으로 문제를 정하도록 하는 것이 바람직하다.

그러면 어떻게 문제 해결에 필요한 정보를 검색하도록 할까? 초등학생의 경우 정보 검색이 익숙하지 않은 것을 고려할 때 검색어의 용도를 이해할 수 있도록 그에 대한 구체적인 안내가 필요하다. 예를 들어, 검색어를 어떻게 선택할 것인가, 한 검색어를 넣었을 때 알고리즘에 의해 어떤 다른 검색어들이 제안되는가, 또는 검색어에 따라 어떤 다른 내용이 검색되어 나오는가 등을 경험하도록 한다. 예를 들어 산불의 경우 '산불', '산불의 원인', '산림 생태계', '산불 피해', '산불과 생태계', '산불 예방', '산불 과학 원리', '학생들을 위한 위한 산불 지식' 등을 검색한다. 이 과정에서 교사는 해당 검색어를 넣었을때 검색창에 어떤 다른 검색어들이 제안되는지를 학생들과 함께 살펴보면서 인터넷 서버에 작동하고 있는 알고리즘 작용에 대해서도 이야기한다. 예를 들어, 네이버나 다음의 경우에는 뉴스를 중심으로 정보가 제공되므로 연관 범주를 찾는 것이 중요하다. 검색어는 학생들이 문제를 구체화하는 과정에서 좀 더 세련되게 다듬어질 수 있다. 아울러 서로 다른 검색 엔진을 사용한 결과를 비교해 보도록 할 수 있다.

학생들은 검색 과정에서 수없이 많은 웹사이트를 보게 되며, 이 중 어느 사이트를 먼저 열어 볼 것인가를 결정하게 된다. 예를 들어, 산불의 원인을 구글에서 검색했을 때 3백 6십 만개 이상의 사이트가 검색되어 나온다. 당연히 이 많은 사이트를 모두 조사하는 것은 불가능한 일이며, 또 그럴 필요도 없다. 대부분은 첫 창에 검색된 내용을 위주로 조사하는 경우가 많고, 첫 장에 관련성이 가장 높은 사이트가 뜨는 것도 사실이다. 하지만 교사는 두 번째나 세 번째 창에도 좋은 정보가 있을 수 있다는 것을 보여 주고, 학생들에게 다음 창까지 검색된 내용을 살펴보도록 권장한다. 예를 들어, '산불 원인의 과학 원리'를 검색하면 첫 장에 위키백과, 산림청, 사이언스 타임즈, 관련 기사들이 검색되는데, 이 정보들은 산불에 대한 개요와 현황을 알기에 좋은 정보이다. 하지만 두 번째와 세 번째 창에도 비정부 기구(NGO)나 연구재단 등에서 제공하는 열돔, 이상 기후 등에 관한 다양한 정보가 검색되는 것을 보여 준다. 이때 검색된 사이트의 제목과 출처를 읽어 보고 신뢰할 수 있는 사이트를 중심으로 탐색하도록 권장한다. 예를 들어, 산림청, 국립산림과학원, 생태관련 연구소, 교육기관, 공영방송 뉴스미디어 등과 개인의 SNS, 블로그, 유튜브 등을 비교하며 어떤 사이트를 더 신뢰할 수 있을지에 대해 논의한다. 그리고 자료가 게재된 날짜도 살펴보도록 한다. 유용한 사이트를 발견한 경우에는 북마크를 사용하여 갈무리하거나 구글 킵(Google Keep)과 같은 메모리 프로그램이나 문서 파일에 정보를 복사해 붙이도록 하면 문제 해결을 위해 정보를 분석하거나 처리할 때 유용하게 사용할 수 있다.

교사가 이 과정을 초등학생이나 중학생에게 지도할 때 부딪치는 어려움은 제시된 정보에 대한 수준 문제이다. 신뢰성이 있다고 판단되는 출처의 정보는 일반적으로 성인을 대상으로 만들어진 것이 많기 때문에, 초등학생이나 중학생의 이해 능력을 넘어가는 경우가 많다. 이런 경우는 학생의 검색 능력과는 상관 없이 문제 해결 과정에서 어려움을 겪게 된다. 따라서 교사는 학생들의 지식과 이해력 수준에 맞는 사이트를 미리 검색한 후 이들을 공유하면서 학생들과 함께 **정보의 신뢰성**을 평가해 보면서 문제 해결을 돕는 것도 좋은 방법이다. 그러나 적절한 사이트를 찾지 못하는 경우 교사는 학생들이 해당 사이트에 제시된 정보를 충분히 이해할 수 있도록 질문 도우미나 용어 풀이 등을 활용하여 디딤돌을 놓는 일이 필요하다.

정보의 신뢰성 평가

해당 사이트에서 제공되는 정보가 믿을만한 정보인가를 판단하는 과정은 디지털 정보 활용에 있어 매우 중요하다. 교사는 정보의 신뢰성을 평가하는 일의 중요성을 강조하고 지도하기 위하여 아래의 표와 같은 점검표를 활용할 수 있다. 이 점검표는

사이트의 신뢰성 점검표

웹 사이트 정보 탐색 시 고려할 점	해당 사이트의 신뢰성
• 이 사이트를 운영하는 사람은 누구인가? URL 주소를 살펴본다: 정부 산하기관(.go/gov), 대학(.ac/edu), 연구소(.re), 일반 단체(.or/org) 등인지 구별한다.	예를 들어, 산림청은 정부 산하기관(.go)의 누리집이다: https://www.forest.go.kr/
• 이 사이트는 대중적으로 이미 널리 알려진 매체나 기관의 것인가?	정부 산하기관이나 잘 알려진 매체는 대체로 신뢰할 수 있다.
• 웹 사이트에 저작권에 대한 검증이 표기되어 있는가? 해당 사이트 하단을 살펴본다.	COPYRIGHTⓒ 산림청 SINCE 1967. ALL RIGHTS RESERVED. (참고: 책임의 한계와 저작권정책)
• 이 사이트의 목적 및 연락처 정보가 있는가? 해당 사이트의 소개(about us), 연락처(contact us), 또는 작성자 정보를 살펴본다.	해당 내용이 없거나 분명하지 않다면 신뢰하기 어렵다.
• 이 사이트에 광고 영상이 많이 뜨거나 포함되어 있는가?	광고 영상이 많다면 눈길을 끌기 위한 허위 내용이 있을 수 있다.
• 제시된 정보의 출처를 밝히고 있는가? 예를 들어, 참고 자료, 추가 링크 등	출처가 없다면 일단 신빙성을 의심하는 것이 바람직하다.
• 제시된 정보가 2~3개의 다른 사이트의 내용과 비교해 봤을 때 같은 내용을 말하고 있는가?	서로 복제된 내용이라고 판단되면, 그렇지 않은 다른 사이트를 참고해야 할 것이다.
• 제시된 정보를 전문가가 검증했는가? 예를 들어, 전문가의 이름이 구체적으로 제시되었는가?	구체적으로 제시된 전문가가 분명하지 않은 경우 누가 왜 만들었는지 따져 보는 것이 좋다.
• 제공된 정보가 이미 알고 있는 내용과 비교했을 때 잘못된 정보를 포함하고 있지 않은가?	기존 지식과 다른 경우 잘못된 점을 수정하도록 한다(292쪽 그림 참조).
• 제공된 정보는 논리적으로 신빙성이 있는가?	논리적이지 않은 정보는 제외한다.

앞에서 언급했던 가짜 뉴스 구별법을 바탕으로 해당 사이트에 제시된 정보의 신뢰성을 판단하기 위한 예시 자료이다. 교사는 이와 같은 점검표를 학생들에게 미리 배부하고, 검색한 사이트를 차례로 화면에 띄워 놓고 함께 해당 사이트의 신뢰성을 학생들과 함께 평가하고 토의하는 기회를 가질 수 있다. 이와 같은 경험을 바탕으로 추후 학생들에게 자신들이 찾은 웹 사이트를 평가 항목에 따라 점검해 보도록 지도한다.

교사는 학생들에게 웹사이트의 저작권을 확인해 보는 방법을 알려 준다. 저작권은 저작권 관리 위원회에서 심사를 통해 등록할 수 있으므로 사이트의 신뢰성을 어느 정도 검증해 준다고 볼 수 있다. 저작권이 등록된 단체들은 해당 단체 홈페이지 하단에 다음 그림과 같이 'copyright©년도, 단체이름, All rights reserved' 등의 형식으로 표기 되어 있다.

저작권 표시와 연락처

공식적인 저작권 표시가 없는 사이트들은 저작권 관리 위원회의 심사를 통해 등록되지는 않았지만 인터넷상에서 모든 정보의 저자는 저작권을 가지고 있다는 점을 알려준다. 따라서 정보를 무단으로 복사하여 사용하거나 배포해서는 안 된다는 것을 학생들에게 알리고 표절이 일어나지 않도록 한다. 자신의 보고서에 사이트의 글이나 이미지를 사용할 때는 반드시 출처를 밝히고 자신의 글로 바꾸어 보고서를 작성하도록 지도한다.

저작권이 있거나 정부 산하기관의 신뢰할 수 있는 사이트인 경우에도 제공되는 모든 정보가 올바른 것은 아니다. 예를 들어, 다음 쪽의 그림과 같이 경우에 따라 잘못된 정보가 올라가는 경우가 생길 수 있다. 그래서 제공된 정보를 살펴보고 논리적인지, 이미 알고 있는 내용과 일치하는지 등을 따져보는 것이 필요하다. 일반적으로 연소의 3요소는 연료, 발화점, 산소로 연료가 탄다는 것은 연료가 공기 중의 산소와 결합하는 산화작용이다. 그런데 연료가 산소와 결합하려면 연료에 열이 공급되어 연료

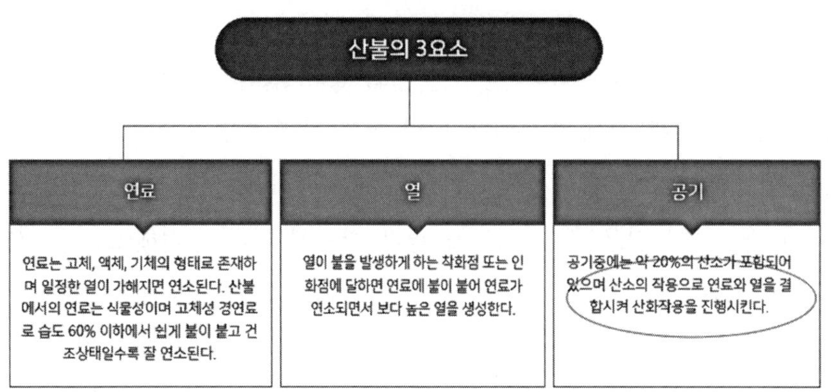

정부자치기관에서 잘못 제공한 정보의 예

의 온도가 발화점 이상으로 올라가야 간다. 연료와 산소가 결합하면 많은 열이 발생하는데, 이 열이 나머지 연료의 온도를 발화점 이상으로 올리지 못하면 연료는 계속 탈 수가 없다. 그렇지만 위의 그림처럼 동그라미 부분에서는 산소가 연료와 열을 결합시켜서 산화가 일어나는 것처럼 잘못 서술하고 있다.

정보의 신뢰성을 평가할 수 있는 또 다른 방법은 학생들이 자신이 찾은 정보를 다른 학생과 함께 비교하고 분석하도록 하는 것이다. 학생들은 각자가 찾은 정보의 출처와 내용을 비교하여 어떤 내용이 자신들의 문제 해결에 도움이 되는 지를 토의하도록 한다. 이때 교사는 다음과 같이 지도할 수 있다.

- 같은 문제를 함께 조사한 사람들끼리 조사 내용을 비교해 볼까?
- 내용이 서로 다르거나 상반될 때 어떤 정보가 옳은지 결정하는 방법은 무엇일까?
  - 왜 서로 다른 내용이 조사되었는지 토론해 본다. 조사한 내용을 비교할 때 정보의 출처도 비교하여 어떤 출처가 더 믿을만한 것인지 토론한다.
  - 서로 다른 정보 중 어떤 하나를 선택할 때 충분한 증거를 대야 한다.
  - 내용을 확신할 수 없을 때는 관련 서적, 전문가, 선생님의 도움을 얻는다.

학생들은 간혹 정보의 신뢰성보다는 다수의 의견이나 누가 가지고 온 정보인가에 더 초점을 두기도 한다. 예를 들어, 초등학생은 토론 과정에서 “민수와 진경이도 나와 같은 내용을 가지고 왔기 때문에 이 내용은 반드시 맞아" 또는 "혜수는 우리 반에서 제일 똑똑하니까 혜수가 가지고 온 내용이 제일 믿을만 해"라고 말하기 쉽다. 교사는 이런 점에 유의하여 학생들에게 조사한 내용이 다른 경우 정보의 출처, 내용의 신뢰성을 꼼꼼히 비교 분석하도록 해야 한다. 또한, 미심쩍은 경우 해당 분야의 전문가나 선생님의 도움을 받아 신뢰성 있는 정보를 찾으려는 노력이 중요하다는 것을 강조해야 한다. 교사는 하나의 예시로 다음과 같은 상황을 학생들에게 제시하고, 정보를 비교하고 분석하는 과정을 지도할 수 있다.

산불 발생의 원인

- **시나리오:** 나는 이번 과학 문제 해결 수업에서 현아, 기진, 혜민, 민정이와 같은 모둠이 되었다. 우리는 '산불은 왜 일어나고 어떻게 예방해야 할까?'를 선택하여 웹 정보 검색을 실시하였다. 검색 과정이 끝난 후 조사한 내용을 비교해 보던 중 다음과 같이 서로의 주장이 다르다는 것을 알게 되었다.

	현아, 민정 산불은 자연적으로 발생하는 경우가 많다.	**기진, 혜민, 나** 산불은 대부분 사람의 잘못으로 발생한다.
산불의 원인	- 번개로 인해 벼락이 떨어지는 경우 - 주변 화산 활동으로 불씨가 번지는 경우 - 심한 바람으로 인해 전신주가 넘어지는 경우 - 지속적인 가뭄과 마찰로 인한 경우	- 담배꽁초를 버린 경우 - 쓰레기를 태우다 불씨가 번짐 - 평소 전신주 관리를 잘 못함 - 인간 활동으로 지구가 더워지고 기후 변화가 생김
해결책	- 자연적으로 발생하기 때문에 예방하기 어려움 - 산불이 난 후 숲 생태계가 더 건강해질 수 있음	- 실수로 인한 화재를 예방해야 함. - 기후 변화에 대한 책임은 인간에게 있으므로 인간이 산불방지에 노력해야 함

선생님이 말씀하신 대로 우리는 서로의 정보 출처를 살펴보았는데 모두 신뢰할 수 있는 내용이라고 판단하였고, 양쪽의 주장에 대한 증거도 충분하다고 생각하였다.

우리 모둠의 논의를 지켜 보던 민수가 '현아는 우리 반에서 제일 똑똑하고 언제나 논리정연한 내용을 말하니까 현아네 내용이 더 정확할 것'이라고 하였다. 그러면서 그냥 현아 내용을 중심으로 합의점을 구성하는 것이 어떠냐고 하였다. 지수는 인원수가 3대 2니까 많은 사람쪽을 따라가라고 하였다. 우리는 어떻게 최종 결론을 내리고 해결책을 정해야 할까?

산불의 원인은 그것이 발생하는 지역에 따라 그 원인이 상당히 다를 수 있다. 따라서 위 시나리오의 경우 산불이 발생하는 지역에 대한 분명한 조건이 주어져 있지 않기 때문에 어떤 주장이 옳은지 판단하기 어렵다. 그러나 일반적으로 산불의 원인은 자연 발생의 경우보다는 사람들의 활동 때문에 발생한 경우가 대부분이다. 예를 들어, 우리 나라나 미국 서부 캘리포니아, 록키 산맥 근처에서 발생하는 대형 산불은 주로 인재이다. 그렇지만 학생들은 다양한 주장을 할 수 있다. 사람들이 숲 주변에서 농경 활동이나 캠핑 등 평범한 일상 활동을 하는 가운데 불씨가 생겨났지만, 이것이 숲으로 옮겨가서 산불이 나는 것은 바람이나 건조한 대기 등 환경적인 이유라고 주장할 수 있다. 숲이 건조하지 않았다면, 혹은 바람이 불지 않았다면 큰 산불로 이어지지 않았을 것이다. 또 고온 건조한 기후 변화는 결국 사람이 이산화탄소를 배출하여 일어난 것이므로 대형 산불은 결국 인간의 잘못으로 발생한다고 주장할 수도 있을 것이다. 이때 교사는 학생들이 다양한 관점을 충분히 논의하고 결론을 내릴 수 있도록 도와야 한다. 교사는 이 과정에서 산불이 발생하는 지역을 우리나라나 어떤 지역으로 한정하거나 산불이 발생하는 조건에 대해 이해할 수 있도록 도와주어야 할 것이다. 그리고, 예를 들어, 산림청의 산불 통계와 같은 직접적인 정보를 제공하는 일차적 정보의 중요성을 언급할 수 있을 것이다. 학생들은 이와 같은 정보의 신뢰성 평가를 통해 증거를 확보하고 증거에 기반하여 주장하는 능력, 민주적인 토론 과정을 거쳐 결론을 도출하는 능력을 배우게 될 것이다.

웹 정보 중심 문제 해결 능력의 평가

교사가 문제 해결 수업을 진행할 때 겪는 또 다른 어려움은 수업 후 학생들의 **문제 해결 능력에 대한 평가**이다. 특히 웹 정보 중심 문제 해결 수업의 경우 학생들이 관심 있는 문제를 선택하고 웹 정보를 탐색하여 이를 바탕으로 보고서를 준비, 발표하는 과정이 포함되어 있기 때문에, 어떻게 학생들의 능력을 평가할 것인지 정하기 쉽지 않다. 한 가지 방법은 학생들의 보고서를 다음의 표와 같이 4가지 수준의 채점 준거표를 사용하여 평가하는 것이다. 예시로 '봄철에 동해안 지역에서 산불이 쉽게 퍼지는 이유는 무엇인가?'라는 문제에 대한 채점 준거표를 제시했다.

학생의 문제 해결 보고서에 대한 채점 준거표 예시

수준	학생의 답변 내용
0	주어진 문제와 관련된 내용이 조사되고 언급되지 않았다. 예 봄철과 동해안 지역에 대한 구체적인 설명이 없이 일반적인 산불의 원인과 영향만 조사하여 제시하였다.
1	관련된 내용을 언급하였지만 문제와의 관련성을 명확하게 설명하지 않았다. 한두 정보의 출처를 표시했지만, 문제와 관련이 없는 내용과 오개념이 포함되어 있다. 예 봄철에 날씨가 건조하여 산불이 일어난다는 것은 언급하였지만, 특히 동해안 지역에서 산불이 많이 일어나는 구체적인 이유를 분명하게 설명하지 않았다. 구체적인 증거가 없이 사람들이 동해안에 많이 놀러가서 산불이 발생한다고 추측하거나 설명에 대한 근거가 한두 가지로 한정되었다.
2	문제와 관련된 개념을 파악하고 문제를 설명하려고 했지만, 일부분은 그 관련성을 명확하게 설명하지 못하였다. 여러 정보의 출처를 대부분 제시하였다. 예 동해안, 봄철이라는 조건을 인식하고 문제를 설명하였지만, 기상 조건과 숲의 상태 중 일부분은 충분하게 설명하지 못했고 그에 대한 비교 자료를 구체적으로 제시하지 않았다.
3	문제를 바르게 이해하고 문제의 조건과 관련된 개념들을 일관성 있게 연결시켜 설명하였다. 다양한 정보의 출처와 신뢰성을 언급하였다. 예 동해안, 봄철이라는 조건을 인식하고 지역과 계절에 따른 기상 조건을 설명하고, 아울러 소나무 같은 침엽수 위주의 산림 등의 요인을 그렇지 않은 지역의 자료와 비교하여 설명하였다. 아울러 출처와 참고자료를 정리해 제시하였다.

교사는 문제 해결 보고서와 학생들의 발표 내용을 바탕으로 문제 해결 결과를 평가할 수 있다. 하지만 문제 해결 과정, 특히 학생들이 정보 탐색 과정 중 정보의 신뢰성을 적절히 검토하였는지를 평가하는 것은 쉽지 않다. 교사는 문제 해결 과정 중 교실을 순회하며 학생들이 실제로 어떻게 정보의 신뢰성을 평가하는지 살펴보고, 그들의 활동을 도우면서 학생들의 활동을 비형식적으로 평가할 수 있다. 또는, 문제 해결이 끝난 후 학생들에게 다음과 같은 표를 나누어 주고, 자기 자신의 활동에 대해 스스로 성찰하고 평가하도록 할 수 있다.

웹 정보 신뢰성 점검 자기 평가표

• 웹 정보 신뢰성 점검표를 활용하였는가?	그렇다 아니다
• 문제 해결 과정에서 다양한 웹 정보와 출처를 비교 분석하였는가?	그렇다 아니다
• 보고서에 웹 사이트 출처를 명시하였는가?	그렇다 아니다
• 다른 친구들과 정보를 비교하였는가?	그렇다 아니다
• 보고서에 실린 내용에 대해 확신이 있는가?	그렇다 아니다
• 그 외에 정보의 신뢰성을 높이기 위해 어떤 노력을 하였는지 간단히 적어보세요.	

물론 이 자기 평가표는 평가의 목적보다는 학생들에게 정보 신뢰성 점검의 중요성을 다시 한번 강조하려는 것이다. 이 내용은 교육과정에서 요구하는 과학 지식의 평가나 탐구 능력 평가에 포함되지는 않지만, 정보화 시대를 살고 있는 학생들에게 반드시 필요한 소양이다. 앞으로 과학교육 안에서 웹 정보를 활용한 학습이 증가하고 디지털 소양의 중요성이 강조될수록 이를 평가할 수 있는 다양한 방법이 연구되고 실행될 것이다.

● 딜레마 사례 12

인공지능과 피드백

인공지능이 교사처럼 피드백을 할 수 있을까?

과연 학생들은 오늘 배운 내용을 이해했을까? 과연 어느 정도 이해했을까? 학생들이 배운 내용을 이해했는지 여부를 파악하는 것은 어렵지 않다. 소위 객관식이라고 불리는 선다형 평가를 하면 손쉽게 평가할 수 있지만, 나는 학생들이 어느 정도 이해하고 있는지 좀 더 자세하게 평가하고 싶다. 그러기 위해서는 서술형 평가가 불가피하지만, 서술형 평가는 채점을 하는데 너무 많은 시간이 걸려 선뜻 하기가 어렵다. 평가에 대해 고민을 하던 중에 동학년 선생님이 서술형 평가를 자동으로 채점해 주는 인공지능 프로그램이 있다고 말하는 것을 듣게 되었다. 과연 인공지능이 채점하는 것을 나와 학생들은 얼마나 신뢰할 수 있을까? 평가까지 인공지능이 하게 되면 교사가 설 자리가 없어지는 것은 아닐까 갑자기 불안감이 몰려오며, 동료 교사가 알려준 서술형 문항 자동 채점 프로그램을 사용해 볼지 말지 고민이 되었다.

1 과학 수업 이야기

6학년 1학기에 다루는 '여러 가지 기체' 단원에서는 산소와 이산화탄소의 성질뿐 아니라 압력과 온도에 따라 기체의 부피가 어떻게 달라지는지를 다룬다.

나는 '압력이 변하면 기체의 부피는 어떻게 달라질까요?'에 대한 동기유발로 높은 산에 올라가면 과자 봉지가 부풀어오르는 현상을 자료로 준비하였다. 내가 직접 설악산에 갔을 때, 산 정상에서 간식으로 가져간 과자 봉지가 부풀어 오른 것을 찍은 사진을 보여주며 수업을 시작하였다. 산 정상에서 과자 봉지가 부풀어 오른 이유가 무엇일지 질문을 하며 수업을 시작하면 학생들이 수업에서 배우는 학습 내용을 일상생활과 잘 연결시킬 수 있을 것이라고 생각하였기 때문이었다.

본 수업에서는 압력 변화에 따른 기체의 부피 변화를 관찰하는 탐구 활동을 수행하였다. 공기 40 mL와 물 40 mL 넣은 주사기를 각각 준비하였다. 주사기 입구를 손가락으로 막고 피스톤을 약하게 누르고, 세게 누르면서 공기와 물의 부피 변화를 각각 관찰하였다. 이를 통해 압력을 가한 정도에 따라 기체와 액체의 부피가 어떻게 달라지는지 설명할 수 있도록 수업의 흐름을 계획하였다.

마지막으로 수업을 마칠 무렵 학생들이 오늘 배운 내용을 얼마나 이해하였는지 평가하고 이에 대한 적절한 피드백을 제공하기 위하여 간단한 형성평가를 계획하였다. 동기유발에서 산 꼭대기에서 부풀었던 과자 봉지에 대한 내용을 질문으로 제시하였기 때문에, 동기유발에서 제시한 질문을 수업 내용을 배운 후 잘 설명할 수 있는지 확인하는 평가 질문을 만들어 보았다.

> 산 정상에 올라간 으뜸이는 집에서 가지고 온 과자 봉지가 부풀어 오른 것을 발견하였습니다. 가지고 간 2개의 과자 중 하나는 먹고 하나는 집에 가지고 왔습니다. 집에 돌아왔을 때, 남겨온 과자 봉지는 어떻게 되어 있었을까요? 또 그렇게 된 까닭은 무엇일까요?

이렇게 서술형 문제를 만들었으나 과연 내가 서술형 문제를 빠르게 채점하여 학생들에게 피드백을 제공할 수 있을지 걱정이 되었다. 과학 교과를 전담으로 하고 있기 때문에 총 5개 반의 학생들이 작성한 서술형 답안을 이번 주 중에 모두 다 채점할 수 있을지도 걱정이었다. 내일까지 과학의 날 행사 계획서를 작성하여 결재를 올려야 하고, 결재가 나면 이에 대한 준비를 위해서 행사에 필요한 물품들도 주문해야 하고 물품들을 학년에 배부하는 일들도 해야 하기 때문이다.

서술형 평가가 학생들이 학습한 개념을 얼마나 잘 이해하고 있는지 확인하기에는 적합하지만, 지금 수업 준비와 행사 준비 등으로 매우 바쁜 이 시기에 빠르게 채점하여 피드백하기 어려울 것 같았다. 그래서 아쉽지만 서술형 평가가 아닌 선다형 평가로 형식을 바꾸어 수업 마무리에 평가를 하는 것으로 계획을 변경하였다. 선다형 평가를 하기로 결정했지만, 선다형 평가를 하면 잘 모르는 학생들이 아무렇게나 찍을 수도 있고, 학생들의 생각을 자세히 살펴보기 어렵다는 점에서 계속 고민이 되었다.

다음과 같은 현상이 일어나는 이유로 **가장 적절한 설명**은 무엇일까?
"높은 산에 올라가면 과자 봉지가 팽팽해진다."

① 높은 산에서는 기압이 낮아져 과자 봉지 안 기체의 부피가 커진다.
② 높은 산에서는 기압이 높아져 과자 봉지 안 기체의 부피가 커진다.
③ 높은 산에서는 기온이 낮아져 과자 봉지 안 기체의 부피가 커진다.
④ 높은 산에서는 대기 중 산소의 비중이 낮아져 과자 봉지 안 기체의 부피가 커진다.

수업 계획을 다 짜고 나니 어느덧 동학년 회의 시간이 되었다. 동학년 회의 시작 전에 잠시 동료 선생님들과 이야기를 나누며 조금 전에 있었던 평가와 관련된 고민을 털어 놓았다. 서술형 평가를 하고 싶지만, 서술형 평가가 채점에 많은 시간이 소요되어 빠르게 학생들에게 그 결과를 피드백하기 어려워 매 수업에서 적용하기 어렵다는 고민을 말하였다. 그러자 학년 부장님께서 최근 인공지능의 발달로 이렇게 서술형 평가 문항을 자동으로 채점하고 피드백을 제공하는 시스템이 개발되고 있다고 말씀해 주셨다. 부장님이 소개해 준 시스템을 사용해 볼 수 있는 웹페이지에 접속하여 정말 서술형 문항을 자동으로 채점해주는지 체험해 보았다.

내가 학생들에게 제시하려고 했던 서술형 문항과 유사한 문항을 선택하고 한번 응답을 작성하여 제출해보니, 나의 응답을 채점하고 이에 대한 피드백을 제공해주었다.

> "준서는 산을 좋아하시는 아버지와 설악산에 갔습니다. 산 정상에서 먹으려고 가져간 과자 봉지를 꺼내니, 과자 봉지가 집에서 출발할 때와 달리 부풀어 있었습니다. 왜 이런 현상이 생겼을까요? 과학적으로 설명해 볼까요?"

이렇게 물어보는 서술형 문항에 나는 "기체에 가하는 압력이 커지면 부피가 작아지고, 압력이 작아지면 부피가 커진다. 산 정상이 산 아래보다 기압이 낮기 때문에 과자봉지 안의 기체의 부피가 커진 것이다."라고 응답을 제출해보았다. 그러자, 내 응답을 자동 채점하여 "참 잘 설명하였습니다."라는 결과를 즉각적으로 제공해 주었다.

이번에는 일부러 오답을 작성하여 보았다. "산에 올라가면서 과자가 상해서 부풀었을 것이다." 라고 오답을 작성하여 제출하자, "다시 한번 설명해볼까요?"라는 결과를 제공하며 아래와 같이 도움 생각을 함께 제공하였다.

> 개념에 대한 피드백: "다시 한번 설명해볼까요?"
>
> 도움 생각: 산과 같이 높은 곳은 아래쪽에 비하여 기압이 낮다. 그 이유는 높은 곳에서는 공기의 양이 희박하기 때문이다.

하지만, 여러 가지 예상되는 학생들의 응답들을 다양하게 넣어보니, 어떠한 맞춤법의 실수는 정답으로 인정되기도 하고, 어떠한 맞춤법의 실수는 오답이라고 결과를 제공하기도 하였다. 예를 들어, "기압이 낮아졌기 때문에"라는 응답은 정답으로 처리되지만, "귀압이 낮아졌기 때문에"라는 응답은 오답으로 처리되었다. 반면 "압렵이 낮아져서 부피가 커졌다."라는 응답은 정답으로 처리되었다. 이런 결과를 보고 나니, 과연 나와 학생들은 인공지능이 채점하는 것을 신뢰할 수 있을까 하는 고민이 되었다. 어떻게 인공지능은 학생들의 응답을 채점하는 것일까 궁금하기도 했다. 인공지능 채점에 다소 오류가 있다고 하더라도 자동으로 서술형 문항에 대한 학생들의 응답을 빠르게 채점하여 피드백을 제공하여 준다면, 채점에 소요되는 시간을 줄여주고 이에 대한 교사의 부담을 줄여주어 매우 좋을 것이라고 생각되었다. 그러나 이 시스템을 다음 과학 수업 시간에 활용할지는 선뜻 결정하기가 어려웠다. 학생의 학습을 평가하는 것까지 인공지능이 하게 되면 교사가 설 자리는 없어지는 것은 아닐지 갑자기 불안감이 엄습하며 서술형 자동채점 프로그램을 사용할지 말지 고민이 되었다.

이 수업을 하고 나는 다음과 같은 의문이 들었다.

- 인공지능을 활용하여 학생들의 응답을 채점하는 원리는 무엇일까?
- 학생 평가를 인공지능이 하게 된다면, 교사는 어떤 역할을 해야 할까?

2 과학적인 생각은 무엇인가?

이 절에서는 인공지능과 기계학습 및 심층학습에 대해 간단히 소개하고, 인공지능이 학생들의 응답을 채점하는 원리는 무엇인지에 대해서 알아볼 것이다. 또한, 인공지능이 사람처럼 생각하는 것이 가능한가에 대한 논의를 다룬 튜링테스트와 중국어방 논변을 소개하고자 한다.

인공지능, 기계학습, 심층학습의 관계

일반적으로 인공지능(AI: Artificial Intelligence)은 인간 지능이 필요한 과제를 수행하기 위한 컴퓨터 체계의 이론과 발달을 말한다. 그리고 인공지능의 한 분야로서 기계학습(machine learning)은 명시적인 프로그래밍이 없이 알고리즘을 사용하여 자료를 학습하고 특정한 과제를 수행하도록 하는 것이다. 또한 심층학습(deep learning)은 인간의 두뇌를 모형으로 한 복잡한 구조의 알고리즘을 사용한다. 이것은 문서, 이미지, 글과 같은 구조화되지 않은 자료를 처리할 수 있도록 한다. 이런 관계를 그림으로 표현하면 다음과 같다.

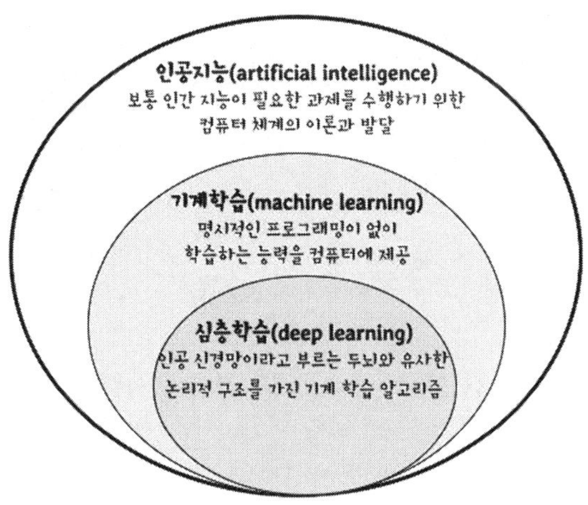

인공지능, 기계학습, 심층학습과 관계

일반적으로 컴퓨터는 프로그래밍을 통해 특정한 작업을 수행하도록 할 수 있다. 그러나 명시적인 프로그래밍이 없이 어떤 작업을 수행하는데 필요한 알고리즘을 컴퓨터가 주어진 자료로부터 학습할 수 있도록 할 수 있다. 이렇게 컴퓨터가 자료(data)로부터 학습하는 것을 일반적으로 **기계학습**이라고 한다. 선형 회귀(linear regression)와 같은 통계를 이용하면 컴퓨터는 명시적으로 프로그래밍 하지 않아도 자료의 경향성(trend)과 추론만을 바탕으로 예측하는 법을 배운다. 예를 들어, 어떤 사람의 키가 주어졌을 때 발의 크기를 예측한다고 생각해 보자. 그러면 컴퓨터에게 어떤 집단의 키와 발의 크기에 대한 자료를 제공하고, 컴퓨터가 일반 최소 제곱 회귀(ordinary least squares regression)를 통해 선형 함수[1]를 그리도록 한다. 그러면 컴퓨터는 어떤 사람들의 키에 대한 자료를 제공하면, 그 사람의 발의 크기를 예측할 수 있게 된다.

반면에 **심층학습**은 기계학습 알고리즘의 수학적으로 복잡하고 정교한 진화의 결과로 생각될 수 있다. 심층학습은 인간이 결론을 도출하는 방식과 유사한 논리 구조로 자료를 분석하는 알고리즘을 사용한다. 이를 위해 심층학습 앱은 인공 신경망(ANN: (Artificial Neural Network)이라는 알고리즘의 계층 구조를 사용한다. 이러한 ANN의 설계는 인간 두뇌의 생물학적 신경망에서 영감을 받아, 표준 기계학습 모형보다 훨씬 더 뛰

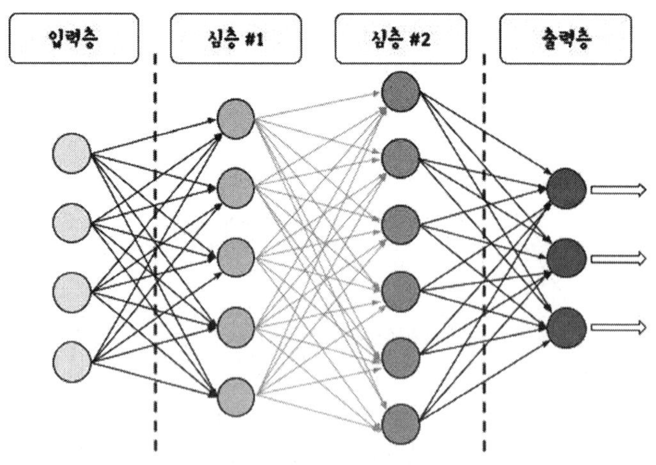

간단한 인공 신경망(ANN)의 사례

1 1차 함수로서 '발의 크기 = a × 키 + b'와 같은 형태의 직선을 나타낸다.

어난 학습 과정으로 인도할 수 있다. 앞의 그림과 같은 간단한 인공 신경망의 사례에서 가장 왼쪽의 층(layer)을 입력층이라고 하며, 출력층은 가장 오른쪽 층이다. 중간에 있는 층은 그 해당 값이 훈련 자료에서 관찰되지 않기 때문에, 숨겨져 있는 심층(hidden layer)이라고 한다. 다시 말해 심층은 작업 수행을 위해 그 네트워크에서 사용된 계산된 값들이다. 네트워크의 입력층과 출력층 사이에 숨겨진 층이 많을수록 더욱 깊은 층이 된다. 일반적으로 두 개 이상의 숨겨진 심층이 있는 인공 신경망을 심층 신경망이라고 한다. 이런 심층학습은 다양한 분야에서 활용된다. 예를 들어, 자율주행 운전에서 심층학습은 정지 신호나 보행자와 같은 물체를 감지하는 데 사용된다. 또한, 인공지능 플랫폼인 KT의 기가지니나 스마트 스피커인 아마존 에코(Amazon Echo: Alexa)와 같은 가정 보조 장치는 심층학습 알고리즘에 의존하여 사용자의 음성에 응답하고 사용자의 선호를 파악한다.

기계학습의 방법

기계학습은 일반적으로 다음과 그림과 같이 세 가지 학습 방법이 있다: 지도 학습(supervised learning), 비지도 학습(unsupervised learning), 강화 학습(reinforcement learning).

지도 학습은 분류, 회귀, 확률 등을 통해 두 자료 사이의 관계를 파악하여 학습하는 방식을 말한다. 그래서 우리는 입력과 출력 사이의 관계를 알 수 있는 훈련용 자료를 컴퓨터에 제공해야 한다. 그런 자료를 흔히 '**꼬리표가 달린 자료**(labeled data)'라고 한다.

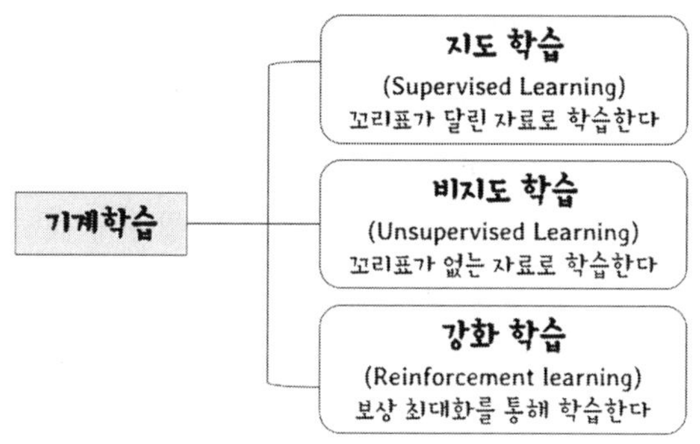

기계학습의 유형

우리는 컴퓨터가 제대로 학습했는지 평가하기 위해, 참 또는 거짓 자료를 이용한 교차 검증을 통해 정밀도나 재현율을 살펴볼 수 있다. 이제 컴퓨터에 새로운 입력 자료가 제공되면 컴퓨터는 학습한 알고리즘을 이용해 그에 대한 예측을 제공할 수 있다. 예를 들어, 여러분 대신에 컴퓨터가 개나 고양이 사진을 보고 그것을 분류하는 알고리즘을 구축하고 싶다면, 먼저 각각 개나 고양이 사진과 그 범주 이름이 포함된 꼬리표가 달린 자료 집합을 만들어 이미지 분류 모형에 제공한다. 그러면 기계학습 알고리즘은 입력(이미지)과 출력(범주) 사이의 규칙성을 찾아 학습할 수 있고, 개나 고양이에 대한 새로운 사진이 제공될 때 그것이 개인지 고양이인지 판단한다. 지도 학습이라는 용어는 이처럼 처음에 사람이 본보기로 '정답'이 주어진 자료 집합을 알고리즘에 제공했다는 사실에서 유래한다. 이것이 바로 그런 조건이 없는 비지도 학습과 중요한 차이점이다.

지도 학습은 학습을 위해 일련의 입력 - 출력 쌍이 있는, 즉 꼬리표가 달린 자료가 필요하지만, **비지도 학습** 알고리즘은 꼬리표가 없는 입력 자료만 사용한다. 이것은 그 결과가 무엇인지 거의 또는 전혀 모르는 문제에 적합하다. 비지도 학습의 목표는 자료 자체에서 구조를 찾고 지식을 얻는 것이다. 다시 말해, 주어진 자료를 특징이 구별되는 무리로 나누는 것(clustering)이다. 예를 들어, 개나 고양이 사진을 분류하는 작업에서 개나 고양이 범주 이름이 포함된 꼬리표가 달린 자료를 처음부터 제공하지 않고, 컴퓨터가 제공된 사진을 분석하여 두 가지 범주로 구분하도록 하는 것이다. 다음 쪽의 그림과 같이 지도 학습의 목표는 꼬리표가 달린 예시 자료들을 바탕으로 예측을 수행하는 것이다. 이 경우 두 가지 범주(예 다른 색깔)가 있다는 것을 이미 알고 있지만, 비지도 학습에는 그런 꼬리표가 없이 주어진 자료에서 이 두 범주를 발견하는 것이 비지도 학습의 목표이다. 따라서 비지도 학습에서는 자료에 포함된 변인들 사이의 관계를 반드시 미리 알아야 할 필요가 없다.

강화 학습에서 알고리즘[2]은 자체의 행동에서 나온 피드백을 사용한 시행착오를 통해 학습한다. 다시 말해, 원하는 행동과 원하지 않는 행동에 대한 신호로 보상과 처벌을 작동시킨다. 그래서 알고리즘은 장기적인 보상을 극대화하려는 목표를 의사결정에

---

2 이 맥락에서 알고리즘은 종종 행위자(agent)라고 부른다.

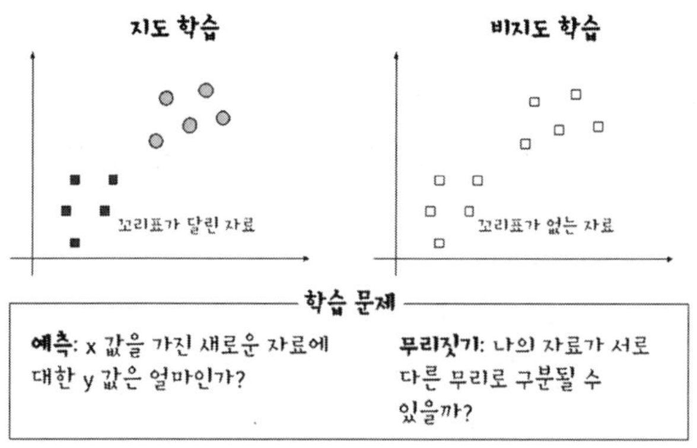

지도 학습과 비지도 학습의 차이

반영한다. 이와 같은 알고리즘은 지도 학습과 유사한 방식으로 입력과 출력을 대응시키지만, 그 차이는 꼬리표가 달린 훈련용 자료가 없다는 것이다. 지도 학습 알고리즘은 처음에 학습 자료로 꼬리표가 달린 자료가 제공되어야 하지만, 강화 학습은 그 대신에 보상과 처벌을 사용한다. 보통 지도 학습은 잘못된 예측과 같이 손실을 최소화하지만, 강화 학습은 보상 기능을 최대화한다. 또한, 이것은 자료에서 특정한 무리를 찾아내는 비지도 학습과 비교하더라도 차이가 있다. 강화 학습의 목표는 행위자의 총 누적 보상을 최대화하는 적절한 행동 모형을 찾는 것이기 때문이다. 예를 들어, 강화 학습은 마우스의 미로 학습 게임이나 컴퓨터 게임을 위한 인공지능을 구축하는 데 널리 사용된다. 대표적인 예가 구글의 컴퓨터 프로그램인 알파고 제로(AlphaGo Zero)이다. 알파고는 인간이 바둑을 두는 것을 모방 학습 한 뒤에, 수많은 자가대전을 거치면서 시행착오를 겪으며 스스로 강화 학습을 하였다. 지도 및 비지도 학습은 인간이 자료를 수집한 뒤에 컴퓨터를 학습시키는 반면, 강화 학습은 자료를 수집하는 과정에서도 학습이 이루어질 수 있다는 점에서 차이가 있다.

인공지능 기반 자동 채점 원리

컴퓨터가 교사가 하는 것처럼 학생들의 평가 문항에 대한 응답을 채점할 수 있게 하려면 어떻게 해야 할까? 교사가 어떻게 평가하는 지를 컴퓨터에게 학습시키면 된다. 현재 개발된 자동 채점기술은 대체로 지도 학습을 기반으로 개발되고 있다. 그래

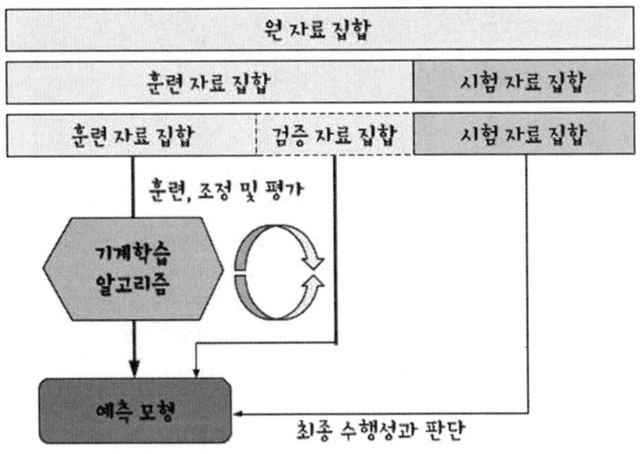

지도 학습을 활용한 자동채점 모형의 개발 과정

서 컴퓨터를 학습시키기 위한 자료를 위의 그림과 같이 훈련용, 검증용 및 시험용 자료 집합으로 구분한다. 예를 들어, 자동채점 모형을 개발하기 위하여 평가 문항에 대한 학생들의 응답을 3000개 수집하였다고 해보자. 이 중 일부인 약 2000개는 먼저 사람이 채점을 하고, 그 결과는 컴퓨터를 학습시키고 검증하는 자료로 활용하게 된다. 이렇게 컴퓨터를 학습시키는데 활용되는 자료를 '훈련 자료 집합(training dataset)'이라고 부른다. 예를 들어, 학생들의 응답에 꼬리표를 달아 이건 정답이고, 이건 정답이 아니라고 알려주어 컴퓨터를 학습시키는데 활용되는 자료를 말한다.

인간의 채점 결과로 학습을 하여 생성한 자동채점 모형은 '검증 자료 집합(validation dataset)'을 통해 점검하여 수정 및 보완 과정을 거치게 된다. 훈련 및 검증 자료 집합으로 쓰이지 않았던 응답 1000개는 개발된 알고리즘이 정말 잘 작동하는지 시험해보는 과정에 사용되며, 이때 사용되는 자료를 '시험 자료 집합(test dataset)'이라고 부른다. 이들 시험 자료 집합을 통해 예측 모형은 최종적으로 수행성과가 평가되고 수정 및 보완을 거쳐 마무리된다.

이처럼 지도 학습을 활용하여 자동채점을 하는 모형의 개발은 인간의 채점 방식을 컴퓨터가 학습하는 것이므로 학습시키는 자료가 정확하여야 한다. 즉, 학생들의 응답 중 어떤 것이 정답이고, 어떤 것이 정답이 아닌지에 대한 것을 컴퓨터가 정확히 알 수 있도록 가능한 대량의 자료가 필요하다. 또한, 인간이 채점한 자료도 오류가 거의 없어야 한다. 아직까지는 학생들의 응답을 자동 채점하는 데 비지도 학습이나 강화 학습 알고리즘은 많이 활용되고 있지 않다.

튜링 테스트와 '중국어 방' 논변

인공지능이란 사람의 지능을 모방하여 사람이 하는 것과 같이 복잡한 일을 할 수 있는 기계를 만드는 것을 의미한다. 과연 기계가 사람처럼 생각하는 것이 가능할까? 과연 사람과 같은 지능을 가진 기계의 출현이 가능할까? 이것을 알아보기 위해 앨런 튜링은 1950년에 기계와 인간이 얼마나 비슷하게 대화를 할 수 있는지 판별하고자 하는 튜링 테스트를 제시하였다. 튜링이 제안한 실험은 바로 사람과 컴퓨터가 서로 보이지 않게 하고 화면과 키보드로 대화를 나누면서 심사위원인 사람이 상대가 사람인지 컴퓨터인지 알아맞히는 것이었다. 정해진 시간 안에 대화를 나누어 인간과 컴퓨터를 구별해내지 못하거나 컴퓨터를 인간으로 생각한다면, 해당 컴퓨터가 인간처럼 사고할 수 있는 것으로 본다는 것이었다. 그러나 현재까지 이걸 완벽하게 통과한 인공지능은 없었다.

1980년대 버클리 대학의 존 설(John Searle)은 '중국어 방(Chinese room)'이라는 논변을 제시하며 결코 강한 인공지능은 출현할 수 없다고 말하였다. '중국어 방' 논변의 내용은 다음과 같다.

준비된 방 안에 영어만 할 줄 아는 사람이 들어간다. 그 방에는 미리 만들어 놓은 중국어 질문과 질문에 대한 대답 목록이 준비되어 있다. 이 방 안으로 중국인 심사위원이 중국어로 질문을 써서 방 안으로 넣으면, 방 안에 있는 사람은 준비된 질문에 대한 응답 대응표에 따라 답변을 중국어로 써서 밖의 심사관에 주는 것이다. 안에 어떤 사람이 있는지 모르는 중국인 심사위원이 보면 안에 있는 사람이 중국어를 할 줄 안다고 생각할 것이다. 하지만 안에 있는 사람은 실제로는 중국어를 전혀 모르는 사람이다. 그 사람은 주어진 중국어 질문을 이해하지 못한 채, 단지 주어진 대응표에 따라 대답만 할 뿐이다. 이처럼 존설은 방 안의 사람이 중국어로 완벽하게 대답을 한다고 하여도 그 사람이 중국어를 이해한다고 볼 수 없듯이, 기계가 명령어를 완벽하게 처리한다고 하여도 그 명령을 이해하고 처리하는 것은 아니므로 강한 인공지능의 출현은 불가능하다고 주장하였다.

과학 수업 이야기에 등장하는 교사는 학생의 학습에 대한 평가를 인공지능이 하게 되면, 교사가 설 자리는 없어지는 것은 아닌지 걱정하는 모습을 보여준다. '중국어 방'의 논변은 이러한 교사에게 인공지능이 학생의 학습을 매우 정확하게 평가하게 되더라도, 교사가 학생의 학습 과정을 총체적으로 이해하고 평가하는 것과는 동일할 수 없음을 보여준다. 그렇다면 교사는 인공지능이 평가를 지원하는 환경에서 어떠한 역할을 해야 하는 것일지 다음 절에서 알아보도록 한다.

3 교수 학습과 관련된 문제는 무엇인가?

이 절에서는 전반적인 평가의 운영 절차에 대해서 알아보고, 각 단계에서의 교사 역할을 살펴볼 것이다. 또한 평가의 목적과 형태에 따라 평가는 어떻게 구분이 되는지, 학생들의 학습을 지원하기 위한 도움말 주기(feedback)에는 어떤 유형이 있는지 살펴볼 예정이다.

평가 과정에서 교사의 역할

평가는 단지 학생들의 학습 결과만을 측정하는 것이 아니며, 학습이 제대로 일어나도록 도와주는 방법이고, 더 나아가 포괄적인 학습 활동의 일환이다. 그런 의미에서 평가는 교수·학습과 별개의 과정이 아니라 통합된 과정으로 다루어져야 한다. 교사는 단순한 지식 전달을 넘어서 학습을 촉진시키고, 자료를 개발하며, 필요한 정보를 제공하고, 수업을 계획하고 평가하는 역할을 수행해야 한다. 그래서 평가 과정은 다음 그림과 같이 순환적인 과정을 거치며, 교사에게는 그에 대한 전반적인 역할이 기대된다. 따라서 인공지능이 학생의 응답을 자동적으로 채점을 하여 그 결과를 제공하더라도, 그것은 전체 평가 과정의 극히 일부이다. 앞으로 인공지능이 전체 평가 과

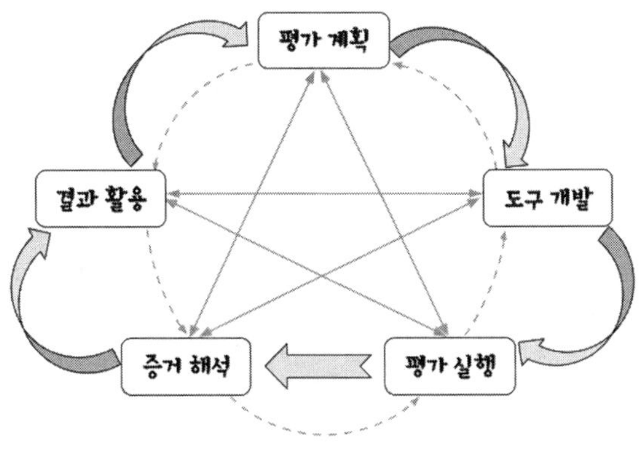

평가 과정의 순환과 교사의 역할

정을 담당할지도 모르지만, 현재로서는 실행 과정에서 인공지능의 도움을 받아 실행 결과를 얻고 피드백을 제공하는 정도이다. 따라서 교사는 그전에 평가를 계획하고, 그에 적절한 평가 도구를 개발하며, 더 나아가 인공지능의 실행 결과를 해석하고 어떻게 그 결과를 교수·학습을 통해 활용할 것인지 고민해야 하는 것이다. 이 과정에서 평가의 계획자, 개발자, 실행자, 해석자 및 활용자로서 교사의 역할을 살펴보면 다음의 표와 같다.

아래 표에서 알 수 있는 것처럼 평가 과정에서 교사가 해야 하는 역할은 단지 채점을 하고 피드백을 주는 일만 있는 것은 아니다. 따라서 인공지능을 활용한 자동채점 프로그램이 도입되더라도 그것은 교사의 일을 도와주는 보조적인 역할을 하는 것뿐이다. 교사의 역할은 여전히 전반적인 평가 과정과 수업 활동의 조정에서 중요하다.

평가 과정과 그에 따른 교사의 역할

평가 과정	교사의 역할
평가 계획	· 성취 기준의 분석을 통한 효과적인 평가 방안의 마련 · 학습 목표에 따른 진단평가, 형성평가, 총괄평가의 계획: 시기, 절차 및 방법
도구 개발	· 적절한 평가 내용의 선정 및 구성: 학습 동기의 유발 및 학습 증진에 도움이 되는 내용 · 평가 도구의 개발: 측정 목표, 문항 유형, 난이도, 채점 기준 및 기록 방법 등 · 동료 및 전문가와 협업을 통한 적절성 점검
평가 실행	· 다양한 평가 방법의 사용: 비공식 관찰, 의사소통 및 토의, 과제, 시험(선다형, 단답형, 서술형) 등 · 학생들에게 평가 과정 및 채점 방법 설명하기 · 평가 과정과 결과의 기록: 관찰 점검표, 녹음 및 녹화, 자기 평가지 등 관련 자료
증거 해석	· 의사결정을 위한 정보로 활용할 수 있도록 기록하기 · 상대 평가보다는 준거에 따른 차이를 해결하는 방안 제시 · 학습 과제의 요구 사항을 고려하여 해석하기
결과 활용	· 피드백을 제공하기: 주로 형성평가에서 학생 자체에 대한 의견이 아니라 과제 수행 개선 방안에 대한 건설적인 도움말과 디딤돌을 주기 · 수업을 개선하기: 교수 방법, 학습 활동과 자료, 평가 자료 등의 수정과 파악된 학생 정보를 통해 수업의 질을 향상시키기 · 평가 결과를 제공하기: 일정 기간 동안 형성평가를 통해 기록한 정보를 요약한 개괄적 정보와 총괄평가의 결과를 종합한 결과를 학습자, 학부모, 교육 당국에 보고하기

평가 목적에 따른 평가의 종류

일반적으로 평가는 그 목적에 따라 진단평가, 형성평가, 총괄평가로 구분한다. 똑같은 평가 문항이라 할지라도 어떤 목적을 가지고 어떻게 활용하는가에 따라 진단평가가 될 수도 있고, 형성평가가 될 수도 있고, 총괄평가가 될 수도 있다. 그렇지만 동일한 내용이라도 문항의 유형이나 형태는 그 목적에 맞게 달라질 수 있다. 예를 들어, 기체 부피의 변화와 압력 사이의 관계를 인식하는지 알아보기 위해 수업 전에 앞서 소개한 수업 사례와 같은 선다형 문항을 진단평가로 사용할 수 있지만, 형성평가를 위해서는 그런 선다형 문항은 적절하지 못하다.

- **진단평가(diagnostic assessment) :** 교수·학습이 이루어지기 전에 학생이 배울 내용에 대한 준비가 되어 있는 지를 점검하는 평가이다. 학습자가 학습할 내용과 관련하여 현재의 지식이나 기능 수준이 어떠한지 파악하도록 구성되며, 대체로 교수·학습이 이루어지기 전에 실시한다. 이를 바탕으로 교사는 학생들에 맞는 교육 내용과 교수·학습 방법을 선택하여 효과적으로 교수·학습을 수행할 수 있게 된다. 따라서 진단평가는 학생에 대해 피드백을 주기보다는 교사 자신의 수업을 위한 정보를 얻기 위한 것이다.

- **형성평가(formative assessment) :** 교수·학습 중에 학생의 학습이 잘 이루어지고 있는지를 확인하는 평가이다. 현재 학생이 학습 목표에 어느 정도 도달했는지를 파악하고, 이에 대해서 피드백을 제공하기 위해 실시된다. 이때 피드백은 평가 결과에 따라 학생들이 어떠한 점이 부족하고, 이를 어떻게 보충하면 좋을지에 대한 방향을 제시하는 것이므로 평가 결과를 단순히 제시하는 것과는 다르다. 또한 피드백은 그 효과를 높이기 위하여 즉각적으로 제공될 필요가 있다. 형성평가는 학생들의 성장을 돕기 위해서 실시되지만, 교사의 성장을 돕는 평가이기도 하다. 교사는 교수·학습 중에 학생의 학습이 잘 이루어지고 있는지 확인하는 동시에 본인의 교수 방법이 적절한지에 대한 정보도 함께 수집하여 교사의 성장도 함께 도모할 수 있다. 다시 말해, 형성평가는 학생의 '학습을 위한 평가'라고 할 수 있다. 형성평가는 교사와의 상호작용을 통해 학습 과정 전

반에 걸쳐 일어난다. 교사는 이것을 통해 수업을 조정하고, 특정 학생이나 집단의 특정한 학습 요구를 확인하며, 학습 자료나 참고자료를 선택하고 수정한다. 그리고 더 나아가 교사는 개별화된 수업 방안과 학습 기회를 고안할 수 있다.

- **총괄평가**(summative assessment) : 교수·학습이 효과적으로 잘 이루어졌는가를 확인하는 평가이다. 교수·학습 활동을 모두 마친 뒤에 학생의 입장에서는 학습의 효과를, 교사의 입장에서는 교수의 효과가 어떠하였는지 판단하는 것이 주 목적이므로 형성평가와 같이 결과에 따른 피드백을 제공하지 않는 경우가 대부분이다. 하지만 일반적으로 교사는 학생이나 학부모 또는 학교에 평가 결과를 보고한다. 학생들의 학습 결과를 효과적으로 평가하기 위해 교사는 평가 시기와 그 근거, 의도한 학습에 대한 분명한 설명, 평가 기준, 평가 과정 등을 학생들에게 제시해야 한다. 또한 교사는 평가 결과의 해석에 대한 투명한 접근 방식 및 평가 결과에 대한 이견이 있을 때 필요한 대안을 가지고 있어야 한다.

또한, 교사는 평가를 학습 활동의 일환으로 사용할 수도 있다. 예를 들어, 자기 평가나 동료 평가를 통하여 학생들이 자신의 학습에 대해 성찰하고, 다음에 어떻게 학습할 것인지 생각해보도록 할 수 있다. 학습으로서의 평가는 그 과정을 통해 학생이 학습자로서 자신에 대해 배우고 학습하는 법을 깨닫도록 하기 위한 것이다. 교사는 학생들이 자율적인 학습자로 발달할 수 있도록 본보기를 보이고, 뒷인지적(metacognitive) 사고를 위한 적절한 안내자 역할을 해야 한다.

평가 형태 따른 평가 문항의 종류

지필평가

평가 문항은 크게 지필평가와 수행평가로 나누어 볼 수 있다. 지필평가는 학생들이 자신의 지식 또는 기능 수준을 주어진 종이에 필기도구를 이용하여 응답을 하는 방식을 말한다. 지필평가는 학생들의 응답 방식에 따라 선다형, 서답형으로 나뉘며, 서답형은 다시 단답형, 완성형, 서술형으로 나뉜다.

선다형은 제시된 답안 중 한 개를 선택하여 고르는 문항 형태이다. 채점이 용이하고, 채점자의 영향을 받지 않아서 소위 '객관식'이라고 불리기도 한다. 제시된 답안 중에 한 개를 선택하여야 하므로, 학생들의 이해에 대한 정확한 정보를 얻기 어렵다는 단점이 있다. 서답형은 학생이 직접 답안을 구성하여 작성하는 문항 형태이다. 선다형 문항과 달리 학생들의 이해에 대한 비교적 자세한 정보를 얻을 수 있다는 장점이 있다. 그러나 채점이 오래 걸리며, 채점자의 영향을 받을 수 있어 소위 '주관식'이라고 불리기도 한다. 채점의 신뢰성을 높이기 위해 상세하고 명확한 채점 기준과 예시 답안 등을 작성할 필요가 있다.

수행평가

수행평가는 학생의 학습 과제 수행 과정 및 결과를 직접 관찰하여 평가하는 방식을 말한다. 그러므로 지필평가보다 더 정확한 정보를 얻을 수 있지만, 학생 수가 많으면 평가에 많은 시간이 소요되며 동시에 평가하기가 어렵다. 과정에 대한 평가를 한다는 점에서 학생의 학습과 발전을 지원하고자 하는 형성평가에 적합한 방식이다.

도움말 주기(feedback)의 분류 및 유형

도움말 제공 시기에 따른 분류

도움말이 제공되는 시기에 따라 즉각적 도움말 주기(immediate feedback)와 지연된 도움말 주기(delayed feedback)로 구분된다. 즉각적 도움말 주기는 학생들이 평가 문항에 응답한 뒤 즉시 제공되는 도움말을 의미하며, 이외에 즉각적이지 않은 도움말은 모두 지연된 도움말 주기에 해당한다. 일반적으로 즉각적 도움말 주기가 지연된 도움말주기보다 학업과 관련된 교육적 효과가 높다고 알려져 있다. 그러나, 지연된 도움말 주기도 학습자에게 생각할 시간을 부여하여 학습에 도움이 되기도 한다고 보고되고 있다.

도움말 제공 주체에 따른 분류

도움말을 누가 제공하는가에 따라 크게 내적 도움말 주기와 외적 도움말 주기로 나눌 수 있다. 내적 도움말은 학습자가 스스로의 학습 과정을 관찰하고, 자신의 수행 상태를 성찰하도록 하는 것을 말한다. 외적 도움말 주기는 교사 또는 동료와 같은 타인이 도움말을 제공하는 것을 말한다. 예전에는 교수자, 즉 교사 중심의 도움말 주기가 주를 이루었다면, 지금은 도움말을 제공하는 주체가 동료 및 일반 대중으로 다양화 되었을 뿐 아니라 비인간 주체인 인공지능까지 확대되었다. 그러나 도움말을 제공하는 주체가 다양해지면서, 도움말에 대한 심리적 민감도와 신뢰성 등에 대한 우려도 있다. 예를 들어, 학생들은 교사 또는 또래 친구들과의 관계를 매우 중요하게 생각하므로, 친구로부터 부정적인 피드백을 받으면 부끄럽고 부정적인 정서를 형성할 위험이 있다. 이러한 측면에서 인공지능을 활용한 평가 및 도움말 주기는 교사나 친구와 같은 유의미한 타인으로부터 받는 부정적인 도움말에 대한 불안이나 스트레스를 줄이는데 효과적으로 활용될 수 있다.

도움말 내용에 따른 분류

어떠한 도움말을 제공하는가에 따라서도 다양하게 나누어 볼 수 있다. 평가에 대한 학생의 응답이 맞고 틀리는지를 확인한 결과를 제공, 틀린 내용을 지적하고 바른 내용으로 교정, 틀린 내용을 지적하고 이에 대한 이유를 설명하는 등의 내용을 담을 수 있다. 예를 들어, "산 위에 올라가는 동안 과자 봉지 안의 음식이 상했을 수도 있다."와 같은 응답을 쓴 학생이 있다면, "정답이 아니군요. 산 위는 산 아래보다 기압이 낮기 때문에 과자 봉지 안의 기체의 부피가 커졌기 때문이지요."와 같이 틀린 내용을 지적하고 바른 내용으로 교정하는 등의 내용을 제시할 수 있다. 그렇지만 이런 직설적인 방법보다는 학생의 생각을 더 분명하게 드러나도록 하거나 추론을 도와줄 수 있도록 추가적인 정보나 실마리를 제시하는 것이 보다 바람직할 수 있다. 예를 들어, "과자가 상하면 어떻게 부피가 커질까요? 산 위와 평지에서 기압은 어떻게 다른가요?", "다시 한번 생각해보세요. 집에서 과자가 상해서 봉지의 부피가 커진 적이 있었나요?", "산 위로 올라가면 공기가 점점 희박해집니다. 이때 과자 봉지는 어떻게 될까요?" 등과 같은 도움말을 제공하는 것이다. 그리고 학생이 기압이 낮아져서 봉지가 커졌다고 정답을 말한 경우에도, 교사는 학생의 추론이 더 분명하게 드러날 수 있도록 "그래요. 그렇지만, 산 위의 기압이 낮아지면 어떻게 과자 봉지의 부피가 커지게 될까요?", "그렇지만 기온이 올라가서 과자 봉지가 커진 것은 아닐까요?" 등과 같은 도움말로 자신의 생각을 더 명확하게 하도록 요구할 수도 있다. 이외에도 학생들이 흥미를 갖고 지속적으로 참여하도록 정의적인 도움말 제공도 있을 수 있다. 예를 들어, "비슷한 다른 사례는 없을까요? 예를 들어, 잠수함에 매단 풍선은 물속에서 어떻게 변할까요? 인터넷에서 동영상을 찾을 수 있나요?", "훌륭한 생각이군요! 티베트에 펜팔 친구를 만들어 확인해 볼 수 있을까요?", "스마트폰으로 산 위에서 기압을 측정할 수 있을까요?" 등과 같은 도움말을 통해 학생이 이 주제에 계속 흥미를 갖도록 유도할 수도 있다.

다시 말해, 도움말 주기는 제공 시기, 주체, 내용에 따라 다양하게 분류될 수 있으나, 궁극적으로 도움말 주기는 평가를 통해 학습자가 현재의 자신의 위치를 인식하고, 바람직한 목표와 자신의 수행 성과 사이의 간격을 줄이도록 돕기 위한 목적을 지닌다. 그러므로 도움말 주기가 효과적이기 위해서는 학습자가 어디로 향하고 있으며(목표가 무엇인가?), 학습자는 어떻게 하고 있으며(목표로 향해 나아가고 있는가?), 다음은 어디로 가는지(개선을 위해 어떤 활동이 필요한가?)를 안내할 수 있어야 한다. 그래서 평가가 학습 과정 전반에 포함될 수 있도록 해야 한다. 교사와 학생이 교육과정의 성취를 위해 함께 노력할 때 평가는 수업에 대한 정보를 제공하고, 학생의 다음 활동을 안내하며, 학생의 성취와 발전을 점검하는데 지속적으로 중요한 역할을 할 수 있다.

실제로 어떻게 가르칠까?

앞에서 교사는 학생들에게 서술형 평가가 채점에 많은 시간이 소요되고 이로 인해 즉각적인 도움말 주기가 어렵다는 현실적인 이유로 수업을 마치고 학생들의 이해를 점검하기 위한 평가로 서술형 평가를 제시할지 고민하고 있었다. 이런 가운데 인공지능을 활용한 서술형 자동채점 시스템을 접하게 되었으나, 인공지능이 교사의 역할을 대체하게 되는 것은 아닐지 고민하며 선뜻 인공지능 서술형 자동채점 시스템을 활용하지 못하는 모습을 볼 수 있었다. 아래에서는 인공지능 서술형 자동채점 시스템을 수업과 평가와 연계하여 활용하는 방안을 제안하고자 한다.

학생의 성장을 돕는 학습 지원 도구

인공지능을 활용하여 학생들의 서술형 문항의 응답을 자동채점 하게 되면 채점하는데 소요되는 시간을 대폭 줄일 수 있다. 그러나 앞의 사례에서 교사가 인공지능이 채점한 결과를 신뢰할 수 있을지 고민하였듯이 지금까지 몇몇 연구 프로젝트[3]에서 개발된 자동채점 시스템이 완벽하지 않을 수 있다.

학생이 성취 수준에 도달했는지 여부를 결정하고 성적을 부여하는 총괄평가가 아니라, 학생의 이해 정도를 파악하고 도움말을 제공하여 학습을 돕는 형성평가로 서술형 문항을 활용할 경우에는 자동채점 시스템을 유용하게 활용할 수 있다. 예를 들어, 학생들은 주어진 서술형 문항에 자신의 생각을 적으면, 인공지능 자동채점 시스템이 채점 결과와 더불어 모범 답안과 도움말을 바로 제시하게 된다. 이렇게 빠른 도움말 제공은 학생들의 오개념의 수정에 매우 효과적일 수 있고, 학생들은 본인의 응답이 불완전하다면 다시 한번 답안을 작성해볼 수 있는 기회를 얻을 수도 있다. 이처럼 빠른 도움말 제공과 재응답의 기회를 여러 번 얻으면서 효과적인 학습의 효과를 기대할

3 인공지능을 활용한 웹기반 자동평가 개발 프로젝트는 다음 누리방에서 확인할 수 있다. http://wai.best/

수 있다. 만약, 다소 낮은 확률이지만 자동채점의 결과가 다소 부정확하게 제시될 가능성이 있다면 학생들에게 채점이 부정확할 경우 교사에게 알리도록 이야기할 수 있다. 학생들은 본인의 응답에 대한 채점 결과와 함께 제시되는 모범 답안을 꼼꼼히 읽고 본인의 응답과 비교하는 과정에서 다시 한번 학습의 효과를 기대할 수 있다.

학습자 분석 결과를 활용한 도움말 제공

교사의 시간은 유한하다. 교사가 서술형 평가를 채점하는데 소요되는 시간을 인공지능 자동채점 시스템을 통해 줄일 수 있다면, 그 시간을 학생들에게 좀 더 의미 있는 피드백을 제공하는 데 활용할 수 있다. 예를 들어, 학생들의 응답을 통해 정답율이 얼마나 되는지를 받아볼 뿐 아니라, 학생들이 응답에서 사용하는 단어 빈도 등을 분석하여 학생들이 어떤 용어를 잘못 사용하고 있는지 또는 어떤 개념과 혼동하고 있는지를 빠르게 파악할 수 있다. 이러한 분석 결과를 바탕으로 교사는 다음 시간에 어떠한 부분을 좀 더 풍부하게 예시를 들어 설명하거나, 추가적인 실험 등을 해보면 좋을지 후속 학습 계획을 의미 있게 세울 수 있게 된다.

높은 산에 올라가면 과자 봉지가 부풀어 오르는 현상을 설명하도록 하는 서술형 평가에서 학생들의 응답은 다양할 수 있다. 예를 들어 학생들 중에는 '산 정상에 가면 산소가 희박해지기 때문에 과자 봉지가 부풀어 오른다.'라고 응답한 학생이 있을 수 있다. 이 학생은 압력과 기체의 부피와의 관계를 설명하지 않고, 산소가 적다는 표현을 사용하였다. 고산 지대에서 산소가 희박한 것은 대기압과 관련이 있다. 고도가 높아질수록 중력이 약해져 공기 분자의 밀도가 희박해지므로 고도가 올라갈수록 대기압이 감소하게 된다. 그러므로 산소가 희박해진다고 응답한 학생은 과자 봉지가 부푸는 현상을 기압과 기체의 부피와의 관계로 직접적으로 설명하지는 못하였지만, 산 정상의 대기압이 산 아래의 대기압보다 낮다는 것을 불완전하게 이해하고 있을 수 있다. 교사는 이처럼 과자 봉지가 부풀어오른 까닭을 '산소'와 연관지어 생각한 학생들이 얼마나 있는지 빠르게 파악하고, 불완전한 이해를 하고 있는 학생들에게 개별적으로 또는 이 학생들을 대상으로 어떠한 정교화된 도움말을 제공할 것인지 고민하는 시간을 확보할 수 있다. 예컨대, 5학년 2학기 '날씨와 우리 생활' 단원에서 공기의 무게로 생기는 누르는 힘을 기압이라고 한다는 내용을 상기시키며 산소의 부족을 공기의 압력과 연관지어 보도록 할 수 있다.

이외에도 문항의 의도와는 전혀 다른 응답을 한 학생이 있을 수 있다. 예를 들어, "산으로 올라갈수록 태양이 가까워져 온도가 올라가기 때문에 과자 봉지가 부풀어 오른다."라는 응답을 하거나, "봉지 속의 과자가 상해서 기체가 발생하여 봉지가 부풀어 오른다."라고 응답하는 학생들이 있을 수도 있다. 산으로 올라갈수록 태양이 가까워져 온도가 올라간다고 생각하는 학생에게 지구와 태양과의 거리는 매우 멀기 때문에 약 1000 m정도의 산 정상에 올라가는 정도가 온도에 영향을 줄 만큼 태양과 지구의 거리를 가깝게 하는 것이 아님을 이야기해 줄 수 있다. 사실 위로 올라갈수록 지표에서 멀어지기 때문에 지표에서 방출하는 복사열을 덜 받게 되어 오히려 기온이 내려가는 것이다. 고도가 대략 100 m가 높아지면 기온이 0.6 °C가 떨어진다. 이는 나중에 계절의 변화에서 학생들이 가질 수 있는 대안 개념과 관계되므로 학생에게는 추후 학습에도 도움이 될 것이다. 산을 올라갈 때에는 아침이었으나, 산 정상에 올라갔을 때에는 낮이 되어 기온이 올라가 부피가 커졌다고 생각하는 학생들에게는 온도에 따른 기체의 부피 변화 정도에 대해서 이야기해 줄 수 있다. 기체의 부피는 온도가 1 °C가 올라갈 때마다 0 °C에서의 부피의 1/273 만큼씩 증가한다. 즉, 아침과 낮의 온도차가 약 10 °C 정도라 하더라도 부피 변화는 과자 봉지를 부풀게 할 만큼의 부피 변화를 수반하기 어렵다.

수업 사례에서 교사가 서술형 평가 대신 활용하고자 하였던 선다형 평가에는 4개의 답안 중에 선택하는 것이므로, 교사는 다양한 학생들의 생각들을 읽을 수 없었다. 예를 들면 '산으로 올라갈수록 태양이 가까워져 온도가 올라가기 때문에 과자 봉지가 부풀어 오른다.' 혹은 '봉지 속의 과자가 상해서 기체가 발생하여 봉지가 부풀어 오른다.'라고 응답했던 학생과 같이 불완전한 이해를 하고 있는 학생들이 다양하게 있음을 인지하지 못할 수 있으며, 학생 역시 본인의 이해를 발전시킬 기회를 갖지 못할 수 있다. 반면에 인공지능으로 학생의 응답을 채점해 주는 프로그램은 학생들의 응답이 정답인지 아닌지를 빠르게 확인해 줄 수 있지만, 학생들의 응답에서 드러나는 학생들의 다양한 대안 개념들을 발견하고 이에 대한 개별적인 학습 계획을 세우고 그에 대한 학습 기회를 제공해 주지는 못한다. 그러나 컴퓨터를 이용한 자동채점 시스템이 완벽하지 않더라도 자동채점을 활용하면 선다형으로 놓칠 수 있는 다양한 학생들의 생각을 살펴보는 데에는 도움이 될 것이며, 교사는 채점 결과를 살펴보고 그에 대한 대책을 생각해 볼 수 있을 것이다. 아울러 가까운 미래에 자동채점 기술도 향상되면 교사가 더 효과적으로 그 결과를 이용할 수 있을 것으로 전망된다.

찾아보기

ㅊ

ㅌ

ㅍ

ㅎ

기타

함께 생각해보는
과학 수업의 딜레마 Ⅱ

초판 인쇄 | 2023년 3월 20일
초판 발행 | 2023년 3월 25일

지은이 | 윤혜경 · 장병기 · 김미정 · 박지선 · 이은아
펴낸이 | 조승식
펴낸곳 | (주)도서출판 북스힐

등 록 | 1998년 7월 28일 제 22-457호
주 소 | 서울시 강북구 한천로 153길 17
전 화 | (02) 994-0071
팩 스 | (02) 994-0073

홈페이지 | www.bookshill.com
이메일 | bookshill@bookshill.com

정가 22,000원

ISBN 979-11-5971-502-0

Published by bookshill, Inc. Printed in Korea.